工事担任者

科目別テキスト わかる全資格 [法規]

リックテレコム

は　し　が　き

　本書は、工事担任者・科目別テキストシリーズ、全資格共通の「端末設備の接続に関する法規」科目を対象としたテキストです。

　本シリーズは、科目別重点学習用テキストとして、下記のような受験者の皆様に活用していただくことを目指したものです。
　・新規受験者　：苦手科目を徹底的に克服したい方
　　　　　　　　　　受験科目を絞り、順次確実な合格をねらう方
　・再受験者　：前回不合格だった科目に再挑戦する方
　科目を絞った重点学習テキストに求められる最大の条件は、
　①短期間に　②誰にでも　③容易にわかるように編集されていることです。
　本シリーズは、この3つの条件を実現するために、従来にない画期的な編集方法を採用しました。
　試験の重要テーマを、図解としてすべて見開きページの右側にまとめたことです。
　読者の皆さんは、この図解ページに目を通すだけで、重要な法令用語や技術基準はもちろんのこと、試験のポイントとなるすべての項目を一覧することができます。
　また、これまで理解しにくかった事項も、図解を通して内容の組み立てや関係がひとめでわかるため、直観的にその核心を理解することができます。
　まず、左ページの文章で内容を深め、さらに右ページの図解で要点の確認と総整理を行ってみて下さい。短期間で、自然に無理なく、しかも確実にテーマの内容が修得できることでしょう。
　さらに、各章の終わりには、「重要語句の確認」と「練習問題」を設けています。「重要語句の確認」は、重要な条文をポイントになる部分を空欄にして掲載したもので、空欄を埋めることで知識の定着を図れます。「練習問題」は、これまでに出題された試験問題等から重要なものを選んで掲載したもので、問題を解くことにより出題のイメージをつかむとともに、現時点でどれだけ理解できているかを試すことができます。
　本書を活用し、受験者の皆さん全員が合格されることをお祈りいたします。

　2021年2月

編者しるす

工事担任者資格試験(以下、「試験」と表記)は、一般財団法人日本データ通信協会が総務大臣の指定を受けて実施する。

1 試験種別

総務省令(工事担任者規則)で定められている資格者証の種類に対応して、第1級アナログ通信、第2級アナログ通信、第1級デジタル通信、第2級デジタル通信、総合通信の5種別がある。また、令和3年度から3年間は、旧資格制度のAI第2種およびDD第2種の試験も行われることになっている。

2 試験の実施方法

試験は毎年少なくとも1回は行われることが工事担任者規則で定められている。試験には、年2回行われる「定期試験」と、通年で行われる「CBT方式の試験」がある。

●定期試験

定期試験は、決められた日に受験者が比較的大きな会場に集合し、マークシート方式の筆記により行われる試験で、原則として、第1級アナログ通信、第1級デジタル通信、総合通信、AI第2種、DD第2種の受験者が対象となっている。

定期試験の実施時期、場所、申請の受付期間等については、一般財団法人日本データ通信協会電気通信国家試験センター(以下、「国家試験センター」と表記)のホームページにて公示される。

国家試験センターのホームページは次のとおり。

https://www.shiken.dekyo.or.jp

●CBT方式の試験

CBT方式の試験は、受験者がテストセンターに個別に出向き、コンピュータを操作して解答する方法で行われる試験である。対象となるのは、第2級アナログ通信および第2級デジタル通信の受験者である。

3 試験申請

試験申請は、インターネットを使用して行う。申請方法は定期試験とCBT方式の試験で異なり、国家試験センターのホームページにある「電気通信の工事担任者」のメニューから、受験する試験種別に応じて適切な項目を選択する。

●定期試験の申請

① 「定期試験申請 申請内容・振込確認」を選択すると、「インターネット試験申請受付」画面が表示される。ここで、「○ 現在受付け中」と表示されている試験回の「インターネット申請」を選ぶ。

② 申込み画面が表示されるので、住所、氏名、生年月日、eメールアドレス、試験種別、科目免除の有無等の必要事項を入力する。科目免除がある場合は必要な証明書等をアップロードする。

③ 「申請受付完了メール」により、申請受付番号、申請内容、試験手数料および払込み方法、注意事項等が通知される。

④ 所定の払込期限内に③で指定された方法により試験手数料を払い込む。

●CBT方式の試験の申請および予約

① 「CBT方式による試験申請」を選択すると、試験に関するWebサイトの画面が表示される。この画面から、試験申請の手続きや、受験可能なテストセンターおよび空き状況の確認ができる。

② CBT方式の試験を初めて申請する場合は、まず「マイページアカウント」を開設する。「マイページアカウントID新規作成」ボタンを押し、手順に従ってeメールアドレスを登録する。

③ 「マイページ登録URLのお知らせ」メールが送られてくるので、その本文に記載されたリンクを24時間以内にクリックし、希望するユーザIDとパスワード、氏名、生年月日、連絡先等の基本情報を登録する。希望するユーザIDに重複等がなければ「マイページ」が作成される。

④ ①の画面で「受験者マイページログイン」を選ぶと、ログイン画面が表示される。ここで③で登録したユーザIDとパスワードを入力すると、マイページにログインできる。

⑤ 画面に沿って試験種別、科目免除の有無、支払い方法等の必要な情報を登録し、所定の写真画像をアップロードする。

⑥ 指定された日までに所定の方法で試験手数料を払い込む。試験手数料の払込みが確認されると「入金確認のお知らせメール」が送られてくる。

⑦ 申請内容が審査され、問題がなければ「確認票メール」が送られてくる。これにより、試験の予約が可能になる。

⑧ 「マイページ」にログインし、「CBT申込」ボタンを押す。表示された画面に沿って必要な情報を入力し、受験会場・日時(確認票メールを受信してから90日以内の日)を選択する。

⑨ 「申込完了」ボタンを押すと予約が完了し、登録したeメールアドレスに予約完了のお知らせが送られてくるので、申請内容を確認する。

⑩ 予約の確認および試験会場・試験日時等の変更は、マイページにて行うことができる。

4 試験科目および試験時間

試験科目は、各種別とも「電気通信技術の基礎」「端末設備の接続のための技術及び理論」「端末設備の接続に関する法規」がある。試験時間は、1科目につき40分相当(総合通信の「技術及び理論」科目のみ80分)が与えられる。3科目受験の場合は120分(総合通信は160分)となるが、その時間内での時間配分は自由である。

5 試験当日

●定期試験

試験の日の2週間前までに受験票が発送されるので、届いたら試験会場および試験日時を確認する。

試験場には必ず受験票を持参する。受験票には氏名および生年月日を正確に記入し、所定の様式の写真を貼る。写真の裏面には氏名および生年月日を記入しておく。受験票を忘れたり、受験票に写真を貼っていない場合は受験できない。解答は、鉛筆またはシャープペンシルでマークシートに記入する。受験にあたっては、受験票に記載された注意事項および係員の指示に従うこと。

●CBT方式の試験

遅刻すると受験できない場合があるので、試験開始の30 〜 5分前までに予約した会場(テストセンター)に到着するようにする。受験票はなく、運転免許証等の本人確認書類を持参する。受験にあたっては、係員の指示に従うこと。

6 合格基準および試験結果の通知

科目ごとに100点満点で60点以上が合格となり、3科目とも合格すると試験に合格したことになる。もし試験に不合格になっても、合格した科目があれば、その試験実施日の翌月から3年以内に行われる試験について該当科目の免除申請ができる。

試験結果は、定期試験では試験の3週間後に「試験結果通知書」により受験者本人に通知される。また、CBT方式の試験では、試験日翌月の10日に試験結果発表のeメールが送られてくると、「マイページ」で試験結果を確認できる。

7 資格者証の交付

試験に合格した後、資格者証の交付を受けようとする場合は、「資格者証交付申請書」を入手し、必要事項を記入のうえ、所定金額の収入印紙(国の収入印紙。都道府県の収入証紙は不可。)を貼付して、受験地(全科目免除者は住所地)を管轄する地方総合通信局または沖縄総合通信事務所に提出する。資格者証の交付申請は、試験に合格した日から3か月以内に行うこと。

● 本書活用上の注意

　本書は、全資格共通のテキストとして構成されています。そのため、読者の皆様が受験される資格種別に応じて必要な内容を効率的に学習できるよう、資格種別と出題される法令との対応を下表に示します。受験する資格に応じて学習すべき範囲を表に基づき選択してください。

項目	細目	第1級アナログ通信	第2級アナログ通信	第1級デジタル通信	第2級デジタル通信	総合通信
電気通信事業法及びこれに基づく命令	電気通信事業法	第1問		第1問		第1問
	電気通信事業法施行規則	第1問		第1問		第1問
	工事担任者規則	第2問		第2問		第2問
	端末機器の技術基準適合認定等に関する規則	第2問		第2問		第2問
	端末設備等規則	第3問、第4問		第3問、第4問		第3問、第4問
電気通信事業法及びこれに基づく命令の大要	電気通信事業法		第1問		第1問	
	電気通信事業法施行規則		第1問		第1問	
	工事担任者規則		第2問		第2問	
	端末機器の技術基準適合認定等に関する規則		第2問		第2問	
	端末設備等規則		第3問、第4問		第3問、第4問	
有線電気通信法及びこれに基づく命令	有線電気通信法	第2問		第2問		第2問
	有線電気通信設備令	第5問		第5問		第5問
	有線電気通信設備令施行規則	第5問		第5問		第5問
有線電気通信法及びこれに基づく命令の大要	有線電気通信法		第2問		第2問	
	有線電気通信設備令		第2問		第2問	
不正アクセス行為の禁止等に関する法律		第5問		第5問		第5問
不正アクセス行為の禁止等に関する法律の大要			第2問		第2問	
電子署名及び認証業務に関する法律及びこれに基づく命令		第5問		第5問		第5問

※注意
A はアナログ通信および総合通信のみ出題
D はデジタル通信および総合通信のみ出題

1

電気通信事業法

　電気通信事業法は、電気通信事業に競争原理を導入することにより、電気通信事業の効率化を図り、良質で低廉な電気通信サービスの提供を確保することを理念として制定された法律である。

　ここでは、総則、電気通信事業、電気通信設備等について解説する。

　なお、「端末設備の接続の技術基準」など、端末設備の接続等に関する規定は、工事担任者の実務に直結した条項になるため、十分な理解が必要である。

1-1 ▶ 電気通信事業法の目的、用語の定義

1. 電気通信事業法の目的(第1条)

　電気通信事業法は、電気通信事業の公共性にかんがみ、その運営を適正かつ合理的なものとするとともに、その公正な競争を促進することにより、電気通信役務の円滑な提供を確保するとともにその**利用者の利益を保護**し、もって電気通信の健全な発達及び国民の利便の確保を図り、**公共の福祉**を増進することを目的としている。

　この法律は、昭和60年4月から施行され、これにより、それまで電電公社及びKDDが独占してきた電気通信事業に競争原理が導入された。民間の経営手法により事業運営を効率化し、さらに多数の事業者が市場の評価を受けることで良質かつ低廉な電気通信サービスが提供され、その結果として社会全体の利益すなわち公共の福祉を増進することが期待されている。

　また、この法律の施行により、利用者は自分で用意した電気通信設備を電気通信回線設備に自由に接続できるようになり、それを円滑に行うための工事担任者の制度、端末機器技術基準適合認定の制度が定められている。

2. 用語の定義(第2条)

(a)電気通信

　「電気通信」とは、有線、無線その他の**電磁的方式**により、符号、音響、又は影像を送り、伝え、又は受けることをいう。

　ここでは、情報の伝達手段を、有線電気通信、無線電気通信、光通信等の電磁波を利用するものと定義している。

(b)電気通信設備

　「電気通信設備」とは、電気通信を行うための機械、器具、線路その他の**電気的設備**をいう。

　端末設備をはじめ、各種入出力装置、交換機、搬送装置、無線設備、ケーブル、電力設備等電気通信を可能とする設備全体の総称である。

(c)電気通信役務(えきむ)

　「電気通信役務」とは、電気通信設備を用いて他人の通信を媒介し、その他電気通信設備を他人の通信の用に供することをいう。

　他人の通信を媒介するとは、Aの所有する電気通信設備を利用してBとCの通信を扱う場合をいい、その他Aの設備をA以外の者が使用する場合を他人の用に供するという。

　役務の種類には、音声伝送役務、データ伝送役務、専用役務、特定移動通信役務がある。

(d)電気通信事業

　「電気通信事業」とは、電気通信役務を他人の需要に応ずるために提供する事業をいう。

　ここで、他人の需要に応ずるとは、不特定の利用者の申込みに対して提供することができることを意味し、特定の利用者のみに電気通信役務を提供する場合はこれに当たらない。

　また、放送局設備供給役務に係る事業は、放送法の規定が適用されるので、電気通信事業からは除外される。

(e)電気通信事業者

　「電気通信事業者」とは、電気通信事業を営むことについて第9条の**登録**を受けた者及び第16条第1項の規定による**届出**をした者をいう。

　電気通信事業を営む者であってその設置する端末系伝送路設備が複数の市町村にまたがるもの、中継系伝送路設備が複数の都道府県にまたがるもの、電気通信回線設備が基幹放送に加えて基幹放送以外の無線通信の送信をする無線局の無線設備でないものについては、事業の開始及び変更にあたり総務大臣の登録を要し、その他のものについては総務大臣への届出を行う。

(f)電気通信業務

　「電気通信業務」とは、電気通信事業者の行う電気通信役務の提供の業務をいう。

1　電気通信事業法の目的

● 目的

電気通信事業法の施行により、電気通信事業に市場原理が導入され、端末設備の設置が自由化された。

● 法体系

電気通信事業法（法律）

（政令）
── 電気通信事業法施行令
　　手数料の額その他の手続的事項が定められている

── 電気通信事業紛争処理委員会令

（以下**総務省令**）
── 電気通信事業法施行規則
　　事業への参入、変更、退出の手続、基礎的電気通信役務の範囲、接続申請を拒める場合、検査が不要な場合等が定められている。

── 電気通信主任技術者規則
　　電気通信主任技術者の種類、選任の方法、試験の方法、資格者証の交付等に関する事項が定められている。

── 工事担任者規則
　　工事担任者を要しない工事、資格者証の種類、試験の方法、資格者証の交付等に関する事項が定められている。

── 端末機器の技術基準適合認定等に関する規則
　　技術基準適合認定等の対象機器、認定等の方法、表示等が定められている。

── 電気通信事業法に基づく指定機関を指定する省令

── 事業用電気通信設備規則
　　電気通信事業者の電気通信設備に関する技術基準が定められている。安全性・信頼性、通信の秘密の保護、通話品質等が規定されている。

── 端末設備等規則
　　電気通信回線設備に接続する端末設備等の技術基準が定められている。回線設備の損傷防止、他の利用者への迷惑防止等が規定されている。

── 電気通信事業会計規則

── 電気通信事業報告規則

── 電気通信番号規則

── 第1種指定電気通信設備接続会計規則

── 第2種指定電気通信設備接続会計規則

── 第1種指定電気通信設備接続料規則

── 第2種指定電気通信設備接続料規則

── 基礎的電気通信役務の提供に係る交付金及び負担金算定等規則

2　用語の定義

● 電気通信と電気通信設備

電気通信………有線、無線その他の電磁的方式により、符号、音響、又は影像を送り、伝え、又は受けること。

電気通信設備…電気通信を行うために必要な全ての設備。

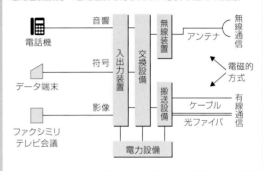

● 電気通信役務

電気通信設備を用いて他人の通信を媒介し、その他電気通信設備を他人の通信の用に供すること。

・他人の通信を媒介する場合

・その他、他人の通信の用に供する場合
　（自己と他人の通信）

（回線の一部を貸与）

● 電気通信役務の種類（施行規則第2条）

役務	内容
音声伝送役務	概ね4kHz帯域の音声その他の音響を伝送交換する機能を有する電気通信設備を他人の通信の用に供する電気通信役務であってデータ伝送役務以外のもの
データ伝送役務	専ら符号又は影像を伝送交換するための電気通信設備を他人の通信の用に供する電気通信役務
専用役務	特定の者に電気通信設備を専用させる電気通信役務
特定移動通信役務	電気通信事業法第34条第1項に規定する特定移動端末設備と接続される伝送路設備を用いる電気通信役務

1-2 ▶ 秘密の保護、利用の公平、重要通信の確保

1. 通信の秘密の保護等（第3条、第4条）

(a)検閲の禁止

電気通信事業者の**取扱中**に係る通信は、**検閲**してはならない。

この規定は、日本国憲法第21条第2項の通信の秘密の保護の規定を受けて、電気通信事業者が扱う通信の検閲を禁止したものである。「検閲」とは、国又は公的機関が強権的に通信の内容を調べることをいう。

(b)秘密の保護

電気通信事業者の**取扱中**に係る**通信の秘密**は、侵してはならない。

電気通信事業に従事する者は、**在職中**電気通信事業者の取扱中に関して知り得た**他人の秘密**を守らなければならない。その**職を退いた後**においても、同様とする。

これも検閲の禁止と同様に、憲法の通信の秘密の保護の規定を受けて定められたものであり、違反した者は懲役又は罰金の刑に処せられる。

特に、電気通信事業に従事する者は、容易に通信の内容を知り得る立場にあるから、厳重な守秘義務が課されており、その職を退いた後もその秘密を守らなければならないほか、違反した場合の処罰も重くなっている。

2. 利用の公平等（第6条、第7条）

電気通信事業者は、**電気通信役務の提供**について**不当な差別的取扱い**をしてはならない。

特定の利用者に対して不当な差別的取扱いをすることは、社会・経済活動に大きな支障をきたすので、電気通信事業者に対して利用の公平を義務づけている。

また、**基礎的電気通信役務**（国民生活に不可欠であるためあまねく日本全国における提供が確保されるべきものとして総務省令で定める電気通信役務（公衆電話、緊急通報等）をいう。）を提供する電気通信事業者は、その**適切、公平かつ安定的な提供**に努めなければならない。

3. 重要通信の確保（第8条）

電気通信事業者は、天災、事変その他の非常事態が発生し、又は発生するおそれがあるときは、**災害の予防若しくは救援、交通、通信若しくは電力の供給の確保又は秩序の維持のために必要な事項を内容とする通信**を優先的に取り扱わなければならない。**公共の利益**のため緊急に行うことを要するその他の通信であって総務省令で定めるものについても、同様とする。

この場合において、電気通信事業者は、必要があるときは、**総務省令で定める基準**に従い、電気通信業務の一部を停止することができる。

電気通信事業者は、国民生活及び社会経済の中枢神経的役割を担っており、非常事態においては特にその役割が重要となるため、警察・防災機関等への優先的使用を確保している。

なお、電気通信事業者は、**重要通信の円滑な実施**を他の電気通信事業者と相互に連携を図りつつ確保するため、他の電気通信事業者と**電気通信設備を相互に接続**する場合には、総務省令で定めるところにより、**重要通信の優先的な取扱い（次の①～③）について取り決める**ことその他の必要な措置を講じなければならない。

① 重要通信を確保するために必要があるときは、他の通信を制限し、又は停止すること。

② 電気通信設備の工事又は保守等により相互に接続する電気通信設備の接続点における重要通信の取扱いを一時的に中断する場合は、あらかじめその旨を通知すること。

③ 重要通信を識別することができるよう重要通信に付される信号を識別した場合は、当該重要通信を優先的に取り扱うこと。

1　通信の秘密の保護等

・電気通信事業者の取扱中に係る通信は検閲してはならない。

・電気通信事業者の取扱中に係る通信の秘密は侵してはならない。

通信の秘密を侵すとは、通信の内容を故意又は過失により知得し、又は他人に漏えいすることをいう。

2　利用の公平等

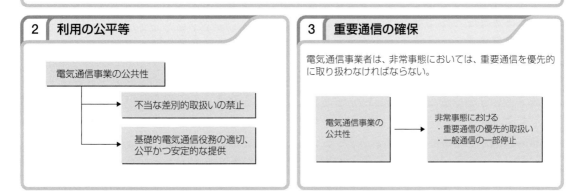

3　重要通信の確保

電気通信事業者は、非常事態においては、重要通信を優先的に取り扱わなければならない。

4　公共の利益のため緊急に行うことを要するその他の通信

公共の利益のため緊急に行うことを要する通信であって総務省令で定めるものは、次の表の左欄に掲げる事項を内容とする通信であって、同表の右欄に掲げる機関等において行われるものである。

通信の内容	機関等
1　火災、集団的疫病、交通機関の重大な事故その他人命の安全に係る事態が発生し、又は発生するおそれがある場合において、その予防、救援、復旧等に関し、緊急を要する事項	①予防、救援、復旧等に直接関係がある機関相互間 ②左記の事態が発生し、又は発生するおそれがあることを知った者と①の機関との間
2　治安の維持のため緊急を要する事項	①警察機関相互間 ②海上保安機関相互間 ③警察機関と海上保安機関との間 ④犯罪が発生し、又は発生するおそれがあることを知った者と警察機関又は海上保安機関との間
3　国会議員又は地方公共団体の長若しくはその議会の議員の選挙の執行又はその結果に関し、緊急を要する事項	選挙管理機関相互間
4　天災、事変その他の災害に際し、災害状況の報道を内容とするもの	新聞社等の機関相互間
5　気象、水象、地象若しくは地動の観測の報告又は警報に関する事項であって、緊急に通報することを要する事項	気象機関相互間
6　水道、ガス等の国民の日常生活に必要不可欠な役務の提供その他生活基盤を維持するため緊急を要する事項	左記の通信を行う者相互間

1-3 電気通信事業

1. 事業の開始手続（第9条、第16条）

電気通信事業を営もうとする者は、総務大臣の**登録**を受けなければならない。ただし、その者の設置する電気通信回線設備の規模及び当該電気通信回線設備を設置する区域の範囲が総務省令で定める範囲（次の①又は②の範囲）を超えない場合は、総務大臣への**届出**だけでよい。

① 端末系伝送路設備（端末設備又は自営電気通信設備と接続される伝送路設備をいう。）の設置の区域が一の市町村（特別区を含む。）の区域（指定都市にあってはその区の区域）を超えないこと。

② 中継系伝送路設備（端末系伝送路設備以外の伝送路設備をいう。）の設置の区間が一の都道府県の区域を超えないこと。

2. 電気通信回線設備の定義（第9条）

「電気通信回線設備」とは、送信の場所と受信の場所との間を接続する**伝送路設備**及びこれと一体として設置される**交換設備**並びにこれらの**附属設備**をいう。一般には、電話網等の電気通信ネットワークを示す。

3. 基礎的電気通信役務（第19条、第25条）

基礎的電気通信役務を提供する電気通信事業者は、その提供する基礎的電気通信役務に関する料金その他の提供条件（端末設備の接続に関する技術的条件に係る事項及び総務省令で定める事項を除く。）について**契約約款**を定め、総務省令で定めるところにより、その**実施前**に、総務大臣に**届け出**なければならない。これを変更しようとするときも、同様とする。

また、基礎的電気通信役務を提供する電気通信事業者は、正当な理由がなければ、その業務区域における基礎的電気通信役務の提供を拒んで

はならない。

4. 業務の改善命令（第29条）

総務大臣は、次の①～⑫のいずれかに該当すると認めるときは、電気通信事業者に対し、利用者の利益又は公共の利益を確保するために必要な限度において、業務の方法の改善その他の措置をとるべきことを命ずることができる。

① 業務の方法に関し通信の秘密の確保に支障があるとき。

② 特定の者に対し不当な差別的取扱いを行っているとき。

③ 重要通信に関する事項について適切に配慮していないとき。

④ 電気通信役務に関する料金についてその額の算出方法が適正かつ明確でないため、利用者の利益を阻害しているとき。

⑤ 電気通信役務に関する料金その他の提供条件が他の電気通信事業者との間に不当な競争を引き起こすものであり、その他社会的経済的事情に照らして著しく不適当であるため、利用者の利益を阻害しているとき。

⑥ 電気通信役務に関する提供条件（料金を除く。）において、電気通信事業者及びその利用者の責任に関する事項並びに電気通信設備の設置の工事その他の工事に関する費用の負担の方法が適正かつ明確でないため、利用者の利益を阻害しているとき。

⑦ 電気通信役務に関する提供条件が電気通信回線設備の使用の態様を不当に制限するものであるとき。

⑧ 事故により電気通信役務の提供に支障が生じている場合にその支障を除去するために必要な修理その他の措置を速やかに行わないとき。

⑨ 国際電気通信事業に関する条約その他の国

際約束により課された義務を誠実に履行していないため、公共の利益が著しく阻害されるおそれがあるとき。

⑩　電気通信設備の接続、共用又は卸電気通信役務の提供について特定の電気通信事業者に対し不当な差別的取扱いを行いその他これらの業務に関し不当な運営を行っていることにより他の電気通信事業者の業務の適正な実施に支障が生じているため、公共の利益が著しく阻害されるおそれがあるとき。

⑪　電気通信回線設備を設置することなく電気通信役務を提供する電気通信事業の経営によりこれと電気通信役務に係る需要を共通とする電気通信回線設備を設置して電気通信役務を提供する電気通信事業の当該需要に係る電気通信回線設備の保持が経営上困難となるため、公共の利益が著しく阻害されるおそれがあるとき。

⑫　①〜⑪に掲げるもののほか、事業の運営が適正かつ合理的でないため、電気通信の健全な発達又は国民の利便の確保に支障が生ずるおそれがあるとき。

1　事業の開始手続

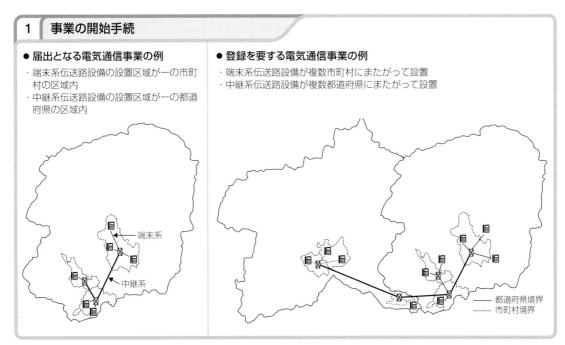

● 届出となる電気通信事業の例
・端末系伝送路設備の設置区域が一の市町村の区域内
・中継系伝送路設備の設置区域が一の都道府県の区域内

● 登録を要する電気通信事業の例
・端末系伝送路設備が複数市町村にまたがって設置
・中継系伝送路設備が複数都道府県にまたがって設置

2　電気通信回線設備の定義

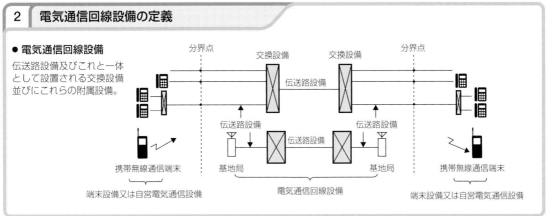

● 電気通信回線設備
伝送路設備及びこれと一体として設置される交換設備並びにこれらの附属設備。

1-4 事業用電気通信設備

1. 電気通信設備の維持（第41条）

　電気通信回線設備を設置する電気通信事業者及び基礎的電気通信役務を提供する電気通信事業者は、その事業用電気通信設備（適格電気通信事業者がその基礎的電気通信役務を提供する電気通信事業の用に供するもの、専らドメイン名電気通信役務を提供する電気通信事業の用に供するもの及びその損壊又は故障等による利用者の利益に及ぼす影響が軽微なものとして総務省令で定めるものを除く。）を総務省令で定める技術基準に適合するように維持しなければならない。

　これは、利用者が良好な電気通信サービスの提供を受けられるようにするために、事業用電気通信設備が常に一定の技術基準を満たすよう維持することを義務づけたものである。ここで、**事業用電気通信設備**とは、電気通信回線設備を設置する電気通信事業者の電気通信事業の用に供する電気通信設備、又は基礎的電気通信役務を提供する電気通信事業者の電気通信事業の用に供する電気通信設備（電気通信回線設備を設置する電気通信事業者の電気通信事業の用に供する電気通信回線設備を除く。）をいう。

　事業用電気通信設備の技術基準は、次の①～⑤の事項が確保されるものとして定められなければならない。

① 　電気通信設備の**損壊又は故障**により、電気通信役務の提供に**著しい支障**を及ぼさないようにすること。

② 　電気通信役務の**品質が適正**であるようにすること。

③ 　**通信の秘密**が侵されないようにすること。

④ 　利用者又は他の電気通信事業者の接続する**電気通信設備を損傷**し、又はその**機能に障害**を与えないようにすること。

⑤ 　他の電気通信事業者の接続する電気通信設備との**責任の分界**が明確であるようにすること。

2. 電気通信設備の自己確認（第42条）

　電気通信回線設備を設置する電気通信事業者及び基礎的電気通信役務を提供する電気通信事業者は、その事業用電気通信設備の使用を開始しようとするときは、当該電気通信設備（総務省令で定めるものを除く。）が、**技術基準に適合すること**について、総務省令で定めるところにより、自ら**確認**しなければならない。また、電気通信設備の概要を変更しようとするときも同様に、変更後の当該電気通信設備が技術基準に適合することを自ら確認しなければならないとされている。

　事業用電気通信設備が技術基準に適合していることを確認した場合には、当該電気通信設備の**使用の開始前**に、総務省令で定めるところにより、その結果を総務大臣に**届け出**なければならない。

3. 技術基準適合命令（第43条）

　総務大臣は、事業用電気通信設備が**総務省令で定める技術基準**に適合していないと認めるときは、当該電気通信設備を設置する電気通信事業者に対し、その技術基準に適合するように当該設備を**修理**し、若しくは**改造**することを命じ、又はその**使用を制限**することができる。

4. 管理規程（第44条）

　電気通信事業者は、電気通信役務の**確実かつ安定的な提供**を確保するための管理の方針、管理の体制、管理の方法、および電気通信設備統括管理者の選任に関する事項について、総務省令で定めるところにより、事業用電気通信設備の**管理規程**を定め、電気通信事業の**開始前**に、総務大臣に**届け出**なければならない。また、管理規程を**変更**したときは、**遅滞なく**、変更した事項を総務大臣に**届け出**なければならない。

1　事業用電気通信設備の定義

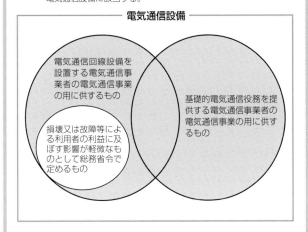

□□□で塗りつぶした部分が技術基準に適合するように維持すべき事業用電気通信設備に該当する。

2　事業用電気通信設備の技術基準の5原則

● 技術基準の担保方法

事業用電気通信設備の技術基準は、5つの原則が確保されるものとして定められている。

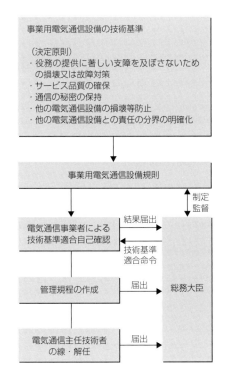

3　損壊又は故障による影響が軽微な電気通信設備

1　電気通信事業者の設置する伝送路設備が次に掲げる要件のいずれにも該当する端末系伝送路設備のみである場合の当該電気通信事業者の設置する電気通信設備
　① 専ら一の利用者に提供するその電気通信役務の提供に用いるものであること。
　② 当該端末系伝送路設備が接続される当該電気通信事業者の電気通信設備（伝送路設備を除く。）を介して①の電気通信役務の提供に用いる他の電気通信事業者の電気通信回線設備に接続されるものであること。
　③ 利用者が、当該電気通信事業者の①の電気通信役務の提供を受けるため他の電気通信事業者の設置する端末系伝送路設備の利用に代えて選択したものであること。
2　電気通信事業者が自ら設置する伝送路設備及びこれと接続される交換設備並びにこれらの附属設備以外の電気通信設備（次に掲げる電気通信設備を除く。）等
　① アナログ電話用設備
　② 総合デジタル通信用設備（音声伝送役務の提供の用に供するものに限る。）
　③ インターネットプロトコル電話用設備（電気通信番号を用いて音声伝送役務の提供の用に供するものに限る。）
　④ 携帯電話用設備
　⑤ PHS用設備
3　電気通信事業者の設置する伝送路設備が次に掲げる要件のいずれにも該当しない場合における当該電気通信事業者の電気通信事業の用に供する電気通信設備（当該電気通信設備を用いて提供される電気通信役務の確実かつ安定的な提供を確保するために特に必要があるものとして総務大臣が指定するものを除く。）
　① 伝送路設備が本邦内に設置されていること。
　② 伝送路設備が本邦内の場所と本邦外の場所との間に設置されていること。

1. 端末設備の接続の請求（第52条第1項）

電気通信事業者は、利用者から端末設備の接続の請求を受けたときは、その請求を拒むことができない。ただし、その接続が総務省令で定める**技術基準**に適合しない場合その他総務省令で定める場合を除く。

ここでは、電気通信事業者は、技術基準に適合しない場合等を除いて端末設備の接続の請求を拒否できないと規定することにより、利用者による端末設備の設置の自由を保証している。

また、総務省令で定める**接続の請求の拒否ができる場合**は、施行規則第31条に規定されており、①**電波を使用する端末設備**（告示で定める場合を除く）、②**公衆電話機**、③**利用者による接続が著しく不適当な端末設備**の接続の請求を受けたときとされている。なお、①の電波を使用する端末設備のうち接続の拒否ができないものとして告示されているものには、微弱な電波を使用するもの、小電力コードレス電話、小電力セキュリティシステム、小電力データ通信システム、デジタルコードレス電話、高速無線LAN端末、携帯無線通信等の端末設備がある。この告示の規定により、コードレス電話機や携帯無線通信端末の自由が保証されている。

2. 接続の技術基準の3原則（第52条第2項）

端末設備の接続の技術基準は次の3つの事項が確保されるよう定められなければならない。
① 電気通信回線設備を損傷し、又はその機能に障害を与えないようにすること。
② 電気通信回線設備を利用する他の利用者に迷惑を及ぼさないようにすること。
③ 電気通信事業者の設置する電気通信回線設備と利用者の接続する端末設備との責任の分界が明確であるようにすること。

このように、端末設備の接続の技術基準は、電気通信回線設備及び利用者の保護が目的とされており、通話品質、端末設備の性能については対象外である。一方、事業用電気通信設備の技術基準については、通信の品質、通信の秘密の確保が重要となるので、これらの事項も技術基準の決定原則に含まれている。

総務省令で定める端末設備の接続の技術基準については、「**端末設備等規則**」に定められているが、この技術基準は電話網、ISDNなど既存の電気通信回線設備に端末設備を接続する場合のものであり、技術的にも成熟しているため、総務大臣が定めることとしたものである。

一方、特殊なインタフェースを有するネットワークへの接続や、技術的にまだ確立しておらず画一的な基準を定めることがかえって技術革新の進展を妨げることになるようなネットワークへの接続については、その端末設備が接続される他の電気通信回線設備を設置する電気通信事業者又はその電気通信事業者と電気通信設備を接続する電気通信事業者であって総務省令で定めるものが総務大臣の認可を受けて定める**技術的条件**によることとしている。

3. 端末設備の定義（第52条第1項）

「**端末設備**」とは、**電気通信回線設備の一端に接続される電気通信設備であって、一の部分の設置の場所が他の部分の設置の場所と同一の構内又は同一の建物内にあるもの**をいう。一方、設備が同一の構内又は同一の建物内で完結しない場合は自営電気通信設備になる。

なお、自営電気通信設備となると、設備が大規模なものとなり、また、線路を屋外にも設置することとなるので有線電気通信法関連の規定も適用される。

1　端末設備の接続の請求

電気通信事業者は次の端末設備を除き接続の請求を拒否できない。　→　原則　→　利用者は端末設備の設置を自由に行える

例外 ⇕

接続を拒否できる端末設備
1. 端末設備の接続の技術基準に適合していないもの
2. 総務省で定める次の端末設備
①電波を使用するもの（別に告示で定めるものを除く）
②公衆電話機
③その他利用者による接続が著しく不適切なもの

端末設備であって電波を使用するもののうち、利用者からの接続の請求を拒めないもの

1　端末設備を構成する一の部分と他の部分相互間において電波を使用する端末設備

電波

（例）コードレス電話の無線局の無線設備を使用する端末設備

2　電気通信事業の用に供する電気通信回線設備との接続において電波を使用する端末設備

電波

端末設備

電気通信事業の用に供する電気通信回線設備

電波

端末設備

（例）携帯無線通信を行う陸上移動局の無線設備を使用する端末設備

2　接続の技術基準の3原則

● 技術基準の担保方法

端末設備の接続の技術基準は、3つの原則が確保されるものとして定められている。

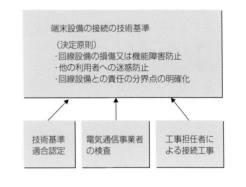

端末設備の接続の技術基準

（決定原則）
・回線設備の損傷又は機能障害防止
・他の利用者への迷惑防止
・回線設備との責任の分界点の明確化

技術基準適合認定

電気通信事業者の検査

工事担任者による接続工事

3　端末設備の定義

● 端末設備と自営電気通信設備

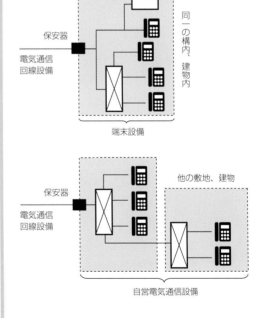

保安器
電気通信回線設備
同一の構内、建物内
端末設備

保安器
電気通信回線設備
他の敷地、建物
自営電気通信設備

端末設備‥‥‥‥‥電気通信回線設備の一端に接続される電気通信設備であって同一構内又は同一建物内にあるもの

自営電気通信設備‥‥電気通信回線設備を設置する電気通信事業者以外の者が設置する電気通信設備であって端末設備以外のもの

　→複数の敷地又は建物にまたがって設置される場合

▷1-6 技術基準適合認定、自営電気通信設備の接続

1. 技術基準適合認定(第53条、第54条)

(a)端末機器技術基準適合認定(第53条第1項)

登録認定機関は、その登録に係る技術基準適合認定を**受けようとする者から求め**があった場合には、総務省令で定めるところにより審査を行い、当該求めに係る端末機器が総務省令で定める技術基準に適合していると認めるときに限り、技術基準適合認定を行う。

利用者が端末設備を接続する場合、それが技術基準に適合しているかどうかについて電気通信事業者の検査を受ける必要がある。これに対して、あらかじめ登録認定機関の認定を受けることにより技術基準への適合性が保証され、技術基準適合認定を受けた旨の表示が付されている端末機器は電気通信事業者の検査を受けることなくその使用を開始できる。また、第56条の規定により認証を受けた設計(その設計に合致していることの確認の方法を含む。)に基づく端末機器として認証取扱業者(端末機器を取り扱うことを業とする者であって登録認定機関による設計認証を受けた者をいう。)により表示が付されたものは、技術基準適合認定の表示が付されたものと同じ効力を有する。

さらに、**特定端末機器**(端末機器の技術基準、使用の態様等を勘案して、電気通信回線設備を利用する**他の利用者の通信**に著しく妨害を与えるおそれが少ないものとして**総務省令**で定めるもの)の製造業者は、その特定端末機器を、技術基準に適合するものとして、その**設計**(当該設計に合致することの確認の方法を含む。)について**自ら確認**をすることができる(第63条)。

(b)技術基準適合認定の表示(第53条第2項)

登録認定機関は、技術基準適合認定をしたときは、**総務省令**で定めるところにより、その端末機器に技術基準適合認定をした旨の**表示**を付さ

なければならない。なお、何人も、技術基準適合認定の表示、設計認証に基づく端末機器の表示、届出設計に基づく特定端末機器について表示を付す場合を除き、国内において端末機器又は端末機器を組み込んだ製品にこれらの表示又はこれらと紛らわしい表示をしてはならない。

(c)妨害防止命令(第54条)

総務大臣は、登録認定機関による技術基準適合認定を受けた端末機器であってその旨の**表示**が付されているものが、総務省令で定める技術基準に適合しておらず、かつ、当該端末機器の使用により電気通信回線設備を利用する**他の利用者の通信**に妨害を与えるおそれがあると認める場合において、当該妨害の**拡大を防止**するために特に必要があると認めるときは、当該技術基準適合認定を受けた者に対し、当該端末機器による妨害の拡大を防止するために**必要な措置**を講ずべきことを命ずることができる。

2. 自営電気通信設備の接続 (第70条)

電気通信事業者は、電気通信回線設備を設置する電気通信事業者以外の者から自営電気通信設備をその電気通信回線設備に接続すべき旨の請求を受けたときは、次の場合を除き、その請求を拒むことができない。

① その自営電気通信設備の接続が、総務省令で定める**技術基準に適合しない**とき。

② その自営電気通信設備を接続することにより、当該電気通信事業者の電気通信回線設備の保持が**経営上困難**となることについて当該電気通信事業者が総務大臣の認定を受けたとき。

自営電気通信設備の接続については、端末設備の接続の場合と同様に利用者による接続の自由が認められているが、上記①及び②の場合は電気通信事業者に拒否権が認められている。

1 技術基準適合認定

● 技術基準適合認定の効果

技術基準適合認定を受けた端末機器は電気通信事業者の接続の検査を受けることなく利用することができる。

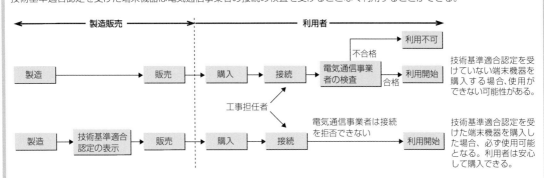

技術基準適合認定を受けていない端末機器を購入する場合、使用ができない可能性がある。

技術基準適合認定を受けた端末機器を購入した場合、必ず使用可能となる。利用者は安心して購入できる。

● 技術基準適合認定・設計認証と特定端末機器技術基準適合自己確認の比較

	技術基準適合認定	設計についての認証	特定端末機器の技術基準適合自己確認
根拠条文	第53条第1項	第56条第1項	第63条第1項
対象機器	1. アナログ電話用設備又は移動電話用設備に接続される電話機、構内交換設備、ボタン電話装置、ファクシミリその他総務大臣が別に告示する端末機器（インターネットプロトコル移動電話端末を除く） 2. インターネットプロトコル電話用設備に接続される電話機、構内交換設備、ボタン電話装置、符号変換装置、ファクシミリその他呼の制御を行う端末機器 3. インターネットプロトコル移動電話用設備に接続される端末機器 4. 無線呼出用設備に接続される端末機器 5. 総合デジタル通信用設備に接続される端末機器 6. 専用通信回線設備又はデジタルデータ伝送用設備に接続される端末機器		左記の端末機器であって、端末機器の技術基準、使用の態様等を勘案して、電気通信回線設備を利用する他の利用者の通信に著しく妨害を与えるおそれがあるものとして、総務大臣が別に告示して定めるものを除く
審査に用いられる技術要件	総務省令（端末設備等規則）で定める技術基準 （その端末機器が接続されることとなる電気通信回線設備を設置する電気通信事業者又は当該電気通信事業者とその電気通信設備を接続する他の電気通信事業者であって総務省令で定めるものが総務大臣の認可を受けて定める技術的条件を含む。）		
認定機関	登録認定機関又は承認認定機関		製造業者又は輸入業者
認定表示	認定マーク及び🅰並びに技術基準適合認定番号	認定マーク及び🅃並びに設計認証番号	認定マーク及び🅃並びに識別番号
効 果	電気通信事業者による接続の検査が省略される		

2 自営電気通信設備の接続

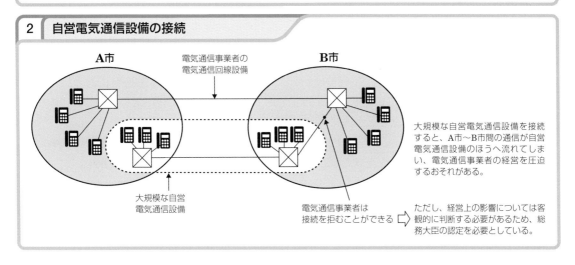

大規模な自営電気通信設備を接続すると、A市～B市間の通信が自営電気通信設備のほうへ流れてしまい、電気通信事業者の経営を圧迫するおそれがある。

ただし、経営上の影響については客観的に判断する必要があるため、総務大臣の認定を必要としている。

1-7 電気通信事業者による接続の検査

1. 端末設備の接続の検査(第69条)

(a)接続の検査

利用者は、電気通信事業者の電気通信回線設備に端末設備を接続したときは、当該電気通信事業者の検査を受け、その接続が技術基準に適合していると認められた後でなければ、これを使用してはならない。ただし、**適合表示端末機器(技術基準適合認定等を受けた旨の表示が付されている端末機器であって、総務大臣により表示が付されていないとみなされたもの以外のもの)**を接続する場合その他総務省令で定める場合は、検査を受けずに接続することができる。

電気通信事業者は、その電気通信回線設備を保護するため、利用者の接続する端末設備が技術基準に適合しているかどうかの検査を行う権利を有している。ただし、技術基準適合認定を受けた端末機器は、あらかじめ技術基準への適合性が確認されているので検査を不要としている。

(b)異常の検査

電気通信回線設備を設置する電気通信事業者は、端末設備に**異常がある場合**その他電気通信役務の円滑な提供に支障がある場合において必要と認めるときは、利用者に対して技術基準に適合しているかどうかの検査を受けるべきことを求めることができる。この場合、利用者は、**正当な理由がある場合**その他**総務省令で定める場合**を除き、その請求を拒んではならない。

利用者が端末設備を使用しているうちに故障や経年変化等により異常等が発生した場合の電気通信事業者による検査請求権の規定である。この場合は、技術基準適合認定を受けた旨の表示があっても、検査を受けなければならない。

(c)検査従事者の身分証明

これらの検査に従事する者は、端末設備の設置の場所に立ち入るときは、**その身分を示す証明**書を携帯し、関係人に提示しなければならない。

検査を装い利用者の居住場所を物色したり、金品を騙し取るなどの犯罪を防ぐため、正規の検査員であることを明確にすべき旨を定めている。

2. 接続の検査を要しない場合等(施行規則32条)

(a)検査を要しない場合

利用者は、適合表示端末機器を接続する場合及び次の場合等においては、電気通信事業者の接続の検査を受けずに電気通信回線設備に接続し、それを使用することができる。

① 端末設備の同一構内での移動
② 通話に用いることのない端末設備又は網制御機能のない端末設備の増設、取替え、又は改造
③ 防衛省が技術基準に適合するかどうかを判断するのに必要な資料を提出した端末設備の接続
④ 電気通信事業者が検査を省略することが適当である旨を定め公示した端末設備の接続
⑤ 技術的条件に適合していることについて認定機関から認定を受けた端末機器の接続
⑥ 電気通信事業者が総務大臣の認可を受けて定める技術的条件に適合していることについて認定機関による認定を受けた端末機器の接続
⑦ 外国からの入国者が自ら持ち込んだ端末機器(その入国者の自国の技術基準に適合するもの)の入国から90日以内の使用
⑧ 電波法の規定による届出をした無線設備(総務大臣が告示した技術基準に適合しているもの)の接続で、届出の日から180日以内の使用

(b)検査の請求を拒める場合

利用者は、正当な理由がある場合のほか、電気通信事業者が利用者の**営業時間外**及び**日没から日出までの間**において検査を求めるとき、若しくは防衛省が技術基準に適合するかどうかの判断に必要な書類を提出したときは、検査の請求を拒むことができる。

1　端末設備の接続の検査

● 電気通信事業者の検査

利用者は、電気通信事業者の電気通信回線設備に端末設備を接続したときは、当該電気通信事業者の検査を受けなければならない。ただし、適合表示端末機器を接続する場合その他総務省令で定める場合を除く。

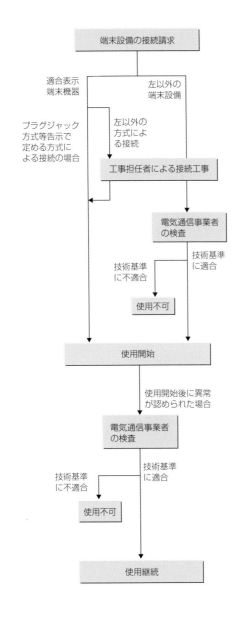

2　接続の検査を要しない場合等

● 検査を要しない場合

適合表示端末機器を接続する場合その他総務省令（施行規則第32条第1項）で定める場合

・端末設備の同一構内の移動

・通話の用に供しない端末設備及び網制御機能を有しない端末設備の増設、取替え、改造

・防衛省が資料を提出したとき

・電気通信事業者が公示した端末設備の接続

・技術的条件に係る認定を受けた端末機器の接続

・専らその全部又は一部を電気通信事業を営む者が提供する電気通信役務を利用して行う放送を受信するための端末設備

　　　　　　　　　　　　　　　　　　　など

● 検査の請求を拒める場合

正当な理由がある場合その他総務省令（施行規則第32条第2項）で定める場合

・利用者の営業時間外及び日没から日出までの間において検査を求めるとき

・防衛省が資料を提出したとき

● 検査を行う者であることの身分証明

端末設備の接続の検査に従事する者は、その身分を示す証明書を携帯し、関係人に提示する

1-8 工事担任者、電気通信主任技術者、適用除外

1. 工事担任者による工事の実施（第71条）

利用者は、端末設備又は自営電気通信設備を接続しようとするときは、工事担任者（工事担任者**資格者証の交付を受けている者**をいう）に、資格者証の種類に応じ、これに係る工事を行わせ、又は**実地に監督**させなければならない。

端末設備の機器が技術基準に適合していても、接続が適切でないと結果的には技術基準に適合しなくなるため、利用者が端末設備等を接続するときは、工事担任者に施工させることとしている。資格者証の種類及び工事の範囲は、「**工事担任者規則**」に定められている。

なお、工事担任者は、工事の実施又は監督の職務を**誠実に**行わなければならない。

2. 工事担任者資格者証（第72条）

(a)交付を受けられる者

工事担任者資格者証の交付を受けることができるのは次のいずれかに該当する者である。

・工事担任者**試験に合格**した者
・総務大臣が認定した**養成課程を修了**した者
・**総務大臣**が試験合格者等と同等以上の知識及び技能を有すると**認定**した者

(b)交付を行わない場合

次に該当する者に対しては、総務大臣は資格者証の交付を行わないことがある。

・工事担任者資格者証の返納を命ぜられ、その日から**1年**を経過しない者
・本法の規定により罰金以上の刑に処せられ、その執行を終わり、又はその執行を受けることがなくなった日から**2年**を経過しない者

(c)返納命令

総務大臣は、工事担任者が電気通信事業法又は電気通信事業法に基づく命令の規定に違反したときは、資格者証の返納を命ずることができる。

3. 工事担任者試験（第73条）

工事担任者試験は、端末設備及び自営電気通信設備の接続に関して必要な**知識及び技能**について行う。また、総務大臣は、試験事務を指定試験機関に行わせることができる。

4. 電気通信主任技術者（第45条）

電気通信事業者は電気通信主任技術者を**選任**して、事業用電気通信設備の工事、維持及び運用に関する事項を監督させ、設備の技術基準への適合性を担保しなければならない。ただし、次の条件をすべて満たす場合は選任しなくてもよい。

① 設備の設置の範囲が一の市町村の区域内
② 当該区域における利用者数が30,000未満
③ 一定の業務経験等を有する者の配置

5. 適用除外（第164条）

次の電気通信事業は、通信の秘密の保護に関するもの（第3条・第4条）等を除き、電気通信事業法の規定の適用を受けない。これらのサービス形態は、電気通信事業法により規律する必要性が乏しいものとみなされているからである。

・**専ら一の者**に電気通信役務を提供するもの。ただし、電気通信事業者の電気通信事業の用に供するものを除く。
・その一の部分の設置の場所が他の部分の設置の場所と**同一の構内**（これに準ずる区域内を含む。）又は同一の建物内である電気通信設備その他総務省令で定める基準（線路のこう長の総延長が5km）に満たない規模の電気通信設備により電気通信役務を提供するもの。
・電気通信設備を用いて**他人の通信を媒介する電気通信役務以外**の電気通信役務（ドメイン名電気通信役務を除く。）を**電気通信回線設備を設置することなく**提供するもの。

1　工事担任者による工事の実施

● 工事担任者の職務

工事担任者は、利用者の端末設備の接続の工事又はその工事の監督の職務を行う。

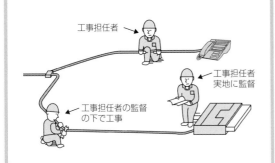

2　工事担任者資格者証

● 工事担任者資格者証の交付等の対象者

項　目	対　象　者
交付を受けられる者	·試験合格者 ·養成課程修了者 ·総務大臣が必要な知識及び技能を有すると認定した者
交付を行わないことがある者	·資格者証の返納を命ぜられてから1年以内の者 ·罰金以上の刑の執行が終わってから2年以内の者
返納を命ぜられる者	·電気通信事業法又はこの法律に基づく命令の規定に違反した者

3　工事担任者試験

● 指定試験機関の役割

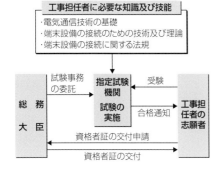

4　電気通信主任技術者

● 工事担任者と電気通信主任技術者との比較

	工事担任者	電気通信主任技術者
職務	端末設備又は自営電気通信設備の接続の工事の実施又は監督	事業用電気通信設備の工事、維持及び運用に関する事項の監督
資格者証の種類	第1級アナログ通信 第2級アナログ通信 第1級デジタル通信 第2級デジタル通信 総合通信	伝送交換 線路
資格が必要となる場合	利用者が端末設備等を電気通信回線設備に接続するときただし、総務省令で定める場合は不要	電気通信事業者が電気通信設備を設置、運用するときただし、事業用電気通信設備が小規模である場合その他総務省令で定める場合は選任不要

5　適用除外

専ら一の者に提供する電気通信事業

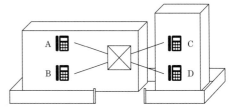

同一の構内若しくは同一の建物内で提供する電気通信事業

Zは他人の通信を媒介せず、電気通信回線設備を設置していないので、電気通信事業法の適用を受けない

重要語句の確認

電気通信事業法

第1条（目的）

(1) 電気通信事業法は、電気通信事業の　（ア）　にかんがみ、その運営を適正かつ合理的なものとするとともに、その公正な競争を促進することにより、電気通信役務の円滑な提供を確保するとともにその利用者の　（イ）　を保護し、もって電気通信の健全な発達及び　（ウ）　の確保を図り、　（エ）　を増進することを目的とする。

ア	公共性
イ	利益
ウ	国民の利便
エ	公共の福祉

第2条（定義）

(1) 電気通信とは、有線、無線その他の　（ア）　方式により、　（イ）　、音響又は　（ウ）　を送り、伝え、又は受けることをいう。

(2) 電気通信設備とは、電気通信を行うための機械、器具、　（エ）　その他の　（オ）　をいう。

(3) 電気通信役務とは、　（カ）　を用いて　（キ）　の通信を媒介し、その他　（カ）　を　（キ）　の通信の用に供することをいう。

(4) 電気通信事業とは、　（ク）　を　（キ）　の需要に応ずるために提供する事業（放送局設備供給役務に係る事業を除く。）をいう。

(5) 電気通信事業者とは、電気通信事業を営むことについて、第9条〔電気通信事業の　（ケ）　〕の　（ケ）　を受けた者及び第16条〔電気通信事業の　（コ）　〕第1項の規定による　（コ）　をした者をいう。

(6) 電気通信業務とは、　（サ）　の行う　（ク）　の提供の業務をいう。

ア	電磁的
イ	符号
ウ	影像
エ	線路
オ	電気的設備
カ	電気通信設備
キ	他人
ク	電気通信役務
ケ	登録
コ	届出
サ	電気通信事業者

第3条（検閲の禁止）

(1) 　（ア）　の取扱中に係る通信は、検閲してはならない。

ア	電気通信事業者

第4条（秘密の保護）

(1) 　（ア）　の取扱中に係る　（イ）　は、侵してはならない。

(2) 電気通信事業に従事する者は、在職中　（ア）　の取扱中に係る通信に関して知り得た　（ウ）　の秘密を守らなければならない。その職を退いた後においても、同様とする。

ア	電気通信事業者
イ	通信の秘密
ウ	他人

第6条（利用の公平）

(1) 電気通信事業者は、　（ア）　の提供について、　（イ）　差別的取扱いをしてはならない。

ア	電気通信役務
イ	不当な

第7条（基礎的電気通信役務の提供）

⑴　基礎的電気通信役務（　(ア)　であるため　(イ)　における提供が確保されるべきものとして　(ウ)　電気通信役務をいう。）を提供する電気通信事業者は、その適切、　(エ)　な提供に努めなければならない。

ア	国民生活に不可欠
イ	あまねく日本全国
ウ	総務省令で定める
エ	公平かつ安定的

第8条（重要通信の確保）

⑴　電気通信事業者は、天災、　(ア)　その他の非常事態が発生し、又は発生するおそれがあるときは、災害の　(イ)　若しくは救援、交通、　(ウ)　若しくは電力の供給の確保又は　(エ)　の維持のために必要な事項を内容とする通信を優先的に取り扱わなければならない。　(オ)　のため緊急に行うことを要するその他の通信であって総務省令で定めるものについても、同様とする。

⑵　前項の場合において、電気通信事業者は、　(カ)　があるときは、　(キ)　で定める基準に従い、　(ク)　の一部を　(ケ)　することができる。

⑶　電気通信事業者は、⑴に規定する通信（以下「　(コ)　」という。）の　(サ)　を他の電気通信事業者と相互に連携を図りつつ確保するため、他の電気通信事業者と電気通信設備を相互に　(シ)　する場合には、　(キ)　で定めるところにより、　(コ)　の　(ス)　について取り決めることその他の　(セ)　を講じなければならない。

ア	事変
イ	予防
ウ	通信
エ	秩序
オ	公共の利益
カ	必要
キ	総務省令
ク	電気通信業務
ケ	停止
コ	重要通信
サ	円滑な実施
シ	接続
ス	優先的な取扱い
セ	必要な措置

第9条（電気通信事業の登録）

⑴　電気通信事業を営もうとする者は、総務大臣の　(ア)　を受けなければならない。ただし、その者の設置する　(イ)　（送信の場所と受信の場所との間を接続する　(ウ)　及びこれと一体として設置される　(エ)　並びにこれらの附属設備をいう。以下同じ。）の　(オ)　及び当該　(イ)　を設置する　(カ)　が総務省令で定める基準を超えない場合等は、この限りでない。

ア	登録
イ	電気通信回線設備
ウ	伝送路設備
エ	交換設備
オ	規模
カ	区域の範囲

第16条（電気通信事業の届出）

⑴　電気通信事業を営もうとする者（総務大臣の　(ア)　を受けるべき者を除く。）は、総務省令で定めるところにより、氏名又は名称、住所、法人は代表者の氏名、外国法人等は国内における代表者又は代理人の氏名又は名称及び国内における住所、業務区域、事業用電気通信設備を設置する場合は電気通信設備の概要、など所定の事項を記載した書類を添えて、その旨を総務大臣に　(イ)　なければならない。

ア	登録
イ	届け出

第19条（基礎的電気通信役務の契約約款）

⑴　基礎的電気通信役務を提供する電気通信事業者は、その提供する基礎的電気通信役務に関する料金その他の　(ア)　（当該電気通信事業者又は当該電気通信事業者とその電気通信設備を接続する他の電気通信事業者であって総務省令で定めるものが総務大臣の認可を受けるべき　(イ)　に係る事項及び総務省令で定める事項を除く。）について　(ウ)　を定め、総務省令で定めるところにより、その実施前に、総務大臣　(エ)　なければならない。これを変更しようとするときも、同様とする。

ア	提供条件
イ	技術的条件
ウ	契約約款
エ	に届け出

第25条（提供義務）

⑴　(ア)　を提供する電気通信事業者は、正当な理由がなければ、その業務区域における　(ア)　の提供を拒んではならない。

ア	基礎的電気通信役務

第29条（業務の改善命令）

　総務大臣は、次の事項等に該当するときは、電気通信事業者に対し、利用者の　(ア)　又は公共の　(ア)　を確保するために必要な　(イ)　において、業務の改善その他の　(ウ)　をとるべきことを命ずることができる。

⑴　電気通信事業者の業務の方法に関し　(エ)　の確保に　(オ)　があるとき。

⑵　電気通信事業者が　(カ)　の者に対し　(キ)　取扱いを行っているとき。

⑶　電気通信事業者が　(ク)　に関する事項について　(ケ)　していないとき。

⑷　電気通信事業者が提供する　(コ)　に関する　(サ)　（　(シ)　を除く。）が電気通信回線設備の使用の　(ス)　を不当に　(セ)　するものであるとき。

⑸　事故により　(コ)　の提供に　(オ)　が生じている場合に電気通信事業者がその　(オ)　を　(ソ)　するために必要な　(タ)　その他の　(ウ)　を　(チ)　に行わないとき。

ア	利益
イ	限度
ウ	措置
エ	通信の秘密
オ	支障
カ	特定
キ	不当な差別的
ク	重要通信
ケ	適切に配慮
コ	電気通信役務
サ	提供条件
シ	料金
ス	態様
セ	制限
ソ	除去
タ	修理
チ	速やか

第41条（電気通信設備の維持）

⑴　(ア)　を設置する電気通信事業者は、その電気通信事業の用に供する電気通信設備（専ら　(イ)　を提供する電気通信事業の用に供するもの及びその　(ウ)　等による　(エ)　の利益に及ぼす影響が軽微なものとして　(オ)　で定めるものを除く。）を　(オ)　で定める

ア	電気通信回線設備
イ	ドメイン名電気通信役務
ウ	損壊又は故障

技術基準に適合するように維持しなければならない。

(2)　　(カ)　を提供する電気通信事業者は、その　(カ)　を提供する電気通信事業の用に供する電気通信設備(その損壊又は故障等による利用者の利益に及ぼす影響が軽微なものとして総務省令で定める電気通信設備及び専ら　(イ)　を提供する電気通信事業の用に供する電気通信設備を除く。)を　(オ)　で定める技術基準に適合するように維持しなければならない。

エ	利用者
オ	総務省令
カ	基礎的電気通信役務

第42条(電気通信事業者による電気通信設備の自己確認)

(1)　　(ア)　を設置する電気通信事業者は、その　(イ)　の用に供する電気通信設備の使用を開始しようとするときは、当該電気通信設備(総務省令で定めるもの　(ウ)　)が総務省令で定める　(エ)　に適合することについて、総務省令で定めるところにより、自ら　(オ)　しなければならない。

ア	電気通信回線設備
イ	電気通信事業
ウ	を除く
エ	技術基準
オ	確認

第43条(技術基準適合命令)

(1)　総務大臣は、　(ア)　を設置する電気通信事業者が総務省令で定める　(イ)　に適合していないと認めるときは、当該電気通信設備を設置する電気通信事業者に対し、その　(イ)　に適合するように当該設備　(ウ)　をし、若しくは　(エ)　することを命じ、又はその使用を　(オ)　することができる。

ア	電気通信回線設備
イ	技術基準
ウ	修理
エ	改造
オ	制限

第44条(管理規程)

(1)　電気通信事業者は、総務省で定めるところにより、事業用電気通信設備の　(ア)　を定め、電気通信事業の　(イ)　に、総務大臣に　(ウ)　なければならない。

(2)　　(ア)　は、電気通信役務の　(エ)　な提供を確保するために電気通信事業者が遵守すべき所定の事項に関し、総務省令で定めるところにより、必要な内容を定めたものでなければならない。

(3)　電気通信事業者は、　(ア)　を変更したときは、　(オ)　、変更した事項を総務大臣に　(ウ)　なければならない。

ア	管理規程
イ	開始前
ウ	届け出
エ	確実かつ安定的
オ	遅滞なく

第45条(電気通信主任技術者)

(1)　　(ア)　は、事業用電気通信設備の工事、　(イ)　に関し総務省令で定める事項を監督させるため、総務省令で定めるところにより、電気通信主任技術者資格者証　(ウ)　のうちから、電気通信主任技術者を選任しなければならない。ただし、事業用電気通信設備が

ア	電気通信事業者
イ	維持及び運用
ウ	の交付を受けている者

（エ）である場合その他総務省令で定める場合は、この限りでない。

第52条（端末設備の接続の技術基準）

(1) 電気通信事業者は、（ア）から端末設備（（イ）の一端に接続される（ウ）であって、一の部分の設置の場所が他の部分の設置の場所と（エ）（これに準ずる区域内を含む。）又は（オ）であるものをいう。）をその（イ）（その（カ）等による（ア）の利益に及ぼす影響が軽微なものとして（キ）で定めるものを除く。）に接続すべき旨の請求を受けたときは、その接続が（キ）で定める技術基準（当該電気通信事業者又は当該電気通信事業者とその（ウ）を接続する（ク）であって（キ）で定めるものが総務大臣の認可を受けて定める（ケ）を含む。）に適合しない場合その他（キ）で定める場合を除き、その請求を拒むことができない。

(2) 端末設備の接続の技術基準は、これにより（イ）を（コ）し、又はその機能に（サ）を与えないようにすることが確保されるものとして定められなければならない。

(3) 端末設備の接続の技術基準は、これにより（イ）を利用する（シ）に（ス）を及ぼさないようにすることが確保されるものとして定められなければならない。

(4) 端末設備の接続の技術基準は、これにより電気通信事業者の設置する（イ）と（ア）の接続する端末設備との（セ）が明確であるようにすることが確保されるものとして定められなければならない。

第53条（端末機器技術基準適合認定）

(1) （ア）は、その（イ）に係る技術基準適合認定（総務省令で定める技術基準に適合していることの（ウ）をいう。以下同じ。）を受けようとする者から（エ）があった場合には、総務省令で定めるところにより（オ）を行い、当該（エ）に係る端末機器（総務省令で定める（カ）の端末設備の（キ）をいう。以下同じ。）が総務省令で定める技術基準に適合している（ク）、技術基準適合認定を行うものとする。

(2) （ア）は、その（イ）に係る技術基準適合認定をしたときは、総務省令で定めるところにより、その端末機器に技術基準適合認定をした旨の（ケ）を付さなければならない。

(3) 何人も、電気通信事業法の規定により端末機器に技術基準適合認

定をした旨の　(ケ)　を付する場合を除くほか、国内において端末機器又は端末機器を　(コ)　にこれらの　(ケ)　又はこれらと紛らわしい　(ケ)　を付してはならない。

第54条（妨害防止命令）

(1)　総務大臣は、登録認定機関による技術基準適合認定を受けた端末機器であってその旨の　(ア)　が付されているものが、　(イ)　で定める　(ウ)　に適合しておらず、かつ、当該端末機器の　(エ)　により電気通信回線設備を利用する　(オ)　の通信に　(カ)　を与えるおそれがあると認める場合において、当該　(カ)　の　(キ)　を防止するために特に必要があると認めるときは、当該技術基準適合認定を受けた者に対し、当該端末機器による　(カ)　の　(キ)　を防止するために必要な措置を講ずべきことを　(ク)　ことができる。

ア	表示
イ	総務省令
ウ	技術基準
エ	使用
オ	他の利用者
カ	妨害
キ	拡大
ク	命ずる

第55条（表示が付されていないものとみなす場合）

(1)　(ア)　による技術基準適合認定を受けた端末機器であってその旨の　(イ)　が付されているものが　(ウ)　で定める　(エ)　に適合していない場合において、総務大臣が電気通信回線設備を利用する　(オ)　の通信への　(カ)　の発生を　(キ)　するため特に必要があると認めるときは、当該端末機器は、技術基準適合認定を受けた旨の　(イ)　が付されていないものとみなす。

(2)　総務大臣は、端末機器について　(イ)　が付されていないものとみなされたときは、その旨を　(ク)　しなければならない。

ア	登録認定機関
イ	表示
ウ	総務省令
エ	技術基準
オ	他の利用者
カ	妨害
キ	防止
ク	公示

第56条（端末機器の設計についての認証）

(1)　(ア)　は、端末機器を取り扱うことを業とする者から求めがあった場合には、その端末機器を、総務省令で定める技術基準に適合するものとして、その　(イ)　（当該　(イ)　に合致することの　(ウ)　の方法を含む。）について　(エ)　（以下「　(イ)　　(エ)　」という。）する。

ア	登録認定機関
イ	設計
ウ	確認
エ	認証

第63条（技術基準適合自己確認等）

(1)　端末機器のうち、端末機器の　(ア)　、使用の　(イ)　等を勘案して、電気通信回線設備を利用する　(ウ)　の通信に著しく　(エ)　を与えるおそれが少ないものとして総務省令で定めるもの（以下「特定端末機器」という。）の製造業者又は　(オ)　業者は、その特定端末機器を、総務省令で定める　(ア)　に適合するものとして、その　(カ)　（当該　(カ)　に合致することの　(キ)　の方法

ア	技術基準
イ	態様
ウ	他の利用者
エ	妨害
オ	輸入

を含む。）について自ら　（キ）　することができる。

第69条（端末設備の接続の検査）

(1)　（ア）　は、　（イ）　を接続する場合その他総務省令で定める場合を除き、　（ウ）　の　（エ）　に端末設備を接続したときは、当該　（ウ）　の　（オ）　を受け、その接続が総務省令で定める　（カ）　に適合していると認められた後でなければ、これを使用してはならない。これを変更したとき　（キ）　とする。

(2)　（エ）　を設置する　（ウ）　は、端末設備に　（ク）　がある場合その他電気通信役務の　（ケ）　に支障がある場合において必要と認めるときは、　（ア）　に対し、その端末設備の接続が総務省令で定める　（カ）　に適合するかどうかの　（オ）　を受けるべきことを求めることができる。この場合において、当該　（ア）　は、　（コ）　がある場合その他総務省令で定める場合を除き、その請求を拒んではならない。

(3)　端末設備の接続の　（オ）　に従事する者は、端末設備の　（サ）　ときは、その　（シ）　を携帯し、　（ス）　に提示しなければならない。

第70条（自営電気通信設備の接続）

(1)　電気通信事業者は、　（ア）　を設置する電気通信事業者以外の者からその電気通信設備（　（イ）　以外のものに限る。以下「自営電気通信設備」という。）をその　（ア）　に接続すべき旨の請求を受けたときは、原則として、その請求を拒むことができないが、その自営電気通信設備の接続が、総務省令で定める　（ウ）　（当該電気通信事業者又は当該電気通信事業者とその電気通信設備を接続する他の電気通信事業者であって総務省令で定めるものが総務大臣の認可を受けて定める技術的条件を含む。）に適合しないときは、拒むことができる。

(2)　電気通信事業者は、　（ア）　を設置する電気通信事業者以外の者から自営電気通信設備をその　（ア）　に接続すべき旨の請求を受けても、その自営電気通信設備を接続することにより当該電気通信事業者の　（ア）　の保持が　（エ）　困難となることについて当該電気通信事業者が　（オ）　を受けたときは、その請求を拒むことができる。

第71条（工事担任者による工事の実施及び監督）

(1)　（ア）　は、端末設備又は　（イ）　を接続するときは、工事担任者　（ウ）　を受けている者（以下「工事担任者」という。）に、当該工事担任者資格者証の　（エ）　に応じ、これに係る工事を行わせ、又

カ	設計
キ	確認

ア	利用者
イ	適合表示端末機器
ウ	電気通信事業者
エ	電気通信回線設備
オ	検査
カ	技術基準
キ	も、同様
ク	異常
ケ	円滑な提供
コ	正当な理由
サ	設置の場所に立ち入る
シ	身分を示す証明書
ス	関係人

ア	電気通信回線設備
イ	端末設備
ウ	技術基準
エ	経営上
オ	総務大臣の認定

ア	利用者
イ	自営電気通信設備

は実地に　(オ)　させなければならない。ただし、総務省令で定める場合は、この限りでない。

(2)　工事担任者は、その工事の実施又は　(オ)　の職務を　(カ)　行わなければならない。

ウ	資格者証の交付
エ	種類
オ	監督
カ	誠実に

第72条（工事担任者資格者証）

(1)　工事担任者資格者証の種類及び工事担任者が行い、又は監督することができる端末設備若しくは　(ア)　の接続に係る工事の範囲は、　(イ)　で定める。

(2)　(ウ)　は、　(エ)　に合格した者、又は工事担任者資格者証の交付を受けようとする者の　(オ)　で、　(ウ)　が　(イ)　で定める基準に適合するものであることの認定をしたものを修了した者、若しくはそれらの者と同等以上の　(カ)　及び　(キ)　を有すると　(ウ)　が認定した者に対し、工事担任者資格者証を交付する。

(3)　(ウ)　は、電気通信事業法第47条の規定により工事担任者資格者証の　(ク)　を命ぜられ、その日から　(ケ)　を経過しない者に対しては、工事担任者資格者証の交付を行わないことができる。

(4)　(ウ)　は電気通信事業法の規定により　(コ)　以上の刑に処せられ、その執行を終わり、又はその執行を受けることがなくなった日から　(サ)　を経過しない者に対しては、工事担任者資格者証の交付を行わないことができる。

ア	自営電気通信設備
イ	総務省令
ウ	総務大臣
エ	工事担任者試験
オ	養成課程
カ	知識
キ	技能
ク	返納
ケ	1年
コ	罰金
サ	2年

電気通信事業法施行規則

第2条（用語）

(1)　音声伝送役務とは、概ね4キロヘルツ帯域の音声その他の　(ア)　を伝送交換する機能を有する電気通信設備を　(イ)　の通信の用に供する電気通信役務であってデータ伝送役務以外のものをいう。

(2)　データ伝送役務とは、専ら　(ウ)　を伝送交換するための電気通信設備を　(イ)　の通信の用に供する電気通信役務をいう。

(3)　専用役務とは、　(エ)　に電気通信設備を　(オ)　させる電気通信役務をいう。

ア	音響
イ	他人
ウ	符号又は影像
エ	特定の者
オ	専用

第3条（登録を要しない電気通信事業）

(1)　電気通信事業を営もうとする者が総務大臣の登録を受けることを要しない規模及び区域の範囲の基準は、設置する電気通信回線設備が次の各号のいずれにも該当することとする。

| ア | と接続 |
| イ | 区域 |

① 端末系伝送路設備（端末設備又は自営電気通信設備 （ア） される伝送路設備をいう。以下同じ。）の設置の （イ） が一の市町村（特別区を含む。）の （イ） （地方自治法の指定都市（次項において単に「指定都市」という。）にあってはその区又は総合区の （イ） ）を超えないこと。

② （ウ） 系伝送路設備（端末系伝送路設備 （エ） の伝送路設備をいう。以下同じ。）の設置の （オ） が一の都道府県の （イ） を超えないこと。

第31条（利用者からの端末設備の接続請求を拒める場合）

(1) 電気通信事業者が利用者からの端末設備の接続請求を拒める場合は、利用者から、端末設備であって （ア） を使用するもの（別に （イ） で定めるものを除く。）及び （ウ） その他利用者による接続が著しく （エ） なものの接続の請求を受けた場合とする。

第32条（端末設備の接続の検査）

(1) 利用者が端末設備を接続しても、次の場合には、電気通信事業者の検査を受ける必要がない。

① 端末設備を （ア） において移動するとき。

② （イ） の用に供しない端末設備又は （ウ） に関する機能を有しない端末設備を増設し、取り替え、又は （エ） するとき。

③ （オ） が、 （カ） の検査に係る端末設備の接続について、 （キ） に適合するかどうかを判断するために必要な資料を提出したとき。

④ （カ） が、その端末設備の接続につき検査を省略しても （キ） に適合しないおそれがないと認められる場合であって、検査を省略することが適当であるとしてその旨を定め （ク） したものを接続するとき。

⑤ （カ） が （ケ） の認可を受けて定める技術的条件（利用者の端末設備が送信型対電気通信設備サイバー攻撃を行うことの禁止に関するもの及びアクセス制御機能に係る識別符号の設定に関するものを除く。）に適合していること（ （キ） に適合していることを含む。）について、 （コ） 又は （サ） が認定をした端末機器を接続したとき。

⑥ 専らその全部又は一部を電気通信事業を営む者が提供する電気通信役務を利用して行う （シ） の受信のために使用される端末設備であるとき。

ウ	中継
エ	以外
オ	区間

ア	電波
イ	告示
ウ	公衆電話機
エ	不適当

ア	同一の構内
イ	通話
ウ	網制御
エ	改造
オ	防衛省
カ	電気通信事業者
キ	技術基準
ク	公示
ケ	総務大臣
コ	登録認定機関
サ	承認認定機関
シ	放送
ス	入国
セ	自ら持ち込む
ソ	別に告示
タ	90
チ	電波法
ツ	届出
テ	無線設備
ト	180

⑦　本邦に　(ス)　する者が　(セ)　端末設備（　(ケ)　が　(ソ)　する　(キ)　に適合しているものに限る。）であって、当該者の　(ス)　の日から同日以後　(タ)　日を経過する日までの間に限り使用するものを接続するとき。

⑧　(チ)　の規定による　(ツ)　に係る　(テ)　である端末設備（　(ケ)　が　(ソ)　する　(キ)　に適合しているものに限る。）であって、当該　(ツ)　の日から同日以後　(ト)　日を経過する日までの間に限り使用するものを接続するとき。

(2)　利用者は、次の場合には、電気通信事業者の検査の請求を拒むことができる。

①　(カ)　が、利用者の　(ナ)　及び　(ニ)　の間において検査を受けるべきことを求めるとき。

②　(オ)　が、　(カ)　の検査に係る端末設備の接続について、　(キ)　に適合するかどうかを判断するために必要な資料を提出したとき。

第55条（緊急に行うことを要する通信）

(1)　総務省令で定める公共の利益のため緊急に行うことを要する通信は、次の表の左欄に掲げる事項を内容とする通信であって、同表の右欄に掲げる機関等において行われるものとする。

通信の内容	機関等
①　火災、集団的疫病、交通機関の重大な事故その他　(ア)　に係る事態が発生し、又は発生するおそれがある場合において、その　(イ)　等に関し、緊急を要する事項	(1)　予防、救援、復旧等に直接関係がある機関相互間 (2)　左記の事態が発生し、又は発生するおそれがあることを知った者と(1)の機関との間
②　(ウ)　のため緊急を要する事項	(1)　警察機関相互間 (2)　海上保安機関相互間 (3)　警察機関と海上保安機関との間 (4)　犯罪が発生し、又は発生するおそれがあることを知った者と警察機関又は海上保安機関との間
③　国会議員又は地方公共団体の長若しくはその議会の議員の選挙の執行又はその結果に関し、緊急を要する事項	(エ)　相互間
④　(オ)　の報道を内容とするもの	新聞社等の機関相互間
⑤　気象、水象、地象若しくは地動の観測の　(カ)　に関する事項であって、緊急に通報することを要する事項	気象機関相互間
⑥　水道、ガス等の国民の日常生活に必要不可欠な役務の提供その他　(キ)　を維持するため緊急を要する事項	左記の通信を行う者相互間

ナ　営業時間外

ニ　日没から日出まで

ア　人命の安全

イ　予防、救援、復旧

ウ　治安の維持

エ　選挙管理機関

オ　天災、事変その他の災害に際し、災害の状況

カ　報告又は警報

キ　生活基盤

参照

問1

次の各文章の 　　　　 内に、それぞれの [　　] の解答群の中から最も適したものを選び、その番号を記せ。

(1) 電気通信事業法の「目的」について述べた次の文章のうち、Ⓐ、Ⓑの下線部分は、 　　　　 。

☞12ページ
1 電気通信事業法の目的

電気通信事業法は、電気通信事業の公共性にかんがみ、その運営を適正かつ合理的なものとするとともに、その公正な競争を促進することにより、電気通信役務の円滑な提供を確保するとともにⒶ電気通信事業者間の格差を是正し、もって電気通信の健全な発達及び国民の利便の確保を図り、Ⓑ国民経済の発展を増進することを目的とする。

```
① Ⓐのみ正しい      ② Ⓑのみ正しい
③ ⒶもⒷも正しい    ④ ⒶもⒷも正しくない
```

(2) 用語について述べた次の二つの文章は、 　　　　 。

☞12ページ
2 用語の定義

A 電気通信役務とは、電気通信設備を用いて他人の通信を媒介し、その他電気通信設備を他人の通信の用に供することをいう。

B 電気通信業務とは、電気通信設備を総務省令で定める技術基準に適合するように維持することをいう。

```
① Aのみ正しい      ② Bのみ正しい
③ AもBも正しい    ④ AもBも正しくない
```

(3) 用語について述べた次の二つの文章は、 　　　　 。

☞13ページ
● 電気通信役務の種類

A 音声伝送役務とは、概ね4キロヘルツ帯域の音声その他の音響を伝送交換する機能を有する電気通信設備を他人の通信の用に供する電気通信役務であってデータ伝送役務以外のものをいう。

B データ伝送役務とは、専ら音響又は符号を伝送交換するための電気通信設備を他人の通信の用に供する電気通信役務をいう。

```
① Aのみ正しい      ② Bのみ正しい
③ AもBも正しい    ④ AもBも正しくない
```

(4) 電気通信事業に従事する者は、在職中 　　　　 の取扱中に係る通信に関して知り得た他人の秘密を守らなければならない。

☞14ページ
1 通信の秘密の保護等

```
① 利用者    ② 一 般      ③ 企 業
④ 個 人    ⑤ 電気通信事業者
```

(5)　電気通信事業者は、[　　　　]の提供について、不当な差別的取扱いをしてはならない。

```
① 国際電話業務    ② 電気通信役務
③ 電気通信事業    ④ 電気通信設備
```

☞14ページ
2　利用の公平等

(6)　「重要通信の確保」について述べた次の文章のうち、A、Bの下線部分は、[　　　　]。

　電気通信事業者は、天災、事変その他の非常事態が発生し、又は発生するおそれがあるときは、災害の予防若しくは救援、交通、通信若しくはⒶ電力の供給の確保又は秩序の維持のために必要な事項を内容とする通信を優先的に取り扱わなければならない。公共の利益のため緊急に行うことを要するその他の通信であって総務省令で定めるものについても、同様とする。この場合において、電気通信事業者は、Ⓑ必要があるときは、総務省令で定める基準に従い電気通信業務の一部を停止することができる。

```
① Ⓐのみ正しい    ② Ⓑのみ正しい
③ ⒶもⒷも正しい   ④ ⒶもⒷも正しくない
```

☞14ページ
3　重要通信の確保

(7)　電気通信事業法の規定による公共の利益のため緊急に行うことを要する通信として総務省令で定める通信には、水道、ガス等の国民の日常生活に必要不可欠な役務の提供その他[　　　　]を維持するため緊急を要する事項を内容とする通信がある。

```
① 利用者の利益    ② 業務の運用
③ 公共の秩序     ④ 生活基盤
```

☞15ページ
4　公共の利益のため緊急に行うことを要するその他の通信

問2

　次の各文章の[　　　　]内に、それぞれの[　　]の解答群の中から最も適したものを選び、その番号を記せ。

(1)　電気通信事業を営もうとする者は、総務大臣の[　　　　]を受けなければならない。ただし、その者の設置する電気通信回線設備の規模及び当該電気通信回線設備を設置する区域の規模が総務省令で定める基準を超えない場合は、この限りでない。

```
① 登録    ② 許可    ③ 指定    ④ 免許
```

☞16ページ
1　事業の開始手続

(2) 事故により電気通信役務の提供に支障が生じている場合に電気通信事業者がその支障を除去するために _____ その他の措置を速やかに行わないと総務大臣が認めるときは、総務大臣は電気通信事業者に対し、利用者の利益又は公共の利益を確保するために必要な限度において、業務の方法の改善その他の措置をとるべきことを命ずることができる。

☞ 16ページ
4 業務の改善命令

［① 故障の手配　　② 迅速な行動
　③ 工事の方法　　④ 必要な修理］

(3) 総務大臣は、電気通信事業法に規定する電気通信設備が総務省令で定める技術基準に適合していないと認めるときは、当該電気通信設備を設置する電気通信事業者に対し、その技術基準に適合するように当該設備を _____ し、若しくは改造することを命じ、又はその使用を制限することができる。

☞ 18ページ
3 技術基準適合命令

［① 修理　　② 変更　　③ 休止　　④ 撤去］

(4) 「基礎的電気通信役務」及び「管理規程」について述べた次の二つの記述は、 _____ 。

☞ 14ページ
2 利用の公平等
☞ 18ページ
4 管理規程

A 基礎的電気通信役務（国民生活に不可欠であるためあまねく日本全国における提供が確保されるべきものとして総務省令で定める電気通信役務をいう。）を提供する電気通信事業者は、その適切、公平かつ安定的な提供に努めなければならない。

B 電気通信事業者は、総務省令で定めるところにより、事業用電気通信設備の管理規程を定め、電気通信事業の開始前に、総務大臣に届け出なければならない。

［① Aのみ正しい　　② Bのみ正しい
　③ AもBも正しい　　④ AもBも正しくない］

問3

次の各文章の _____ 内に、それぞれの［　　］の解答群の中から最も適したものを選び、その番号を記せ。

(1) 電気通信回線設備とは、送信の場所と受信の場所との間を接続する伝送路設備及びこれと一体として設置される _____ 並びにこれらの附属設備をいう。

☞ 16ページ
2 電気通信回線設備の定義

$$\left[\begin{array}{ll} ① & 送受信設備 \quad ② \quad 端末設備 \\ ③ & 交換設備 \quad\quad ④ \quad 電源設備 \end{array}\right]$$

(2)　用語について述べた次の二つの文章は、 ＿＿＿＿＿ 。

☞20ページ

3　端末設備の定義

A　端末設備とは、電気通信回線設備であって、一の部分の設置の場所が他の部分の設置の場所と同一の建物内又は同一の室内であるもののみをいう。

B　自営電気通信設備とは、電気通信回線設備を設置する電気通信事業者以外の者が設置する電気通信設備であって、端末設備以外のものをいう。

$$\left[\begin{array}{ll} ① & Aのみ正しい \quad ② \quad Bのみ正しい \\ ③ & AもBも正しい \quad ④ \quad AもBも正しくない \end{array}\right]$$

(3)　総務省令で定める、端末設備の接続の技術基準により確保されるべき事項について述べた次の二つの文章は、 ＿＿＿＿＿ 。

☞20ページ

2　接続の技術基準の3原則

A　通信の秘密を侵すことのないようにすること。

B　電気通信回線設備を利用する他の利用者に迷惑を及ぼさないようにすること。

$$\left[\begin{array}{ll} ① & Aのみ正しい \quad ② \quad Bのみ正しい \\ ③ & AもBも正しい \quad ④ \quad AもBも正しくない \end{array}\right]$$

(4)　次の二つの文章は、 ＿＿＿＿＿ 。

☞22ページ

1　技術基準適合認定

A　登録認定機関は、その登録に係る技術基準適合認定をしたときは、総務省令で定めるところにより、その端末機器に技術基準適合認定をした旨の表示を付さなければならない。

B　総務大臣は、技術基準に適合しない端末設備の機器について、改善命令を発することができる。

$$\left[\begin{array}{ll} ① & Aのみ正しい \quad ② \quad Bのみ正しい \\ ③ & AもBも正しい \quad ④ \quad AもBも正しくない \end{array}\right]$$

(5)　総務大臣は、電気通信事業法の規定により登録を受けた登録認定機関による技術基準適合認定を受けた端末機器であって電気通信事業法に規定する表示が付されているものが、総務省令で定める技術基準に ＿(ア)＿ しておらず、かつ、当該端末機器の使用により電気通信回線設備を利用する他の利用者の ＿(イ)＿ に妨害を与えるおそれがあると認める場合において、当該妨害の拡大を防止するために特に必要があると認めるときは、当該技術基準適合認定を受けた者に対し、

☞22ページ

1　技術基準適合認定

当該端末機器による妨害の拡大を防止するために必要な措置を講ずべきことを命ずることができる。

```
① 機器      ② 役務      ③ 確保
④ 適合      ⑤ 認証      ⑥ 通信
```

(6)　登録認定機関による技術基準適合認定を受けた端末機器であって電気通信事業法の規定により表示が付されているものが同法の総務省令で定める技術基準に適合していない場合において、総務大臣が電気通信回線設備を利用する [＿＿＿＿] の通信への妨害の発生を防止するため特に必要があると認めるときは、当該端末機器は、同法の規定による表示が付されていないものとみなす。

```
① 特定の端末設備        ② 他の利用者
③ 他の電気通信事業者     ④ 特定の自営電気通信設備
```

(7)　端末設備を電気通信回線設備に接続した利用者が、当該電気通信回線設備を設置する電気通信事業者からその端末設備の接続が電気通信事業法に規定する技術基準に適合するかどうかの検査を受けるべきことを求められても、その請求を拒むことができる場合について述べた次の二つの文章は、[＿＿＿＿]。

☞24ページ
2　接続の検査を要しない場合
　　等

A　日没から日出までの間において検査を受けるべきことを求められたとき。

B　当該利用者の営業時間外において検査を受けるべきことを求められたとき。

```
① Aのみ正しい      ② Bのみ正しい
③ AもBも正しい     ④ AもBも正しくない
```

(8)　電気通信事業者が電気通信回線設備を設置する電気通信事業者以外の者からその自営電気通信設備をその電気通信回線設備に接続すべき旨の請求を受けても、その請求を拒むことができる場合について述べた次の二つの文章は、[＿＿＿＿]。

☞22ページ
2　自営電気通信設備の接続

A　その自営電気通信設備を接続することにより当該電気通信事業者の電気通信回線設備の保持が技術上困難となることについて当該電気通信事業者が総務大臣の認定を受けたとき。

B　その自営電気通信設備の接続が、総務省令で定める技術基準（当該電気通信事業者又は当該電気通信事業者とその電気通信設備を接続する他の電気通信事業者であって総務省令で定めるものが総務大臣の認可を受けて定める技術的条件を含む。）に適合しないとき。

$$
\begin{bmatrix}
① & \text{Aのみ正しい} & ② & \text{Bのみ正しい} \\
③ & \text{AもBも正しい} & ④ & \text{AもBも正しくない}
\end{bmatrix}
$$

(9)　利用者は、端末設備を電気通信回線設備に接続するときは、総務省令で定める場合を除き、工事担任者に、当該工事担任者資格者証の種類に応じ、これに係る工事を行わせ、又は [　　　] に監督させなければならない。

☞26ページ

1　工事担任者による工事の実施

$$
\begin{bmatrix}
① & \text{確　実} & ② & \text{適　切} & ③ & \text{個　別} \\
④ & \text{実　地} & ⑤ & \text{厳　格}
\end{bmatrix}
$$

(10)　「工事担任者資格者証」について述べた次の二つの文章は、[　　　]。

A　工事担任者試験に合格した者であっても、工事担任者資格者証が交付されない場合がある。

B　工事担任者試験に合格した者と同等以上の知識及び技能を有すると総務大臣が認定した者には、工事担任者資格者証が交付される。

☞26ページ

2　工事担任者資格者証

$$
\begin{bmatrix}
① & \text{Aのみ正しい} & ② & \text{Bのみ正しい} \\
③ & \text{AもBも正しい} & ④ & \text{AもBも正しくない}
\end{bmatrix}
$$

（解説は、215ページ。）

解答

問1 ─(1)④　(2)①　(3)①　(4)⑤　(5)②　(6)③　(7)④

問2 ─(1)①　(2)④　(3)①　(4)③

問3 ─(1)③　(2)②　(3)②　(4)①　(5)ア：④、イ：⑥　(6)②　(7)③　(8)②　(9)④　(10)③

2

工事担任者規則、
技術基準適合認定等規則

　ここでは、工事担任者規則、端末機器の技術基準適合認定等に関する規則を取りあげる。

　工事担任者規則については、「工事担任者を要しない工事」「資格者証の種類及び工事の範囲」等、端末設備の接続に関係の深い条項を中心に解説し、端末機器の技術基準適合認定等に関する規則については、「対象とする端末機器」「表示」等、技術基準適合認定制度の概要を解説する。

　いずれも工事担任者に直接に関係する重要な電気通信事業法関連省令である。

1. 工事担任者を要しない工事（第3条）

利用者が端末設備又は自営電気通信設備を接続する場合は、接続の技術基準への適合性を担保するため、工事担任者にその工事を行わせるか、又は実地に監督させなければならない（→1-8）が、次の接続の工事の場合は工事担任者を要しないこととされている。

(a)専用設備への接続

専用設備に端末設備又は自営電気通信設備を接続するときは、工事担任者を要しない。

専用設備とは、専用線サービス、テレビ会議サービス、映像伝送サービス等のような専用の役務の用に供する電気通信設備をいう。

専用設備は、公衆の用に供する電話網やISDNなどのように誰もがその設備を利用でき、また、誰とでも通信が可能であるものとは異なり、利用者が特定され特定者間のみで通信が行われる。このため、誤った接続工事を行っても、自己の損失を招くだけであり、他に影響を及ぼすおそれも少ないことから、特に工事担任者による工事の実施又は監督を義務づける必要はないとされている。

(b)船舶又は航空機に設置する端末設備の接続

船舶又は航空機に設置する端末設備であって**総務大臣が告示するもの**（次の①、②）を接続するときは、工事担任者を要しない。

①　海事衛星通信（インマルサット）の船舶地球局設備又は航空機地球局設備に接続するもの

②　岸壁に係留する船舶に、臨時に設置するもの

①については、地球局の送受信機設備の中に端末機部分が含まれ、これらが一体となった設備となっているため接続工事を行う必要はないことから、特に工事担任者による工事の実施又は監督を義務づける必要性はないと認められている。

②については、港湾という特殊な場所において昼夜を問わず迅速に接続工事を行わなければならないという設置形態の特殊性により、例外的に工事担任者を不要としたものである。

(c)総務大臣が告示する方式

適合表示端末機器（技術基準適合認定の表示が付されている端末機器）又は技術的条件に係る認定を受けた端末機器を**総務大臣が告示する方式**（次の①～④）により接続するときは、工事担任者を要しない。

①　**プラグジャック方式**

②　**アダプタ式ジャック方式**

③　**音響結合方式**

④　**電波**

これらの方式による接続は、専門的な知識がなくても簡単にできるため、利用者自身が行っても特に問題は生じないと考えられ、工事担任者を不要としている。ただし、この告示の方式によらない接続を伴う配線設備の設置や、コネクタ類及びケーブルの加工等については、工事担任者が工事の実施又は監督をする必要がある。

①のプラグジャック方式とは、一般の家庭や事務所で使用されているコネクタである。

②のアダプタ式ジャック方式とは、従来のローゼットにはめ込んでプラグジャック方式に変換するためのアダプタをいう。

③の音響結合方式とは、データ信号を音声帯域の音に変換して伝送する方式であり、電話機の送受話器に音響カプラをはめこんで結合させるものである。

④の電波により接続する方式は、1994（平成6）年4月より携帯無線通信の移動機が自由化になったことに伴い追加されたものである。携帯無線通信の移動機は、事業者の電気通信回線設備と無線で接続されるため、実際的には接続の工事は発生しない。

1 　工事担任者を要しない工事

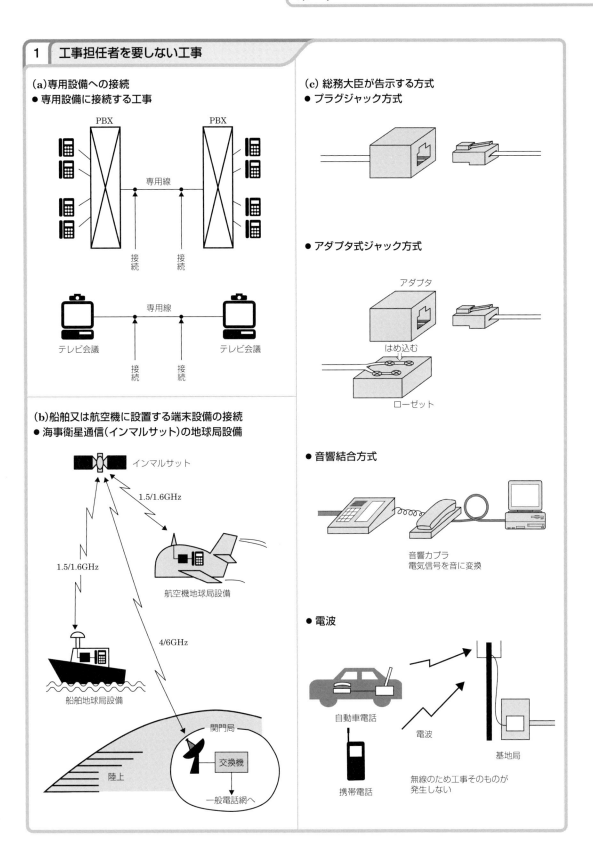

(a) 専用設備への接続
● 専用設備に接続する工事

PBX　　　　　PBX

専用線

接続　　接続

専用線

テレビ会議　　　　　テレビ会議

接続　　接続

(b) 船舶又は航空機に設置する端末設備の接続
● 海事衛星通信（インマルサット）の地球局設備

インマルサット

1.5/1.6GHz

1.5/1.6GHz

4/6GHz

航空機地球局設備

船舶地球局設備

関門局

交換機

陸上

一般電話網へ

(c) 総務大臣が告示する方式
● プラグジャック方式

● アダプタ式ジャック方式

アダプタ

はめ込む

ローゼット

● 音響結合方式

音響カプラ
電気信号を音に変換

● 電波

自動車電話

電波

基地局

携帯電話

無線のため工事そのものが
発生しない

1. 資格者証の種類及び工事の範囲(第4条)

工事担任者資格者証は、端末設備等(端末設備又は自営電気通信設備をいう。)を接続する電気通信回線の種類や端末設備等の規模に応じて5種類が規定され、電気通信回線設備と端末設備との接続点における入出力信号がアナログ信号であるかデジタル信号であるかにより、大きくアナログ通信とデジタル通信に分かれ、それぞれ、対象とする工事の規模や信号の入出力速度により第1級と第2級に分かれている。また、アナログ通信とデジタル通信を統合し、1枚の資格者証ですべての種類の端末設備の接続工事の実施又は監督が可能な総合通信もある。

(a)第1級アナログ通信

アナログ伝送路設備に端末設備等を接続するための工事及び総合デジタル通信用設備に端末設備等を接続するための工事を行うことができる。

アナログ通信の上位資格であり、一般公衆電話網(PSTN)及びサービス総合デジタル網(ISDN)に端末設備等を接続するためのすべての工事が対象になる。

(b)第2級アナログ通信

アナログ伝送路設備に端末設備を接続するための工事(端末設備に**収容される電気通信回線の数が1**のものに限る。)及び総合デジタル通信用設備に端末設備を接続するための工事(総合デジタル通信回線の数が**基本インタフェースで1**のものに限る。)を行うことができる。

具体的には、一般家庭用の電話機やG3ファクシミリ装置、ISDN基本アクセスサービス用のDSU内蔵TA等の接続工事が対象になる。

なお、接続するものは「端末設備等」ではなく「端末設備」となっており、**自営電気通信設備の接続工事は行えない**ことに注意する必要がある。

(c)第1級デジタル通信

総合デジタル通信用設備以外のデジタル伝送路設備に端末設備等を接続するための工事をすべて行うことができる。デジタル通信の上位資格であり、第2級デジタル通信で扱うことのできる端末設備等に加えて、IP網や広域イーサネット網などに接続する機器等を扱える。

(d)第2級デジタル通信

総合デジタル通信用設備以外のデジタル伝送路設備に端末設備等を接続するための工事(接続点におけるデジタル信号の**入出力速度が1Gbit/s以下**であって、**主としてインターネットに接続するための回線**に係るものに限る。)を行うことができる。インターネットやIP電話を利用するための機器等を扱える。

(e)総合通信

アナログ伝送路設備又はデジタル伝送路設備に端末設備等を接続するためのすべての工事を行うことができる。

2. アナログ伝送路設備とデジタル伝送路設備

「アナログ伝送路設備」とは、**アナログ信号を入出力**とする電気通信回線設備をいう。すなわち、電気通信事業者の提供する電気通信回線設備であって利用者の端末設備との接続点における入出力がアナログ信号であるものをいい、電気通信回線設備の内部での信号方式がデジタル方式であっても、呼称や取扱いには関係がない。

また、「デジタル伝送路設備」とは、電気通信回線設備と端末設備の接続点において**デジタル信号を入出力**とする電気通信回線設備をいう。なお、総合デジタル通信用設備(ISDN)もデジタル伝送路設備であるが、これについてはデジタル通信ではなくアナログ通信の工事担任者が接続工事を行う。

1　資格者証の種類及び工事の範囲

● 工事担任者の工事範囲の包含関係

総合通信

アナログ伝送路設備及びデジタル伝送路設備に接続するすべての工事

第1級アナログ通信

（アナログ伝送路設備又は総合デジタル通信用設備に接続するすべての工事）
【例】PBX やボタン電話装置などの複数回線を収容する装置、ISDN 一次群速度アクセス用の DSU　等

第2級アナログ通信

（アナログ伝送路設備又は基本インタフェースの総合デジタル通信用設備に接続する工事で収容外線数が1のもの）
【例】電話機、ホームテレホン、ファクシミリ装置、アナログモデム、ISDN 基本速度アクセス用の DSU 内蔵 TA　等

第1級デジタル通信

（デジタル伝送路設備（総合デジタル通信用設備を除く）に接続するすべての工事）
【例】IP-PBX、大規模 LAN　等

第2級デジタル通信

（信号入出力速度が 1Gbit/s 以下で主としてインターネットに接続するために使用するデジタル伝送路設備（総合デジタル通信用設備を除く）に接続する工事）
【例】ホーム・SOHO 程度のルータ/LAN およびこれに係る端末、IP 電話機　等

第2級アナログ通信は自営電気通信設備の接続工事を実施又は監督することができない。

2　アナログ伝送路設備とデジタル伝送路設備

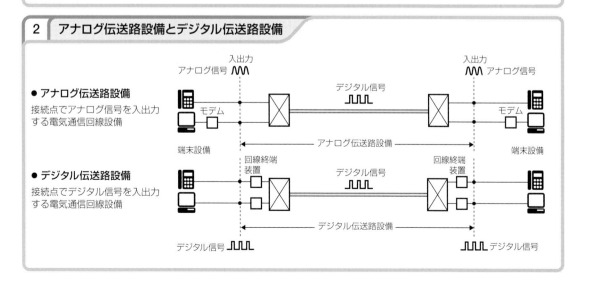

● アナログ伝送路設備
接続点でアナログ信号を入出力する電気通信回線設備

● デジタル伝送路設備
接続点でデジタル信号を入出力する電気通信回線設備

2-3 工事担任者資格者証の交付等

1. 資格者証の交付の申請（第37条）

工事担任者資格者証は、次の者に対して交付される。

- ・工事担任者試験に合格した者
- ・養成課程を修了した者
- ・工事担任者試験に合格した者又は養成課程を修了した者と同等以上の知識及び技能を有すると総務大臣が認定した者

ただし、これらの要件を満たしていても、資格者証の返納を命ぜられた者又は電気通信事業法の規定により罰金以上の刑に処せられた者は、一定期間交付を受けられないことがある。

資格者証の交付を受けようとする者は、所定の様式の申請書に、次の書類を添えて、総務大臣に提出する。

① **氏名及び生年月日を証明する書類**
② **写真1枚**（申請前6月以内に撮影した無帽、正面、上三分身、無背景の縦30mm、横24mmのもので、裏面に申請する資格及び氏名を記載する。）
③ **養成課程**（交付を受けようとする資格者証のものに限る。）**の修了証明書**（養成課程の修了に伴い資格者証の交付を受けようとする者の場合に限る。）

資格者証の交付の申請は、原則として、試験に合格した日、養成課程を修了した日又は総務大臣の認定を受けた日から**3月以内**に行わなければならない。

2. 資格者証の交付（第38条）

総務大臣は、資格者証の交付の申請があったときは、所定の様式の資格者証を交付する。

端末設備等の接続の工事を実施又は監督できるのは、資格者証の交付を受けた時点からで、試験に合格しただけ、あるいは養成課程を修了しただけでは工事を行うことはできない。

資格者証に有効期限はなく、永久ライセンスとなっているが、資格者証の交付を受けた者には、端末設備等の接続に関する**知識及び技術の向上を図る**ことが努力義務として課されている。

3. 資格者証の再交付（第40条）

工事担任者は、次の場合は、資格者証の再交付を受けることができる。

- ・**氏名に変更**を生じたとき
- ・資格者証を**汚し、破り若しくは失った**とき

氏名に変更を生じたときは、かつては資格者証の訂正を受けなければならないとされていたが、資格者証の材質がプラスチックカードに変更されたことに伴い、氏名表示の訂正が物理的に不可能になったため、訂正でなく再交付を受けることになった。

資格者証の再交付の申請をしようとするときは、所定の様式の申請書に、次の書類を添えて、総務大臣に提出する。

① 資格者証（資格者証を失った場合を除く。）
② 写真1枚
③ 氏名の変更の事実を証する書類（氏名に変更を生じたときに限る。）

4. 資格者証の返納（第41条）

電気通信事業法の規定に違反して総務大臣から資格者証の返納を命ぜられた者は、その処分を受けた日から**10日以内**にその資格者証を総務大臣に返納しなければならない。

また、資格者証を失ったために再交付を受けた後、失った資格者証を発見した場合にも、見つかった資格者証を総務大臣に返納しなければならない。

1　資格者証の交付の申請

資格者証の交付の申請は、試験に合格した日、養成課程を修了した日又は認定を受けた日から3月以内に行う。

ただし、第1級アナログ通信と第1級デジタル通信の両方の資格者証を有する者が総合通信の資格者証の交付申請を行う場合は無期限。

2　資格者証の再交付等

事由	氏名に変更があったとき	資格者証を汚し、又は破ったとき	資格者証を失ったとき	失った資格者証を発見したとき	法令等に違反したとき
内容	再交付	再交付	再交付	返納	返納
提出書類	1. 申請書 2. 当該資格者証 3. 写真 4. 氏名の変更の事実を証する書類	1. 申請書 2. 当該資格者証 3. 写真	1. 申請書 2. 写真	再交付を受けた後発見した資格者証	資格者証

2-4 技術基準適合認定等規則

1. 認定等の対象となる端末機器（第3条）

技術基準適合認定（→1-6）等の対象となる端末設備の機器は、次のとおりである。

① アナログ電話用設備又は移動電話用設備に接続される電話機、構内交換設備、ボタン電話装置、変復調装置、ファクシミリその他総務大臣が別に告示する端末機器（インターネットプロトコル移動電話用設備に接続される端末機器を除く。）

古くから広く普及しているアナログ電話機や携帯電話機等のことである。

「アナログ電話用設備」とは、電話用設備（電気通信事業の用に供する電気通信回線設備であって、主として音声の伝送交換を目的とする電気通信役務の用に供するものをいう。）であって、端末設備又は自営電気通信設備を接続する点においてアナログ信号を入出力とするものをいう。

「移動電話用設備」とは、電話用設備であって、端末設備又は自営電気通信設備との接続において電波を使用するものをいう。

② インターネットプロトコル電話用設備に接続される電話機、構内交換設備、ボタン電話装置、符号変換装置、ファクシミリその他呼の制御を行う端末機器

IP電話サービスを利用するための端末機器のうち、電話番号にアナログ電話サービスと同様の0AB～J番号を使用するものである。なお、050で始まる番号を使用するIP電話機等はデジタルデータ伝送用設備に接続される端末機器となる。

「インターネットプロトコル電話用設備」とは、電話用設備（電気通信番号規則に規定する固定電話番号を使用して提供する音声伝送役務の用に供するものに限る。）であって、端末設備

又は自営電気通信設備との接続においてインターネットプロトコルを使用するものをいう。

③ インターネットプロトコル移動電話用設備に接続される端末機器

LTE網を利用して通話を行うIP移動電話（VoLTE）端末である。

「インターネットプロトコル移動電話用設備」とは、移動電話用設備（電気通信番号規則に規定する音声伝送携帯電話番号を使用して提供する音声伝送役務の用に供するものに限る。）であって、端末設備又は自営電気通信設備との接続においてインターネットプロトコルを使用するものをいう。

④ 無線呼出用設備に接続される端末機器

いわゆるポケットベル端末のことである。

「無線呼出用設備」とは、電気通信事業の用に供する電気通信回線設備であって、無線によって利用者に対する呼出し（これに付随する通報を含む。）を行うことを目的とする電気通信役務の用に供するものをいう。

⑤ 総合デジタル通信用設備に接続される端末機器

ISDN対応のデジタル電話機やPBX、G4ファクシミリ等の端末機器である。

「総合デジタル通信用設備」とは、電気通信事業の用に供する電気通信回線設備であって、主として64キロビット毎秒（kbit/s）を単位とするデジタル信号の伝送速度により符号、音声その他の音響又は影像を統合して伝送交換することを目的とする電気通信役務の用に供するものをいう。

⑥ 専用通信回線設備又はデジタルデータ伝送用設備に接続される端末機器

ADSLモデム、パーソナルコンピュータ、LANスイッチなど多くの種類の機器がある。

「専用通信回線設備」とは、電気通信事業の用に供する電気通信回線設備であって、特定の

利用者に当該設備を専用させる電気通信役務の用に供するものをいう。

　「デジタルデータ伝送用設備」とは、電気通信事業の用に供する電気通信回線設備であっ

て、デジタル方式により専ら符号又は影像の伝送交換を目的とする電気通信役務の用に供するものをいう。

1　認定の対象とする端末機器

アナログ電話用設備又は移動電話用設備に接続される電話機、構内交換設備、ボタン電話装置、変復調装置、ファクシミリ、その他総務大臣が別に告示する端末機器（インターネットプロトコル移動電話用設備に接続される端末機器を除く）

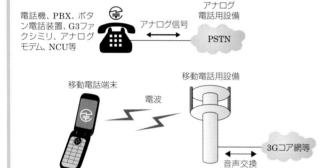

電話機、PBX、ボタン電話装置、G3ファクシミリ、アナログモデム、NCU等

アナログ信号

アナログ電話用設備 PSTN

移動電話端末　電波　移動電話用設備　音声交換　3Gコア網等

● 告示で定められた技術基準適合認定又は設計についての認証の対象となる端末機器

(1) 監視通知装置
(2) 画像蓄積処理装置
(3) 音声蓄積装置
(4) 音声補助装置
(5) データ端末装置
　　（(1)から(4)までに掲げるものを除く。）
(6) 網制御装置
(7) 信号受信表示装置
(8) 集中処理装置
(9) 通信管理装置

インターネットプロトコル電話用設備に接続される電話機、構内交換設備、ボタン電話装置、符号変換装置、ファクシミリその他呼の制御を行う端末機器

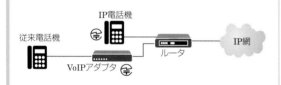

従来電話機　IP電話機　VoIPアダプタ　ルータ　IP網

無線呼出用設備に接続される端末機器

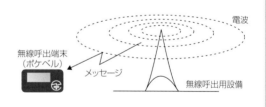

無線呼出端末（ポケベル）　メッセージ　電波　無線呼出用設備

インターネットプロトコル移動電話用設備に接続される端末機器

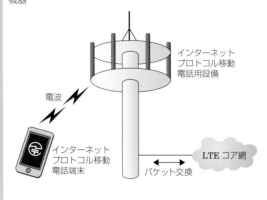

電波　インターネットプロトコル移動電話用設備　インターネットプロトコル移動電話端末　パケット交換　LTE コア網

総合デジタル通信用設備に接続される端末機器

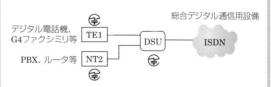

デジタル電話機、G4ファクシミリ等　TE1　DSU　総合デジタル通信用設備　ISDN　PBX、ルータ等　NT2

専用通信回線設備に接続される端末機器又はデジタルデータ伝送用設備に接続される端末機器

PCのLANアダプタ　ルータ　IP網

2. 技術基準適合認定等の表示（第10条）

　登録認定機関がその登録等に係る技術基準適合認定をしたときは、その端末機器に技術基準適合認定をした旨の表示を所定の様式によりしなければならない。

　認証取扱業者（端末機器を取り扱うことを業とする者でその端末機器の設計について登録認定機関から認証を受けた者）は、設計認証に基づく端末機器について、設計認証に係る確認の方法に従い、その取扱いに係る前項の端末機器について検査を行い、総務省令で定めるところにより、その検査記録を作成し、これを保存する義務を履行したときは、当該端末機器に認証設計に基づく端末機器である旨の表示を所定の様式により付すことができる。

　特定端末機器（端末機器のうち、端末機器の技術基準、使用の態様等を勘案して、電気通信回線設備を利用する他の利用者の通信に著しく妨害を与えるおそれが少ないものとして総務省令で定めるもの）の届出業者（特定端末機器の製造業者又は輸入業者であって、その特定端末機器について技術基準適合自己確認を行い、総務大臣にその届出をした者）は、届出設計に基づく端末機器について、届出に係る確認の方法に従い、その製造又は輸入に係る前項の特定端末機器について検査を行い、総務省令で定めるところにより、その検査記録を作成し、これを保存する義務を履行したときは、当該特定端末機器に技術基準適合自己確認をした端末機器である旨の表示を所定の様式により付すことができる。

(a)表示の方法

　登録認定機関が技術基準適合認定をした旨の表示、認証設計に基づく端末機器の表示、技術基準適合自己確認の表示は、次のいずれかの方法によらなければならない。

① 　当該端末機器の**見やすい箇所**に表示する方法（当該表示を付すことが困難又は不合理である端末機器にあっては、当該端末機器に付属する取扱説明書及び包装又は容器の見やすい箇所に付す方法）

② 　当該端末機器に**電磁的方法**（電子的方法、磁気的方法その他の人の知覚によっては認識することができない方法をいう。）により記録し、当該端末機器の映像面に直ちに明瞭な状態で表示することができるようにする方法

③ 　当該端末機器に電磁的方法により記録し、当該表示を特定の操作によって当該端末機器に接続した製品の映像面に直ちに明瞭な状態で表示することができるようにする方法

　また、適合表示端末機器を組み込んだ製品を取り扱うことを業とする者が、当該製品に表示を付すときも、同様の規定がある。

　これらの方法により端末機器又は適合表示端末機器を組み込んだ製品に表示を付す場合は、電磁的方法によって表示を付した旨及び当該表示の表示方法について、これらを記載した書類の当該端末機器又は当該製品への添付その他の適切な方法により明らかにしなければならない。

(b)表示の様式

①技術基準適合認定の表示

　認定マークに記号Ａ及び技術基準適合認定番号で行う。

　技術基準適合認定番号は、最初の文字を端末機器の種類を表す記号（Ａ～Ｆ）、最後の３文字を登録認定機関又は承認認定機関の区別とし、その他の文字等は総務大臣が別に定めるとおりとしなければならない。なお、技術基準適合認定が2以上の種類の端末機器が構造上一体となっているものについて同時になされたものであるときには、当該種類の端末機器についてＡ～Ｆの記号を列記する。

②設計についての認証の表示

　認定マークに記号Ｔ及び設計認証番号を付加して行う。

　設計認証番号は技術基準適合認定番号と同様の形態であり、設計認証が2以上の種類の端末

機器が構造上一体となっているものについて同時になされたものであるときには、技術基準適合認定の表示と同様に当該種類の端末機器についてA〜Fの記号を列記する。

③技術基準適合自己確認の表示

認定マークに記号 T 及び識別番号を付加して行う。

識別番号の最初の6桁は特定端末機器の届出をして総務大臣から通知された届出番号、7文字目は端末機器の種類を表す記号（A〜F）、最後の2文字は届出をした年の西暦の下2桁である。技術基準適合自己確認が2以上の種別の端末機器が構造上一体となっているものについて同時になされたものであるときには、技術基準適合認定の表示と同様に当該種別の端末機器についてA〜Fの記号を列記する。

---

2 技術基準適合認定の表示

● 認定マーク

付加する記号
技術基準適合認定の表示　──→ A
認証設計に基づく端末機器又は届出 ──→ T
設計に基づく特定端末機器の表示

● 技術基準適合認定番号の表示例

● 設計認証番号の表示例

● 識別番号の表示例

● 認定番号又は認証番号の最初の文字、識別番号の7文字目の文字

端末機器の種類	記号
(1)　アナログ電話用設備又は移動電話用設備に接続される電話機、構内交換設備、ボタン電話装置、変復調装置、ファクシミリその他総務大臣が別に告示する端末機器（インターネットプロトコル移動電話用設備に接続される端末機器を除く。）	A
(2)　インターネットプロトコル電話用設備に接続される端末機器	E
(3)　インターネットプロトコル移動電話用設備に接続される端末機器	F
(4)　無線呼出用設備に接続される端末機器	B
(5)　総合デジタル通信用設備に接続される端末機器	C
(6)　専用通信回線設備又はデジタルデータ伝送用設備に接続される端末設備	D

重要語句の確認

工事担任者規則

第3条(工事担任者を要しない工事)

(1) 　[ア]　設備(電気通信事業法施行規則(昭和60年郵政省令第25号)第2条第2項に規定する　[ア]　の役務に係る電気通信設備をいう。)に端末設備又は　[イ]　(以下「端末設備等」という。)を接続するときは、工事担任者を要しない。

(2) 船舶又は航空機に設置する端末設備(　[ウ]　が別に告示するものに限る。)を接続するときは、工事担任者を要しない。

(3) 　[エ]　端末機器、電気通信事業法施行規則第32条第1項第四号に規定する端末設備、同項第五号に規定する端末機器又は同項第七号に規定する端末機器を　[ウ]　が別に告示する方式により接続するときは、工事担任者を要しない。

(4) 工事担任者を要しない船舶又は航空機に設置する端末設備を次のように定める。
　① 　[オ]　の用に供する船舶地球局設備又は航空機地球局設備に接続する端末設備
　② 岸壁に係留する船舶に、　[カ]　設置する端末設備

(5) 工事担任者を要しない端末機器の接続の方式を次のように定める。
　① 　[キ]　方式により接続する接続の方式
　② アダプタ式ジャック方式により接続する接続の方式
　③ 音響結合方式により接続する接続の方式
　④ 　[ク]　により接続する接続の方式

第4条(資格者証の種類及び工事の範囲)

(1) 第1級アナログ通信工事担任者は、アナログ伝送路設備(アナログ信号を　[ア]　とする　[イ]　をいう。以下同じ。)に　[ウ]　を接続するための工事及び総合デジタル通信用設備に　[ウ]　を接続するための工事を行うことができる。

(2) 第2級アナログ通信工事担任者は、アナログ伝送路設備に　[エ]　を接続するための工事(　[エ]　に収容される電気通信回線の数が　[オ]　のものに限る。)及び総合デジタル通信用設備に　[エ]　を接続するための工事(総合デジタル通信回線の数が　[カ]　で　[オ]　のものに限る。)を行うことができる。

(3) 第1級デジタル通信工事担任者は、デジタル伝送路設備(デジタル信号を　[ア]　とする　[イ]　をいう。以下同じ。)に　[ウ]　を接続するための工事を行うことができる。ただし、総合デジタル通信用設

答

ア　専用
イ　自営電気通信設備
ウ　総務大臣
エ　適合表示
オ　海事衛星通信
カ　臨時に
キ　プラグジャック
ク　電波

ア　入出力
イ　電気通信回線設備
ウ　端末設備等
エ　端末設備
オ　1
カ　基本インタフェース
キ　入出力速度
ク　毎秒1ギガビット
ケ　インターネット

備に　(ウ)　を接続するための工事を除く。

(4)　第2級デジタル通信工事担任者は、デジタル伝送路設備に
　(ウ)　を接続するための工事（接続点におけるデジタル信号の
　(キ)　が　(ク)　以下であって主として　(ケ)　に接続するため
の回線に係るものに限る。）を行うことができる。ただし、総合デジタル
通信用設備に　(ウ)　を接続するための工事を除く。

(5)　総合通信工事担任者は、アナログ伝送路設備又はデジタル伝送路
設備に　(ウ)　を接続するための工事を行うことができる。

第37条（資格者証の交付の申請）

(1)　資格者証の交付を受けようとする者は、別表第10号に定める様式
の申請書に次に掲げる書類を添えて、　(ア)　に提出しなければならな
い。（別表第10号　略）

① 氏名及び　(イ)　を証明する書類

② 写真1枚

③ 養成課程（交付を受けようとする資格者証のものに限る。）の修了
証明書（養成課程の修了に伴い資格者証の交付を受けようとする者
の場合に限る。）

(2)　資格者証の交付の申請は、試験に合格した日、養成課程を修了した日又
は　(ア)　の認定を受けた日から　(ウ)　に行わなければならない。

ア	総務大臣
イ	生年月日
ウ	3月以内

第38条（資格者証の交付）

(1)　(ア)　は、前条の申請があったときは、別表第11号に定める様
式の資格者証を交付する。（別表第11号　略）

(2)　前項の規定により資格者証の交付を受けた者は、　(イ)　に関す
る知識及び技術の　(ウ)　ように努めなければならない。

ア	総務大臣
イ	端末設備等の接続
ウ	向上を図る

第40条（資格者証の再交付）

(1)　工事担任者は、　(ア)　に変更を生じたとき又は資格者証を
　(イ)　、破り若しくは　(ウ)　ために資格者証の　(エ)　の申請
をしようとするときは、別表第12号に定める様式の申請書に次に掲げ
る書類を添えて、　(オ)　に提出しなければならない。

① 資格者証（資格者証を　(ウ)　場合を除く。）

② 写真1枚

③ 　(ア)　の変更の事実を証明する書類（　(ア)　に変更を生じ
たときに限る。）

ア	氏名
イ	汚し
ウ	失った
エ	再交付
オ	総務大臣

第41条（資格者証の返納）

(1)　電気通信事業法又は同法に基づく命令の規定に違反して、総務大臣からその資格者証の　(ア)　を命ぜられた者は、その処分を受けた日から　(イ)　にその資格者証を　(ウ)　に　(ア)　しなければならない。資格者証の再交付を受けた後失った資格者証を発見したとき　(エ)　。

端末機器の技術基準適合認定等に関する規則

第3条（対象とする端末機器）

(1)　端末機器技術基準適合認定の対象となる、総務省令で定める種類の端末設備の機器は、次の端末機器とする。

①　アナログ電話用設備（電話用設備（電気通信事業の用に供する　(ア)　であって、主として　(イ)　の伝送交換を目的とする電気通信役務の用に供するものをいう。）であって、端末設備又は自営電気通信設備を　(ウ)　においてアナログ信号を　(エ)　とするものをいう。）又は　(オ)　電話用設備（電話用設備であって、端末設備又は自営電気通信設備を接続する点において　(カ)　を使用するものをいう。）に接続される電話機、構内交換設備、ボタン電話装置、　(キ)　、ファクシミリその他　(ク)　する端末機器

②　(ケ)　電話用設備（電話用設備（　(コ)　規則に規定する固定端末系伝送路設備及び無線呼出しの役務に係る端末系伝送路設備を識別するための　(コ)　を用いて提供する　(サ)　の用に供するもの　(シ)　。）であって、端末設備又は自営電気通信設備との接続において　(ケ)　を使用するものをいう。）に接続される電話機、構内交換設備、ボタン電話装置、　(ス)　装置（　(ケ)　と　(イ)　信号を相互に　(ス)　する装置をいう。）、ファクシミリその他　(セ)　を行う端末機器

③　(ケ)　(オ)　電話用設備（　(オ)　電話用設備（　(コ)　規則に規定する携帯電話に係る端末系伝送路設備を識別するための　(コ)　を用いて提供する　(サ)　の用に供するもの　(シ)　。）であって、端末設備又は自営電気通信設備との接続において　(ケ)　を使用するものをいう。）に接続される端末機器

④　無線呼出用設備（電気通信事業の用に供する　(ア)　であって、無線によって利用者に対する呼出し（これに付随する通報を含む。）を行うことを目的とする電気通信役務の用に供するものをいう。）に接続される端末機器

⑤　総合デジタル通信用設備（電気通信事業の用に供する　(ア)　であって、主として　(ソ)　キロビット毎秒を単位とするデジタル信号の伝送速度により符号、音声その他の　(タ)　を統合して伝送交換することを目的とする電気通信役務の用に供するものをいう。）に接続される端末機器

⑥　専用通信回線設備（電気通信事業の用に供する　(ア)　であって、　(チ)　に当該設備を専用させる電気通信役務の用に供するものをいう。）又はデジタルデータ伝送用設備（電気通信事業の用に供する　(ア)　であって、デジタル方式により専ら　(ツ)　の伝送交換を目的とする電気通信役務の用に供するものをいう。）に接続される端末機器

(2)　技術基準適合認定及び設計についての認証の対象となるその他端末機器を次のように定める。

①　監視通知装置

②　画像蓄積処理装置

③　音声蓄積装置

④　音声補助装置

⑤　データ端末装置（①から④までに掲げるものを除く。）

⑥　　(テ)

⑦　信号受信表示装置

⑧　集中処理装置

⑨　通信管理装置

第10条（表示）

(1)　登録認定機関が、その登録に係る技術基準適合認定をした旨の表示を付するときは、次に掲げる方法のいずれかによるものとする。（様式7号　略）

①　様式第7号による表示を技術基準適合認定を受けた端末機器の　(ア)　箇所に付す方法（当該表示を付すことが　(イ)　又は　(ウ)　である端末機器にあっては、当該端末機器に付属する　(エ)　及び包装又は容器の　(ア)　箇所に付す方法）

②　様式第7号による表示を技術基準適合認定を受けた端末機器に　(オ)　方法（電子的方法、磁気的方法その他の人の　(カ)　によっては　(キ)　することができない方法をいう。）により　(ク)　し、当該端末機器の　(ケ)　に直ちに　(コ)　な状態で表示することができるようにする方法

③　様式第7号による表示を技術基準適合認定を受けた端末機器に

ア	見やすい
イ	困難
ウ	不合理
エ	取扱説明書
オ	電磁的
カ	知覚
キ	認識
ク	記録
ケ	映像面
コ	明瞭
サ	接続
シ	書類

　　　　(オ)　方法により　(ク)　し、当該表示を特定の操作によって
当該端末機器に　(サ)　した製品の　(ケ)　に直ちに　(コ)
な状態で表示することができるようにする方法

(2)　　(オ)　方法により端末機器に表示を付する場合は、　(オ)　方
法によって表示を付した旨及び当該表示の表示方法について、これら
を記載した　(シ)　の当該端末機器への　(ス)　その他の適切な
方法により明らかにするものとする。

(3)　登録認定機関が技術基準適合認定をした端末機器には、　(セ)
のマークに　(ソ)　の記号及び技術基準適合認定番号を付加して表
示する。

(4)　大きさは、表示を　(タ)　に　(チ)　することができるものである
こと。

(5)　材料は、　(タ)　に　(ツ)　しないものであること（　(オ)　方
法によって表示を付す場合を除く。）。

(6)　色彩は、　(テ)　とする。ただし、表示を　(タ)　に　(チ)　す
ることができるものであること。

(7)　技術基準適合認定番号又は設計認証番号の最後の３文字は総務大
臣が別に定める登録認定機関又は承認認定機関の区別とし、最初の
文字は端末機器の種類に従い次表に定めるとおりとし、その他の文字
等は、総務大臣が別に定めるとおりとすること。なお、技術基準適合認
定又は設計認証が、２以上の種類の端末機器が構造上一体となってい
るものについて同時になされたものであるときには、当該種類の端末
機器について、次の表に掲げる記号を列記するものとする。

端末機器の種類	記号
(1)　アナログ電話用設備又は移動電話用設備に接続される端末機器（インターネットプロトコル移動電話用設備に接続される端末機器を除く。）	(ト)
(2)　インターネットプロトコル電話用設備に接続される端末機器	(ナ)
(3)　インターネットプロトコル移動電話用設備に接続される端末機器	(ニ)
(4)　無線呼出用設備に接続される端末機器	B
(5)　総合デジタル通信用設備に接続される端末機器	C
(6)　専用通信回線設備又はデジタルデータ伝送用設備に接続される端末機器	(ヌ)

ス　添付
セ　℡
ソ　Ⓐ
タ　容易
チ　識別
ツ　損傷
テ　適宜
ト　A
ナ　E
ニ　F
ヌ　D

練 習 問 題

問1

次の各文章の □□□□□□ 内に、それぞれの［　　　］の解答群の中から最も適したものを選び、その番号を記せ。

(1)　工事担任者規則に規定する「工事担任者を要しない工事」について述べた次の二つの文章は、□□□□□□。

☞46ページ

1　工事担任者を要しない工事

A　専用設備に端末設備を接続するときは、工事担任者を要しない。

B　適合表示端末機器を電気通信回線設備に接続するときは、すべての場合工事担任者を要しない。

```
┌ ①　Aのみ正しい　　②　Bのみ正しい　　┐
└ ③　AもBも正しい　④　AもBも正しくない ┘
```

(2)　工事担任者規則に規定する「工事担任者を要しない工事」について述べた次の二つの文章は、□□□□□□。

☞46ページ

1　工事担任者を要しない工事

A　船舶に設置する端末設備（総務大臣が別に告示するものに限る。）を電気通信回線設備に接続するときは、工事担任者を要する。

B　適合表示端末機器以外の端末機器をアダプタ式ジャック方式により電気通信回線回線設備に接続するときは、工事担任者を要する。

```
┌ ①　Aのみ正しい　　②　Bのみ正しい　　┐
└ ③　AもBも正しい　④　AもBも正しくない ┘
```

(3)　工事担任者規則に規定する「資格者証の種類及び工事の範囲」について述べた次の二つの文章は、□□□□□□。

☞48ページ

1　資格者証の種類及び工事
　の範囲

A　第一級アナログ通信工事担任者は、自営電気通信設備に収容される電気通信回線の数が50以上であって内線の数が500以上のものをアナログ伝送路設備に接続するための工事を行い、又は監督することができる。

B　第二級アナログ通信工事担任者は、アナログ伝送路設備に端末設備を接続するための工事のうち、端末設備に収容される電気通信回線の数が1のものに限る工事を行い、又は監督することができる。また、総合デジタル通信用設備に端末設備を接続するための工事のうち、総合デジタル通信回線の数が1次群速度インタフェースで1のものに限る工事を行い、又は監督することができる。

```
┌ ①　Aのみ正しい　　②　Bのみ正しい　　┐
└ ③　AもBも正しい　④　AもBも正しくない ┘
```

(4)　工事担任者規則に規定する「資格者証の種類及び工事の範囲」について述べた次の二つの文章は、[　　　　]。

☞48ページ

1　資格者証の種類及び工事の範囲

A　第二級アナログ通信工事担任者は、自営電気通信設備に収容される電気通信回線の数が1のものをアナログ伝送路設備に接続するための工事を行い、又は監督することができる。

B　第一級デジタル通信工事担任者は、デジタル伝送路設備に端末設備等を接続するための工事及び総合デジタル通信用設備に端末設備等を接続するための工事を行い、又は監督することができる。

```
① Aのみ正しい     ② Bのみ正しい
③ AもBも正しい    ④ AもBも正しくない
```

(5)　工事担任者規則に規定する「資格者証の種類及び工事の範囲」について述べた次の二つの文章は、[　　　　]。

☞48ページ

1　資格者証の種類及び工事の範囲

A　第二級デジタル通信工事担任者は、デジタル伝送路設備に端末設備等を接続するための工事（接続点におけるデジタル信号の入出力速度が毎秒1ギガビット以下であって、主としてインターネットに接続するための回線に係るものに限る。）を行い、又は監督することができる。ただし、総合デジタル通信用設備に端末設備等を接続するための工事を除く。

B　第二級デジタル通信工事担任者は、端末設備に収容される電気通信回線の数が1のものをアナログ伝送路設備に接続するための工事を行い、又は監督することができる。

```
① Aのみ正しい     ② Bのみ正しい
③ AもBも正しい    ④ AもBも正しくない
```

(6)　工事担任者規則に規定する「資格者証の再交付」について述べた次の二つの場合は、[　　　　]。

☞50ページ

3　資格者証の再交付

A　工事担任者の住所に変更を生じたことが理由で、再交付を受けることができる。

B　工事担任者の氏名に変更を生じたことが理由で、再交付を受けることができる。

```
① Aのみ正しい     ② Bのみ正しい
③ AもBも正しい    ④ AもBも正しくない
```

(7) 工事担任者規則に規定する「資格者証の再交付」及び「資格者証の返納」について述べた次の二つの文章は、□□□□□。

☞50ページ
3　資格者証の再交付
4　資格者証の返納

　A　工事担任者は、資格者証を失ったために再交付の申請をしようとするときは、所定の様式の申請書に氏名及び生年月日を証明する書類を添えて、総務大臣に提出しなければならない。

　B　工事担任者資格者証の返納を命ぜられた者は、その処分を受けた日から1月以内にその資格者証を総務大臣に返納しなければならない。

```
① Aのみ正しい      ② Bのみ正しい
③ AもBも正しい     ④ AもBも正しくない
```

問2

　次の各文章の□□□□□内に、それぞれの[　　]の解答群の中から最も適したものを選び、その番号を記せ。

(1) 総務大臣の登録を受けた登録認定機関が端末設備の接続の技術基準に適合していることの認定を行う場合に対象となる六つの種類の端末機器のうち、二つについて述べた次の機器は、□□□□□。

☞52ページ
1　認定等の対象となる端末機器

　A　無線呼出用設備（電気通信事業の用に供する電気通信回線設備であって、無線によって利用者に対する呼出し（これに付随する通報を含む。）を行うことを目的とする電気通信役務の用に供するものをいう。）に接続される端末機器

　B　デジタルデータ伝送用設備（電気通信事業の用に供する電気通信回線設備であって、デジタル方式により専ら符号又は影像の伝送交換を目的とする電気通信役務の用に供するものをいう。）に接続される端末機器

```
① Aのみ正しい      ② Bのみ正しい
③ AもBも正しい     ④ AもBも正しくない
```

(2) 端末機器の技術基準適合認定等に関する規則の「表示」において、端末機器に技術基準適合認定をした旨の表示を付するときは、端末機器（当該表示を付すことが困難又は不合理である端末機器にあっては、当該端末機器に付属する取扱説明書及び包装又は容器）の見やすい箇所に付す方法、又は、端末機器に□□□□□方法により記録し、当該端末機器の映像面に直ちに明瞭な状態で表示できるようにする方法、若しくは、特定の操作により当該端末機器に接続した製品の映像

☞54ページ
2　技術基準適合認定等の表示

面に直ちに明瞭な状態で表示することができるようにする方法のいずれかによると規定されている。

> ① バーコード記録　　② 光学的
> ③ ICタグ貼付　　　　④ 電磁的

(3)　登録認定機関は、技術基準適合認定をした端末機器にその旨を表示する必要がある。総合デジタル通信用設備に接続される端末機器に表示する技術基準適合認定番号の最初の文字は、□□□□□である。

> ［① A　② B　③ C　④ D　⑤ E］

☞54ページ

2　技術基準適合認定等の表示

（解説は、215ページ。）

解答

問1—(1)①　(2)②　(3)①　(4)④　(5)①　(6)②　(7)④
問2—(1)③　(2)④　(3)③

3

端末設備等規則（Ⅰ）

　端末設備等規則で定められている技術基準は、工事担任者が端末設備又は自営電気通信設備の接続の工事を行う際に、必ずこれをふまえたうえで実施することが義務づけられている重要な命令である。

　ここでは、すべての端末設備等に共通に適用される規定、すなわち、総則、責任の分界、安全性等に関する規定について解説する。

3-1 適用範囲、用語の定義

1. 端末設備等規則の適用範囲

端末設備等規則は、端末設備の接続の技術基準(→1-5)を定めたものである。第1条から第9条までの規定はすべての端末設備に適用されるが、第10条以降の規定(→4章)は、次の種類の電気通信回線設備に接続される端末設備ごとに分類して規定されている。

- ・アナログ電話用設備
- ・移動電話用設備
- ・インターネットプロトコル電話用設備
- ・インターネットプロトコル移動電話用設備
- ・無線呼出用設備
- ・総合デジタル通信用設備
- ・専用通信回線設備
- ・デジタルデータ伝送用設備

2. 用語の定義(第2条)

端末設備等規則において使用する用語は、電気通信事業法において使用する用語の例によるものされる。また、その規定の解釈については、次の定義に従うものとされている。

(a)電話用設備

「電話用設備」とは、電気通信事業の用に供する電気通信回線設備であって、主として**音声の伝送交換**を目的とする電気通信役務の用に供するものをいう。

なお、総合デジタル通信用設備(ISDN)も音声の伝送交換を行うことができるが、符号、音声その他の音響又は影像を統合したサービスを提供するものであり、音声の伝送交換を主たる目的としているわけではないので、電話用設備には該当しない。また、デジタルデータ伝送用設備でもインターネット電話のように音声情報をやりとりすることがあるが、電話番号の体系が電話用設備で用いる電話番号のものと異なるため電話用設備には該当しない。

(b)アナログ電話用設備

「アナログ電話用設備」とは、電話用設備であって、端末設備又は自営電気通信設備を接続する点において**アナログ信号を入出力**とするものをいう。

これは、従来のアナログ電話サービスを提供する回線交換方式の電話網(PSTN)のことである。電話網では、モデムを介してデータの伝送交換を行う場合もあるが、基本的には音声の伝送交換を目的とした設備である。なお、伝送路の内部でデジタル信号による伝送交換を行っていても、端末設備との接続点における入出力信号がアナログ信号であればアナログ電話用設備に該当する。

(c)アナログ電話端末

「アナログ電話端末」とは、端末設備であって、アナログ電話用設備に接続される点において**2線式**の接続形式で接続されるものをいう。

これは、具体的には、電話機やG3ファクシミリ装置等の一般電話網に接続される端末設備を示すアナログ電話用設備との接続点において2線式以外のインタフェースを有する端末設備はアナログ電話端末ではない。たとえば、4線式で全二重通信を行うデータ端末はアナログ電話端末に該当しない。

(d)移動電話用設備

「移動電話用設備」とは、電話用設備であって、端末設備又は自営電気通信設備との接続において**電波**を使用するものをいう。

これは、具体的には携帯無線通信の無線基地局や無線基地局間を結ぶコア網等からなる一連の電気通信設備を指している。

(e)移動電話端末

「移動電話端末」とは、端末設備であって、移動電話用設備(インターネットプロトコル移動電話用設備を除く。)に接続されるものをいう。

これは、具体的にはフィーチャーホンやスマート

1 端末設備等規則の適用範囲

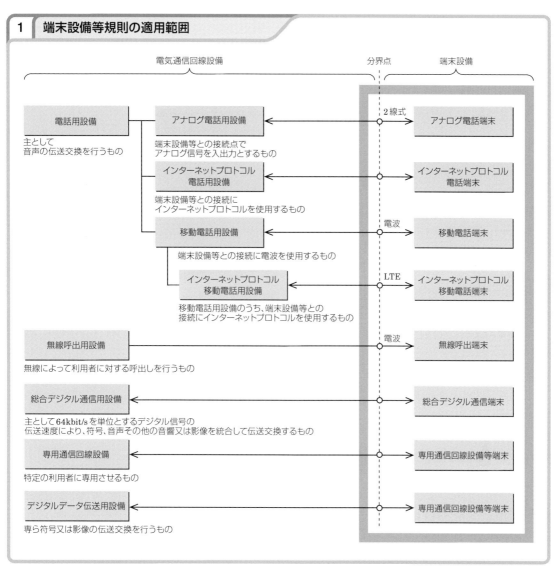

電気通信回線設備 ／ 分界点 ／ 端末設備

電話用設備
主として
音声の伝送交換を行うもの

アナログ電話用設備
端末設備等との接続点で
アナログ信号を入出力とするもの
2線式 → アナログ電話端末

インターネットプロトコル電話用設備
端末設備等との接続に
インターネットプロトコルを使用するもの
→ インターネットプロトコル電話端末

移動電話用設備
端末設備等との接続に電波を使用するもの
電波 → 移動電話端末

インターネットプロトコル移動電話用設備
移動電話用設備のうち、端末設備等との
接続にインターネットプロトコルを使用するもの
LTE → インターネットプロトコル移動電話端末

無線呼出用設備
無線によって利用者に対する呼出しを行うもの
電波 → 無線呼出端末

総合デジタル通信用設備
主として64kbit/sを単位とするデジタル信号の
伝送速度により、符号、音声その他の音響又は影像を統合して伝送交換するもの
→ 総合デジタル通信端末

専用通信回線設備
特定の利用者に専用させるもの
→ 専用通信回線設備等端末

デジタルデータ伝送用設備
専ら符号又は影像の伝送交換を行うもの
→ 専用通信回線設備等端末

2 アナログ電話用設備とアナログ電話端末

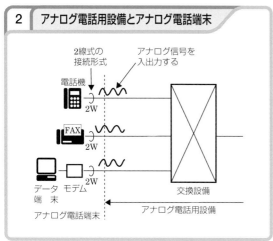

3 移動電話用設備と移動電話端末

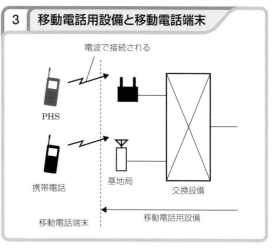

ホンなどの携帯電話機を指している。なお、LTE網等を利用して音声伝送の伝送交換を行うインターネットプロトコル移動電話用設備に接続される端末ついては、別の規定が適用される。

(f)インターネットプロトコル電話用設備

「インターネットプロトコル電話用設備」とは、電話用設備（電気通信番号規則別表第1号に掲げる固定電話番号を使用して提供する音声伝送役務の用に供するものに限る。）であって、端末設備又は自営電気通信設備との接続において**インターネットプロトコル**を使用するものをいう。

これは、電話番号としていわゆる0AB～J番号（従来の電話サービスで使用してきた電気通信番号と同等の番号）を利用するIP電話サービスの設備を指している。

(g)インターネットプロトコル電話端末

「インターネットプロトコル電話端末」とは、端末設備であって、インターネットプロトコル電話用設備に接続されるものをいう。

これには、IP電話機、VoIP-TA、IP-PBX、IPボタン電話装置、などが該当する。

(h)インターネットプロトコル移動電話用設備

「インターネットプロトコル移動電話用設備」とは、移動電話用設備（電気通信番号規則別表第4号に掲げる音声伝送携帯電話番号（070、080又は090で始まる11桁の番号）を使用して提供する音声伝送役務の用に供するものに限る。）であって、端末設備又は自営電気通信設備との接続においてインターネットプロトコルを使用するものをいう。

これは、いわゆるLTE網により移動電話サービスを提供するVoLTE方式の電気通信設備を指している。これにより、音声通信とデータ通信を統合することによる設備の簡素化や、端末－端末間の通信がすべてIP化されることにより災害に強い通信ネットワークが実現できること等が期待されている。

(i)インターネットプロトコル移動電話端末

「インターネットプロトコル移動電話端末」とは、端末設備であって、インターネットプロトコル移動電話用設備に接続されるものをいう。

従来、データ通信にLTE回線を利用する端末においても、通話は3G-CS回線で行うこととし、LTE回線で音声着信信号を受信すると、接続先を3G-CS回線に切り替えるCSフォールバック（回線交換フォールバック）を採用してきた。近年、VoLTEの国際的な標準仕様が策定され、LTE回線を利用したパケット交換方式による通話サービスの導入に道が開かれたことから、2013年3月にVoLTEの技術基準が追加された。

(j)無線呼出用設備

「無線呼出用設備」とは、電気通信事業の用に供する電気通信回線設備であって、無線によって利用者に対する呼出し（これに付随する通報を含む。）を行うことを目的とする電気通信役務の用に供するものをいう。

(k)無線呼出端末

「無線呼出端末」とは、端末設備であって、無線呼出用設備に接続されるものをいう。

これは、いわゆる「ポケットベル」端末を指している。

(l)総合デジタル通信用設備

「総合デジタル通信用設備」とは、電気通信事業の用に供する電気通信回線設備であって、主として64kbit/s（キロビット毎秒）を単位とするデジタル信号の伝送速度により、**符号、音声その他の音響又は影像を統合**して伝送交換することを目的とする電気通信役務の用に供するものをいう。

総合デジタル通信用設備とは、いわゆるISDNのことである。音声、データ、ファクシミリ、画像等の情報は信号の特性がそれぞれ異なっているため、従来は各々専用の電気通信網を構築していたが、デジタル技術の発達により、すべての情報をデジタル化し、1つの電気通信網で伝送交換することができるようになり、サービスの統合化が実現した。総合デジタル通信用設備の基本回線の伝送速度は64kbit/sであり、短い時間に大量の

データを伝送したい場合は、この基本回線を複数本束ねて大容量化する。

(m)総合デジタル通信端末

「総合デジタル通信端末」とは、端末設備であって、総合デジタル通信用設備に接続されるものをいう。

これにはISDNの加入者線を終端しユーザ・網インタフェースを提供する回線終端装置(DSU)や、ISDNユーザ・網インタフェースに直接接続されるデジタル電話機、G4ファクシミリ装置等が該当する。また、ISDNユーザ・網インタフェースを持たない電話機やパーソナルコンピュータ等は、一般に、ターミナルアダプタ(TA)といわれる通信速度やプロトコル等を変換する装置を介して接続する必要があり、この場合は、TAが総合デジタル通信端末となる。

4　インターネットプロトコル電話用設備とインターネットプロトコル電話端末

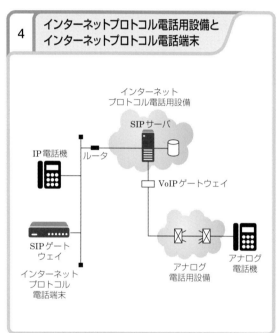

6　総合デジタル通信用設備

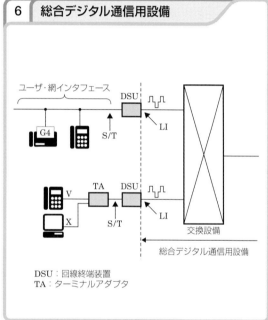

DSU：回線終端装置
TA：ターミナルアダプタ

5　インターネットプロトコル移動電話用設備とインターネットプロトコル移動電話端末

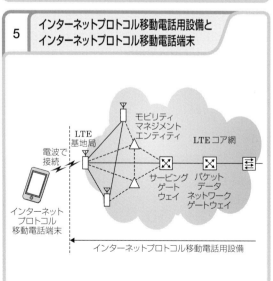

7　総合デジタル通信端末

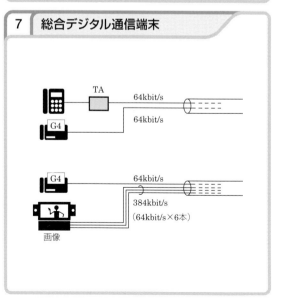

(n)専用通信回線設備

「専用通信回線設備」とは、電気通信事業の用に供する電気通信回線設備であって、**特定の利用者**に当該設備を**専用**させる電気通信役務の用に供するものをいう。

これはいわゆる専用線のことであり、特定の利用者間に設置され、その利用者間のみでサービスを利用できる電気通信回線設備である。

(o)デジタルデータ伝送用設備

「デジタルデータ伝送用設備」とは、電気通信事業の用に供する電気通信回線設備であって、デジタル方式により、**専ら符号又は影像**の伝送交換を目的とする電気通信役務の用に供するものをいう。

デジタルデータ伝送用設備は、デジタルデータのみを扱う交換網であり、IP網やNGN等の通信網が該当する。

(p) 専用通信回線設備等端末

「専用通信回線設備等端末」とは、端末設備であって、専用通信回線設備又はデジタルデータ伝送用設備に接続されるものをいう。

専用通信回線設備等端末の大まかな分類として、メタリック伝送路インタフェースの3.4kHz帯アナログ専用回線に接続される専用通信回線設備等端末、メタリック伝送路インタフェースの専用通信回線設備等端末、同軸インタフェースの専用通信回線設備等端末、光伝送路インタフェースの専用通信回線設備等端末(映像伝送を目的とするものを除く。)、無線設備を使用する専用通信回線設備等端末、その他インタフェースの専用通信回線設備等端末がある。

(q)発信

「発信」とは、通信を行う**相手を呼び出す**ための動作をいう。

これは、電話番号をダイヤルする等の動作が該当する。

(r)応答

「応答」とは、**電気通信回線からの呼出し**に応ずるための動作をいう。

電話がかかってきたときに送受器を上げる等の動作が該当する。

(s)選択信号

「選択信号」とは、主として**相手の端末設備を指定**するために使用する信号をいう。

これは、相手先電話番号を示すダイヤル信号のことである。

(t)直流回路

「直流回路」とは、端末設備又は自営電気通信設備を接続する点において**2線式**の接続形式を有するアナログ電話用設備に接続して電気通信事業者の**交換設備の動作の開始及び終了**の制御を行うための回路をいう。

これはいわゆるループ制御回路のことであり、端末設備の直流回路を閉じると電気通信事業者の交換設備との間に直流電流が流れて交換設備が動作を開始し、直流回路を開くと電流が流れなくなり通信が終了する。

(u)絶対レベル

「絶対レベル」とは、一の**皮相電力**の**1mW**に対する比を**デシベル**で表したものをいう。

これは、通常用いられるdBm(ディービーエム)と同じ意味である。

(v)通話チャネル

「通話チャネル」とは、移動電話用設備と移動電話端末又はインターネットプロトコル移動電話端末の間に設定され、主として**音声**の伝送に使用する通信路をいう。

(w)制御チャネル

「制御チャネル」とは、移動電話用設備と移動電話端末又はインターネットプロトコル移動電話端末の間に設定され、主として**制御信号**の伝送に使用する通信路をいう。

(x)呼設定用メッセージ

「呼設定用メッセージ」とは、**呼設定メッセージ又は応答メッセージ**をいう。

これは、総合デジタル通信用設備と総合デジタル通信端末との間の通信路を設定するためのメッセージである。

(y) 呼切断用メッセージ

「呼切断用メッセージ」とは、**切断メッセージ、解放メッセージ**又は**解放完了メッセージ**をいう。

これは、総合デジタル通信用設備と総合デジタル通信端末との間の通信路を切断又は解放するためのメッセージである。

8　専用通信回線設備

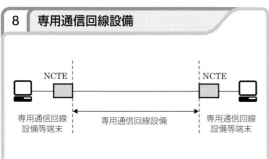

9　デジタルデータ伝送用設備

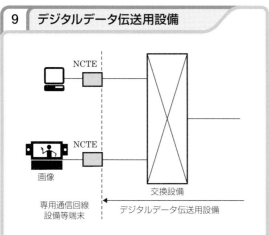

10　直流回路

直流回路は、電気通信事業者の交換設備の動作の開始及び終了の制御を行う。

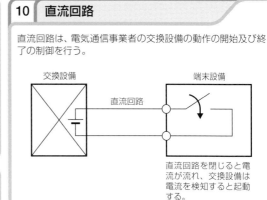

11　絶対レベル

電力x〔mW〕の絶対レベル

$$X〔dBm〕=10\log\frac{x〔mW〕}{1〔mW〕}$$

－の皮相電力の1mWに対するデシベル比

12　総合デジタル通信で使用するメッセージ

● 呼設定用メッセージ

呼設定メッセージ	プロトコル識別子	呼番号	呼設定	伝達能力	着番号
応答メッセージ	プロトコル識別子	呼番号	応答		

● 呼切断用メッセージ

切断メッセージ	プロトコル識別子	呼番号	切断	理由表示
解放メッセージ	プロトコル識別子	呼番号	解放	
解放完了メッセージ	プロトコル識別子	呼番号	解放完了	

3-2 責任の分界、鳴音の発生防止等

1. 責任の分界(第3条)

(a)分界点の設定

　利用者の接続する端末設備は、**事業用電気通信設備との責任の分界**を明確にするため、事業用電気通信設備との間に分界点を有しなければならない。

　この規定は、端末設備の接続の技術基準で確保すべき3原則(電気通信事業法第52条第2項)の1つである責任の分界の明確化を受けて定められたものであり、故障時にその原因が利用者側の設備にあるのか事業者側の設備にあるのかが判別できるようにすることが目的である。

　ここでいう事業用電気通信設備とは、電気通信回線設備を設置する電気通信事業者又は基礎的電気通信役務を提供する電気通信事業者が提供する設備をいい、電気通信事業者が端末設備を提供する場合はその端末設備までが事業用電気通信設備となる。したがって、電気通信回線設備と端末設備の間ばかりではなく、電気通信事業者が提供する端末設備と利用者が設置する端末設備を接続する場合にも適用される。

(b)分界点における接続の方式

　分界点における接続の方式は、端末設備を**電気通信回線ごとに事業用電気通信設備から容易に切り離せる**ものでなければならない。

　容易に切り離せる方式としては、電話機のプラグジャック方式が一般的である。その他ローゼットによるネジ止め方式、音響結合方式等も該当する。また、「電気通信回線ごとに」とは、ある回線を切り離すのに別の回線を切り離す必要が生じることなく1回線ずつ別々に切り離すことができるという意味である。

2. 漏えいする通信の識別禁止 (第4条)

　端末設備は、事業用電気通信設備から漏えいする通信の内容を**意図的に識別する機能**を有してはならない。

　本規定は、通信の秘密の保護の観点から設けられた規定である。通信の内容を意図的に識別する機能とは、他の電気通信回線から漏えいする通信の内容が聞き取れるよう増幅する機能や暗号化された情報を解読したりする機能のことをいう。

3. 鳴音の発生防止(第5条)

(a)鳴音

　「鳴音」とは、電気的又は音響的結合により生ずる**発振状態**をいう。これは、いわゆるハウリングのことである。端末設備に入力した信号が電気的に反射したり、端末設備のスピーカから出た音響が再びマイクに入力されると相手の端末設備との間で正帰還ループが形成され発振状態となり鳴音が発生する。

(b)鳴音の発生防止

　端末設備は、事業用電気通信設備との間で鳴音を発生することを防止するために**総務大臣が別に告示して定める条件**を満たすものでなければならない。

　端末設備から鳴音が発生すると他の電気通信回線に漏えいして他の利用者に迷惑を及ぼしたり、過大な電流が流れて電気通信回線設備に損傷を与えるおそれがある。

(c)リターンロス

　鳴音の発生を防止するため総務大臣が告示して定める条件では、鳴音の発生原因に着目し、端末設備に入力した信号に対する反射した信号の割合(リターンロス)を規定しており、その値を原則2dB以上としている。反射する信号が大きいと相手端末で再び反射し、正帰還ループが形成される可能性が高くなり、鳴音が発生しやすくなる。

1 責任の分界

● 分界点の位置

事業用電気通信設備と利用者の端末設備の間には分界点を有しなければならない。

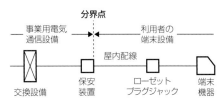

電気通信事業者が保安装置まで提供する場合

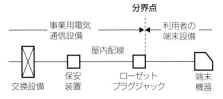

電気通信事業者が屋内配線まで提供する場合

● 分界点における接続方式の悪い例

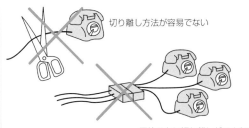

切り離し方法が容易でない

回線ごとに切り離しができない

電気通信回線ごとに容易に切り離せるものでなければならない。

2 漏えいする通信の識別禁止

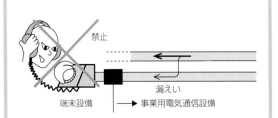

漏えいする通信を意図的に識別する機能を有してはならない。

3 鳴音の発生防止

● 鳴音の発生原理

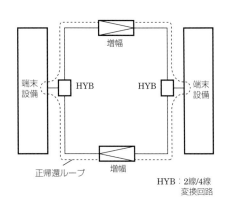

HYB：2線/4線変換回路

中継系伝送路では、遠方に信号を送るため4線式に変換され、信号の増幅が行われているので、端末設備での反射が大きいと鳴音が発生する。

● リターンロス

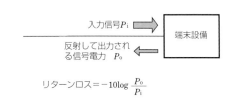

$$リターンロス = -10\log \frac{P_o}{P_i}$$

● リターンロス測定回路の例

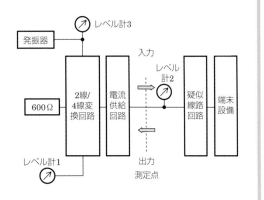

出力信号を測定し、入力信号に対する減衰量を求める。

3-3 絶縁抵抗等、過大音響衝撃の発生防止

1. 絶縁抵抗及び絶縁耐力（第6条第1項）

端末設備は電気的に動作するので、そのための電源が必要であるが、電話の一般的な動作については事業用電気通信設備から直流回路を通じて供給される電力により行われ、外部電源は基本的には不要である。しかしながら、電子化電話機やファクシミリ装置のような電子化された端末設備は、事業用電気通信設備からの給電だけではその高度な機能を実現するには不十分なので、自ら電源回路を備え、これにより商用電源からの電力供給を受けている。このような端末設備については、人体及び事業用電気通信設備を過大電流の危険性から保護するため、電源回路と端末機器の筐体との間、電源回路と事業用電気通信設備との間において次の絶縁抵抗と絶縁耐力を有しなければならない。

(a)絶縁抵抗

端末設備の使用電圧が300V以下の場合にあっては**0.2MΩ以上**、使用電圧が300Vを超え750V以下の直流及び300Vを超え600V以下の交流の場合にあっては**0.4MΩ以上**の絶縁抵抗を有しなければならない。

絶縁抵抗の規定は、保守者及び運用者が機器の筐体や電気通信回線等に触れた場合の感電防止のために定められたもので、電源回路からの漏れ電流が人体の感知電流（直流約1mA、交流約4mA）以下となるよう規定されている。

(b)絶縁耐力

端末設備の使用電圧が750Vを超える直流及び600Vを超える交流の場合にあっては、その使用電圧の**1.5倍**の電圧を連続して**10分間**加えたときこれに耐える絶縁耐力を有しなければならない。絶縁耐力の規定は、事業用電気通信設備に高電圧が印加される危険を防止するために定められたものである。

電源回路は、その出力回路が切断された場合、き電電圧が通常1.5〜2倍に上昇するので、この電圧でも絶縁破壊が起きないよう規定されている。

2. 接地抵抗（第6条第2項）

端末設備の機器の金属製の台及び筐体は、接地抵抗が**100Ω以下**となるように接地しなければならない。ただし、**安全な場所に危険のないように設置する場合**にあっては、この限りでない。

接地に関する規定は、感電防止のために設けられものである。一般の端末機器の場合は特に電気的に危険な場所に設置することはないが、高圧を使用する場合や水分のある場所で使用する場合はこの規定が適用される。

3. 過大音響衝撃の発生防止（第7条）

通話機能を有する端末設備は、**通話中に受話器から**過大な音響衝撃が発生することを防止する機能を備えなければならない。

誘導雷等に起因するインパルス性の信号が端末設備に入力した場合、受話器から瞬間的に過大な音響衝撃が発生し人体の耳に衝撃を与えるおそれがある。本規定は、これを防止するために定められたものである。

なお、ファクシミリ装置やデータ端末のように通話機能を有しない端末設備については本規定は適用されない。

一般の電話機では受話器と並列にバリスタを挿入した回路により実現しており、一定レベル以上の電圧が印加されるとバリスタが導通し、過大な衝撃電流はバリスタ側に流れ受話器には流れないようにしている。また、デジタル電話機では、一定レベル以上の電圧に対して導通するツェナーダイオードを使用することにより衝撃電流から保護している。

1　絶縁抵抗及び絶縁耐力

<------> 間で規定の絶縁抵抗及び絶縁耐力を有しなければならない。

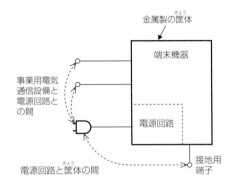

使用電圧	絶縁抵抗及び絶縁耐力	
	直流電圧	交流電圧
300V	絶縁抵抗0.2MΩ以上	
600V	絶縁抵抗0.4MΩ以上	
750V	使用電圧の1.5倍の電圧を10分間加えても耐える絶縁耐力	

2　接地抵抗

金属製の台及び筐体は接地抵抗が100Ω以下となるように接地する。

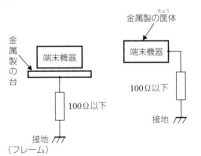

3　過大音響衝撃の発生防止

● 音響衝撃波

通話中に受話器から過大な音響衝撃が発生すると人体の耳に衝撃を与えるので、これを防止する機能を有しなければならない。

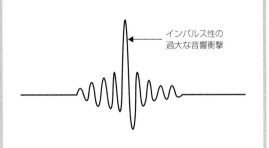

インパルス性の過大な音響衝撃

● 受話音響衝撃防止回路

衝撃電流はバリスタ又はツェナーダイオードを流れ、受話器から過大な音響衝撃が生じないようにしている。

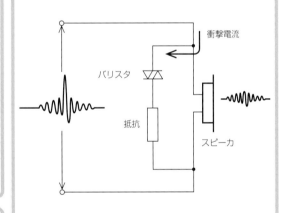

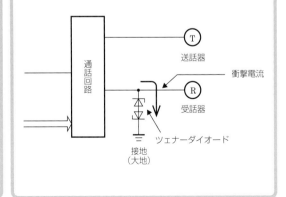

3-4 配線設備等、端末設備内において電波を使用する端末設備

1. 配線設備等の条件(第8条)

(a)配線設備等

「配線設備等」とは、利用者が端末設備を事業用電気通信設備に接続する際に使用する線路及び保安器その他の機器をいう。

ここでいう「線路」とは、有線電気通信設備令第1条第五号に定める定義(→5-3)に従う。

(b)評価雑音電力

配線設備等の評価雑音電力は、絶対レベルで表した値で定常時において**−64dBm以下**であり、最大時において**−58dBm以下**でなければならない。

「評価雑音電力」とは、**通信回線が受ける妨害**であって人間の聴覚率を考慮して定められる**実効的雑音電力**をいい、誘導によるものを含むとされている。人間の聴覚は600Hzから2,000Hzまでは感度がよく、これ以外の周波数では感度が悪化する特性を有している。雑音電力をこの聴覚の周波数特性により重みづけして評価したものがこの評価雑音電力である。

(c)絶縁抵抗

配線設備等の電線相互間及び電線と大地間の絶縁抵抗は、**直流200V以上の一(ひとつ)の電圧で測定**した値で**1MΩ以上**でなければならない。

(d)強電流電線との関係

配線設備等と強電流電線との関係については**有線電気通信設備令**第11条から第15条まで及び第18条に適合するものでなければならない。

2. 端末設備内において電波を使用する端末設備(第9条)

端末設備を構成する一の部分と他の部分の相互間において電波を使用する端末設備は、以下の条件に適合するものでなければならない。

本規定は、コードレス電話、無線LAN端末のように親機と子機との間で電波を使用するものに適用する規定であり、携帯無線電話のように端末設備と電気通信回線設備との間で電波を使用する場合には適用されない。

(a)識別符号

総務大臣が別に告示する条件に適合する識別符号(端末設備に使用される**無線設備を識別**するための符号であって、通信路の設定に当たってその**照合**が行われるものをいう。)を有しなければならない。

この識別符号は、混信による通信妨害や通信内容の漏えい、通信料金の誤課金等を防止することが目的である。告示により、各種の端末設備ごとに識別符号の符号長が定められている。

(b)空き状態の判定

使用する電波の**周波数が空き状態であるかどうか**について総務大臣が別に告示するところにより判定を行い、**空き状態である場合にのみ通信路を設定**するものでなければならない。ただし、総務大臣が別に告示するものについては、この限りでない。

この規定は、電波の混信を防止するための規定であり、通信路を設定する時点で既に他の端末設備が使用している周波数の電波の使用は避け、別の周波数の電波を使用するよう義務付けたものである。なお、告示により、空き状態の判定の機能を有しなくともよい場合が定められている。

(c)一の筐体への収容

使用される無線設備は**一の筐体(きょう)に収められて**おり、かつ、**容易に開けることができないもの**でなければならない。ただし、総務大臣が別に告示するものについては、この限りでない。

これは、送信機能や識別符号を改造又は故意に変更し、他の通信に妨害を与えることを防止するための規定である。なお、送信機能や識別符号の書換えが容易でない場合は一の筐体に収めなくともよく、その条件が告示で定められている。

1　配線設備等の条件

● 評価雑音電力

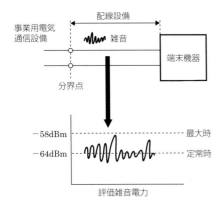

評価雑音電力は定常時において－64dBm以下、最大時において－58dBm以下とする。

● 評価雑音電力の評価特性

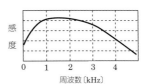

評価雑音電力は人間の聴覚の特性により重みづけして評価した雑音電力。

● 配線設備の絶縁抵抗

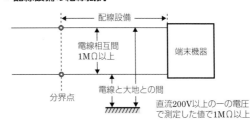

直流200V以上の一の電圧で測定した値で1MΩ以上

2　端末設備内において電波を使用する端末設備

● 識別符号による誤接続防止

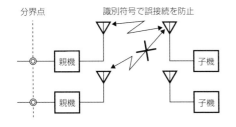

● 電波の空き状態の判定

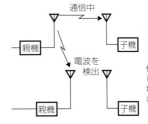

他の端末が電波を使用しているのを検出した場合は、電波を発射しない。

● 端末設備内において電波を使用する端末設備の識別符号の条件（抜粋）

端末の種別	識別符号長		空きチャネルの判定	筐体の条件
微弱無線局	19ビット以上 （25、28、29、48ビットを除く）		受信機入力電圧 2μV以下	一の筐体に収めなければならない。ただし、次の装置は一の筐体に収めなくてよい。 ・電源装置、送話器及び受話器 ・受信専用空中線 ・操作器、表示器、音量調整器等 ・小電力セキュリティシステムについては、この他、制御装置、周波数切替装置、送受信の切替器、識別符号設定器及びデータ信号用附属装置等
コードレス電話 （アナログコードレス）	25又は28ビット		受信機入力電圧 2μV以下	
時分割多元接続方式狭帯域 デジタルコードレス電話	親機　29ビット	子機　28ビット	受信機入力電圧 159μV以下	
時分割多元接続方式広帯域 デジタルコードレス電話	親機　40ビット	子機　36ビット	親機受信電力　原則－82dBm以下 子機受信電力　連続2フレームで 　　　　　　　　－62dBm以下	
小電力セキュリティシステム	48ビット		不　要	
小電力データ通信システム 及び5.2GHz帯高出力データ通信システム	48ビット （使用する電波の周波数によっては19ビット以上とする場合あり）		電波の検出又は演算による信号の検出等	次の条件を満たす場合は、同一筐体に収めなくてよい。 ・高周波部及び変調部は容易に開けられない ・送信装置識別装置、呼出符号記憶装置及び識別装置は容易に取り外しできない
700MHz帯高度道路交通システムの固定局又は基地局	48ビット以上		受信機入力電力 －53dBm未満	

重要語句の確認

端末設備等規則（Ⅰ）

第2条（定義）

(1) 「電話用設備」とは、 （ア） の用に供する （イ） であって、主として （ウ） の伝送交換を目的とする （エ） の用に供するものをいう。

(2) 「アナログ電話用設備」とは、電話用設備であって、端末設備又は （オ） を （カ） においてアナログ信号を （キ） とするものをいう。

(3) 「アナログ電話端末」とは、端末設備であって、 （ク） に接続される点において （ケ） の接続形式で接続されるものをいう。

(4) 「移動電話用設備」とは、電話用設備であって、端末設備又は （オ） との接続において （コ） を使用するものをいう。

(5) 「移動電話端末」とは、端末設備であって、移動電話用設備（ （サ） 移動電話用設備を除く。）に接続されるものをいう。

(6) 「インターネットプロトコル電話用設備」とは、電話用設備（ （シ） 規則別表第1号に掲げる （ス） を用いて提供する （ウ） 伝送役務の用に供するものに限る。）であって、端末設備又は自営電気通信設備との接続において （サ） を使用するものをいう。

(7) 「インターネットプロトコル電話端末」とは、端末設備であって、インターネットプロトコル電話用設備に接続されるものをいう。

(8) 「インターネットプロトコル移動電話用設備」とは、移動電話用設備（ （シ） 規則別表第4号に掲げる （セ） を用いて提供する （ウ） 伝送役務の用に供するものに限る。）であって、端末設備又は自営電気通信設備との接続において （サ） を使用するものをいう。

(9) 「インターネットプロトコル移動電話端末」とは、端末設備であって、インターネットプロトコル移動電話用設備に接続されるものをいう。

(10) 「無線呼出用設備」とは、 （ア） の用に供する （イ） であって、 （ソ） によって （タ） に対する呼出し（これに付随する （チ） を含む。）を行うことを目的とする （エ） の用に供するものをいう。

(11) 「無線呼出端末」とは、端末設備であって、無線呼出用設備に接続されるものをいう。

(12) 「総合デジタル通信用設備」とは、 （ア） の用に供する （イ） であって、主として （ツ） を単位とするデジタル信号の （テ） により、符号、 （ウ） 、その他の （ト） を統合して伝送交換することを目的とする （エ） の用に供するものをいう。

(13) 「総合デジタル通信端末」とは、端末設備であって、総合デジタル通信用設備に接続されるものをいう。

(14) 「専用通信回線設備」とは、 (ア) の用に供する (イ) であって、 (ナ) に当該設備を専用させる (エ) の用に供するものをいう。

(15) 「デジタルデータ伝送用設備」とは、 (ア) の用に供する (イ) であって、デジタル方式により、専ら (ニ) の伝送交換を目的とする (エ) の用に供するものをいう。

(16) 「専用通信回線設備等端末」とは、端末設備であって、専用通信回線設備又はデジタルデータ伝送用設備に接続されるものをいう。

(17) 「発信」とは、通信を行う (ヌ) を (ネ) ための動作をいう。

(18) 「応答」とは、 (ノ) からの呼出しに応ずるための動作をいう。

(19) 「選択信号」とは、主として (ヌ) の端末設備を指定するために使用する信号をいう。

(20) 「直流回路」とは、端末設備又は (オ) を接続する点において (ケ) の接続形式を有する (ク) に接続して電気通信事業者の (ハ) の動作の (ヒ) の制御を行うための回路をいう。

(21) 「絶対レベル」とは、一の (フ) の (ヘ) に対する比を (ホ) で表したものをいう。

(22) 「通話チャネル」とは、移動電話用設備と移動電話端末又は (サ) 移動電話端末の間に設定され、主として (ウ) の伝送に使用する通信路をいう。

(23) 「制御チャネル」とは、移動電話用設備と移動電話端末又は (サ) 移動電話端末の間に設定され、 (マ) の伝送に使用する通信路をいう。

(24) 「呼設定用メッセージ」とは、呼設定メッセージ又は (ミ) メッセージをいう。

(25) 「呼切断用メッセージ」とは、切断メッセージ、解放メッセージ又は (ム) メッセージをいう。

第3条(責任の分界)

(1) (ア) の接続する端末設備(以下「端末設備」という。)は、 (イ) との (ウ) を明確にするため、 (イ) との間に (エ) を有しなければならない。

(2) (エ) における接続の方式は、端末設備を (オ) ごとに (イ) から (カ) 切り離せるものでなければならない。

ア 利用者
イ 事業用電気通信設備
ウ 責任の分界
エ 分界点
オ 電気通信回線
カ 容易に

第4条（漏えいする通信の識別禁止）

⑴　端末設備は、　（ア）　から漏えいする通信の内容を　（イ）　に識別する機能を有してはならない。

第5条（鳴音の発生防止）

⑴　端末設備は、　（ア）　との間で　（イ）　（電気的又は音響的結合により生ずる　（ウ）　をいう。）を発生することを防止するために総務大臣が　（エ）　条件を満たすものでなければならない。

⑵　　（オ）　とは、電気通信回線設備から端末設備に入力される信号に対し、端末設備がこれを反射して出力する信号の電力の減衰量をいう。

第6条（絶縁抵抗等）

⑴　端末設備の機器は、その電源回路と筐体及びその電源回路と事業用電気通信設備との間に、使用電圧が　（ア）　以下の場合にあっては、　（イ）　以上、　（ア）　を超え　（ウ）　以下の直流及び　（ア）　を超え　（エ）　以下の交流の場合にあっては、　（オ）　以上の絶縁抵抗を有しなければならない。

⑵　端末設備の機器は、その電源回路と筐体及びその電源回路と事業用電気通信設備との間に、使用電圧が　（ウ）　ボルトを超える直流及び　（エ）　を超える交流の場合にあっては、その使用電圧の　（カ）　の電圧を連続して　（キ）　加えたときこれに耐える絶縁耐力を有しなければならない。

⑶　端末設備の機器の金属製の台及び筐体は、接地抵抗が　（ク）　以下となるように接地しなければならない。ただし、　（ケ）　場合にあっては、この限りでない。

第7条（過大音響衝撃の発生防止）

⑴　　（ア）　を有する端末設備は、　（イ）　に受話器から　（ウ）　が発生することを防止する機能を備えなければならない。

第8条（配線設備等）

⑴　配線設備等の評価雑音電力（通信回線が受ける　（ア）　であって　（イ）　を考慮して定められる　（ウ）　をいい、誘導によるものを　（エ）　。）は、絶対レベルで表した値で定常時において　（オ）　以下であり、かつ、最大時において　（カ）　以下でなければならない。

⑵　配線設備等の電線相互間及び電線と大地間の絶縁抵抗は、　（キ）　以上の一の電圧で測定した値で　（ク）　以上でなければ

ならない。

(3) 配線設備等と強電流電線との関係については 　(ケ)　 第11条から第15条まで及び第18条に適合するものでなければならない。

(4) 事業用電気通信設備を損傷し、又はその 　(コ)　 を与えないようにするため、　(サ)　 するところにより配線設備等の設置の方法を定める場合にあっては、その方法によるものでなければならない。

第9条（端末設備内において電波を使用する端末設備）

(1) 端末設備を構成する一の部分と他の部分相互間において電波を使用する端末設備は、総務大臣が別に告示する条件に適合する 　(ア)　 符号（端末設備に使用される 　(イ)　 を 　(ア)　 するための符号であって、通信路の設定に当ってその 　(ウ)　 が行われるものをいう。）を有しなければならない。

(2) 端末設備を構成する一の部分と他の部分相互間において電波を使用する端末設備は、使用する電波の 　(エ)　 が 　(オ)　 であるかどうかについて、総務大臣が別に告示するところにより判定を行い、　(オ)　 である場合にのみ通信路を設定するものでなければならない。ただし、総務大臣が別に告示するものについては、この限りでない。

(3) 端末設備を構成する一の部分と他の部分相互間において電波を使用する端末設備等であって、使用する電波の 　(オ)　 の判定の機能を要しないものは、次のとおりとする。

① 火災、盗難その他の 　(カ)　 に供する端末設備等

② 特定小電力無線局の 　(イ)　 のうち、テレメーター用、テレコントロール用及びデータ伝送用のものであって、920.5MHz以上925.1MHz以下の 　(エ)　 の電波を使用するものを使用する端末設備等

③ 人・動物検知通報システム用の特定小電力無線局の 　(イ)　 （空中線電力が 　(キ)　 以下のものに限る。）を使用する端末設備等

④ 　(ク)　 の無線局の 　(イ)　 を使用する端末設備等

⑤ 小電力データ通信システムの無線局の 　(イ)　 （57GHzを超え66GHz以下の 　(エ)　 の電波を使用するものであって、空中線電力が 　(キ)　 以下のものに限る。）を使用する端末設備等

⑥ 　(ケ)　 帯高度道路交通システムの固定局又は基地局の 　(イ)　 を使用する端末設備等

(4) 端末設備を構成する一の部分と他の部分相互間において電波を使用する端末設備にあっては、使用される 　(イ)　 は、　(コ)　 に収められており、かつ、容易に 　(サ)　 ことができないこと。ただし、総務大臣が別に告示するものについては、この限りでない。

カ	マイナス58デシベル
キ	直流200ボルト
ク	1メガオーム
ケ	有線電気通信設備令
コ	機能に障害
サ	総務大臣が別に告示

ア	識別
イ	無線設備
ウ	照合
エ	周波数
オ	空き状態
カ	非常の通報の用
キ	10mW
ク	小電力セキュリティシステム
ケ	700MHz
コ	一の筐体
サ	開ける

参照

問1

次の各文章の□□□□内に、それぞれの[　]の解答群の中から最も適したものを選び、その番号を記せ。

(1) 用語について述べた次の二つの文章は、□□□□。

☞66ページ
2　用語の定義

　A　電話用設備とは、電気通信事業の用に供する電気通信回線設備であって、主として音声の伝送交換を目的とする電気通信役務の用に供するものをいう。

　B　移動電話端末とは、端末設備であって、電気通信事業者の電話用設備に2線式で接続し、その設備内において電波を使用するものをいう。

```
① Aのみ正しい      ② Bのみ正しい
③ AもBも正しい    ④ AもBも正しくない
```

(2) 用語について述べた次の二つの文章は、□□□□。

☞66ページ
2　用語の定義

　A　アナログ電話端末とは、端末設備であって、アナログ電話用設備に接続される点において2線式の接続形式で接続されるものをいう。

　B　総合デジタル通信端末とは、端末設備であって、デジタルデータ伝送用設備に接続される点において4線式の接続形式で接続されるものをいう。

```
① Aのみ正しい      ② Bのみ正しい
③ AもBも正しい    ④ AもBも正しくない
```

(3) 用語について述べた次の二つの文章は、□□□□。

☞66ページ
2　用語の定義

　A　デジタルデータ伝送用設備とは、電気通信事業の用に供する電気通信回線設備であって、主として64キロビット毎秒を単位とするデジタル信号の伝送速度により、符号、音声その他の音響又は影像を統合して伝送交換することを目的とする電気通信役務の用に供するものをいう。

　B　制御チャネルとは、移動電話用設備と移動電話端末との間に設定され、主として制御信号の伝送に使用する通信路をいう。

```
① Aのみ正しい      ② Bのみ正しい
③ AもBも正しい    ④ AもBも正しくない
```

(4) 通話チャネルとは、□□□□用設備と□□□□端末又はインターネットプロトコル□□□□端末の間に設定され、主として音声の伝送に使用する通信路をいう。

☞66ページ
2　用語の定義

```
[① アナログ電話    ② 移動電話    ③ 無線呼出]
```

(5)　用語について述べた次の二つの文章は、☐☐☐☐☐☐。
　　A　直流回路とは、端末設備又は自営電気通信設備を接続する点において2線式の接続形式を有するアナログ電話用設備に接続して電気通信事業者の交換設備の動作の開始及び終了の制御を行うための回路をいう。
　　B　選択信号とは、主として相手の端末設備を指定するために使用する信号をいう。
　　　① 　Aのみ正しい　　　② 　Bのみ正しい
　　　③ 　AもBも正しい　　④ 　AもBも正しくない

☞66ページ
2　用語の定義

(6)　用語について述べた次の二つの文章は、☐☐☐☐☐☐。
　　A　絶対レベルとは、一の有効電力の1ミリワットに対する比をデシベルで表したものをいう。
　　B　呼切断用メッセージとは、切断メッセージ、応答メッセージ又は解放メッセージをいう。
　　　① 　Aのみ正しい　　　② 　Bのみ正しい
　　　③ 　AもBも正しい　　④ 　AもBも正しくない

☞66ページ
2　用語の定義

(7)　用語について述べた次の二つの文章は、☐☐☐☐☐☐。
　　A　発信とは、通信を行う相手を呼び出すための動作をいう。
　　B　応答とは、電気通信回線からの呼び出しに応ずるための動作をいう。
　　　① 　Aのみ正しい　　　② 　Bのみ正しい
　　　③ 　AもBも正しい　　④ 　AもBも正しくない

☞66ページ
2　用語の定義

問2

　次の各文章の☐☐☐☐☐☐内に、それぞれの[　　　]の解答群の中から最も適したものを選び、その番号を記せ。

(1)　利用者の接続する端末設備と☐☐☐☐☐☐との間の分界点における接続の方式は、端末設備を電気通信回線ごとに☐☐☐☐☐☐から容易に切り離せるものでなければならない。
　　　① 　他の端末設備　　　　② 　有線電気通信設備
　　　③ 　事業用電気通信設備　④ 　自営電気通信設備

☞72ページ
1　責任の分界

(2)　安全性等について述べた次の二つの文章は、[　　　　]。

☞72ページ

A　端末設備は、自営電気通信設備から漏えいする通信の内容を容易に照合する機能を有してはならない。

2　漏えいする通信の識別禁止
☞72ページ

B　端末設備は、事業用電気通信設備との間で鳴音(電気的又は音響的結合により生ずる発振状態をいう。)を発生することを防止するために総務大臣が別に告示する条件を満たすものでなければならない。

3　鳴音の発生防止

　　① 　Aのみ正しい　　② 　Bのみ正しい
　　③ 　AもBも正しい　　④ 　AもBも正しくない

(3)　「絶縁抵抗等」について述べた次の二つの文章は、[　　　　]。

☞74ページ

A　端末設備の機器の金属製の台及び筐体は、接地抵抗が100オーム以下となるように接地しなければならない。ただし、安全な場所に危険のないように設置する場合にあっては、この限りでない。

1　絶縁抵抗及び絶縁耐力
2　接地抵抗

B　端末設備の機器は、その電源回路と筐体及びその電源回路と事業用電気通信設備との間において、使用電圧が300ボルト以下の場合にあっては、2メガオーム以上であり、300ボルトを超え650ボルト以下の直流及び300ボルトを超え600ボルト以下の交流の場合にあっては、4メガオーム以上の絶縁抵抗を有しなければならない。

　　① 　Aのみ正しい　　② 　Bのみ正しい
　　③ 　AもBも正しい　　④ 　AもBも正しくない

(4)　端末設備の機器は、その電源回路と筐体との間において、使用電圧が750ボルトを超える直流及び600ボルトを超える交流の場合にあっては、その使用電圧の1.5倍の電圧を連続して[　　　　]分間加えたときこれに耐える絶縁耐力を有しなければならない。

☞74ページ
1　絶縁抵抗及び絶縁耐力

　　① 　1　　② 　3　　③ 　5　　④ 　10

(5)　通話機能を有する端末設備は、通話中に[　　　　]が発生することを防止する機能を有しなければならない。

☞74ページ
3　過大音響衝撃の発生防止

　　① 　遠端漏話
　　② 　制御チャネルの切替え
　　③ 　受話器から過大な音響衝撃
　　④ 　停電による通信の切断
　　⑤ 　事業用電気通信設備に異常ふくそう

問3

次の各文章の 　　　　 内に、それぞれの［　　］の解答群の中から最も適したものを選び、その番号を記せ。

(1) 配線設備等の評価雑音電力とは、 　　　　 であって人間の聴覚率を考慮して定められる実効的雑音電力をいい、誘導によるものを含む。

☞76ページ
1 配線設備等の条件

① 電気通信事業者の交換設備を含めた配線設備で発生する雑音
② 通信回線が受ける妨害
③ 線路、保安器を除く屋内配線が受ける妨害
④ 架空電線で発生する雑音

(2) 配線設備等の評価雑音電力は、絶対レベルで表した値で定常時においてマイナス 　　　　 デシベル以下であり、かつ、最大時においてマイナス58デシベル以下でなければならない。

☞76ページ
1 配線設備等の条件

［① 60　② 62　③ 64　④ 68］

(3) 「配線設備等」について述べた次の文章のうち、誤っているものは、 　　　　 である。

☞76ページ
1 配線設備等の条件

① 配線設備等と強電流電線との関係については、有線電気通信設備令に適合するものでなければならない。
② 配線設備等の電線相互間及び電線と大地間の絶縁抵抗は、直流200ボルト以上の一の電圧で測定した値で4メガオーム以上でなければならない。
③ 事業用電気通信設備を損傷し、又はその機能に障害を与えないようにするため、総務大臣が別に告示するところにより配線設備等の設置の方法を定める場合にあっては、その方法により設置しなければならない。

(4) 「端末設備内において電波を使用する端末設備」について述べた次の二つの文章は、 　　　　 。

☞76ページ
2 端末設備内において電波を使用する端末設備

A 総務大臣が別に告示する条件に適合する識別符号（端末設備に使用される無線設備を識別するための符号であって、通信路の設定に当たってその照合が行われるものをいう。）を有するものでなければならない。
B 使用する電波の周波数が空き状態であるかどうかについて、総務

大臣が別に告示するところにより判定を行い、空き状態である場合にのみ直流回路を開くものでなければならない。ただし、総務大臣が別に告示するものについては、この限りでない。

```
┌ ①  Aのみ正しい      ②  Bのみ正しい     ┐
│ ③  AもBも正しい     ④  AもBも正しくない │
└                                          ┘
```

(5) 「端末設備内において電波を使用する端末設備」について述べた次の二つの文章は、□□□□□。

☞76ページ
2　端末設備内において電波を使用する端末設備

A　端末設備内において電波を使用する端末設備であって、火災、盗難その他の非常の通報の用に供する端末設備等は、使用する電波の周波数の空き状態の判定の機能を要する。

B　使用される無線設備は、一の筐体に収められており、かつ、容易に開けることができないものでなければならない。ただし、総務大臣が別に告示するものについては、この限りでない。

```
┌ ①  Aのみ正しい      ②  Bのみ正しい     ┐
│ ③  AもBも正しい     ④  AもBも正しくない │
└                                          ┘
```

(6)　端末設備を構成する一の部分と他の部分相互間において電波を使用する端末設備のうち、小電力コードレス電話の無線局の無線設備にあっては、使用する電波の周波数が空き状態であるとの判定は、受信機入力電圧が□□□□□マイクロボルト以下の場合に行うものとする。

☞76ページ
2　端末設備内において電波を使用する端末設備

```
[① 0.5    ② 1    ③ 2    ④ 3    ⑤ 4]
```

（解説は、216ページ。）

解答

問1 ─(1)①　(2)①　(3)②　(4)②　(5)③　(6)④　(7)③
問2 ─(1)③　(2)②　(3)①　(4)④　(5)③
問3 ─(1)②　(2)③　(3)②　(4)①　(5)②　(6)③

4

端末設備等規則（Ⅱ）

　ここでは、アナログ電話用設備に接続される端末設備等、移動電話用設備に接続される端末設備等、インターネットプロトコル電話用設備に接続される端末設備等、インターネットプロトコル移動電話用設備に接続される端末設備等、総合デジタル通信用設備に接続される端末設備等及び専用通信回線設備又はデジタルデータ伝送用設備に接続される端末設備等に適用される技術基準について解説する。ここで取り上げる内容は、工事担任者にかかわる技術基準の中心的条項にあたり、各条項にわたって、数多くの具体的な数値が規定されている。

4-1 アナログ電話端末の基本的機能、発信の機能等

1. 基本的機能(第10条)

アナログ電話端末の直流回路は、**発信又は応答を行うとき閉じ、通信が終了したとき開く**ものでなければならない。

直流回路を閉じると、交換設備と端末設備との間に直流電流が流れ、交換設備がこれを検知して端末設備の発信又は応答を判別する。また、直流回路を開くと直流電流が流れなくなり、これにより通信の終了を判別する。

2. 発信の機能(第11条)

ここでは、ファクシミリやモデム等のように選択信号の送出・相手端末の応答確認・自動再発信を自動的に行う装置について規定している。標準形電話機のようにすべて人間の知覚や手操作によって行われるものは対象外となっている。

(a)選択信号の自動送出

自動的に選択信号を送出する場合にあっては、直流回路を閉じてから**3秒以上**経過後に選択信号の送出を開始するものでなければならない。ただし、**電気通信回線からの発信音**又はこれに相当する**可聴音**を確認した後に選択信号を送出する場合にあってはこの限りでない。

交換設備は、端末設備からの発呼信号を受信した後選択信号の受信が可能となるまでに、若干の時間を要する。交換設備は選択信号受信可能状態になると可聴音を送出するので、これを確認してから選択信号を送出すれば問題はないが、自動的に選択信号を送出する場合は、交換設備が受信可能状態になる前に選択信号を送出するおそれがあるため、直流回路を閉じてから3秒以上経過後に送出することとしている。

(b)相手端末の応答の自動確認

発信に際して相手の端末設備からの応答を自動的に確認する場合にあっては、**電気通信回線か**らの応答が確認できない場合選択信号送出終了後**2分以内**に直流回路を開くものでなければならない。

相手端末が応答しないときに長時間呼出しを続けると、電気通信回線の無効保留が生じ、他の利用者に迷惑を及ぼすこととなるので、自動的に相手端末の応答を確認する場合は相手端末の応答確認時間を2分以内としている。

(c)自動再発信

自動再発信を行う場合(自動再発信の回数が**15回以内**の場合を除く。)にあっては、その回数は最初の発信から**3分間に2回以内**でなければならない。この場合において、最初の発信から3分を超えて行われる発信は、**別の発信**とみなす。

なお、火災、盗難その他の**非常の場合**にあっては、この規定は適用しない。

短い間隔で同一の相手に再発信すると再度通話中に出遭う確率が高く、電気通信回線設備を無効に動作させ、他の利用者に迷惑を及ぼすこととなるため、自動再発信の回数に制限を設けている。

自動再発信の回数については3分間に2回以内の場合と連続15回以内の場合がある。3分間に2回以内の場合は、3分を超えた発信は別の発信とみなされるので何回でも自動再発信が可能となる。一方、自動再発信の回数を15回以内で打切りとする場合は、時間の制限はない。

3. 緊急通報機能(第12条の2)

アナログ電話端末であって、通話の用に供するものは、電気通信番号規則に規定する緊急通報番号を使用した警察機関、海上保安機関又は消防機関への通報(「**緊急通報**」という。)を発信する機能を備えなければならない。緊急通報は、警察機関へ110、海上保安機関へ118、消防機関へ119の各番号で行う。

1　基本的機能

● **直流回路の動作**

直流回路を閉じると交換設備は発信を検知し、開くと終了と判別する。

発信側

```
                    発信              選択信号    通話
                                      送出               終了
直流回路閉          ┌────────╳────────────────────┐
                                                          └
直流回路開    ──────┘              応答              切断
                                                      信号
```

着信側

```
直流回路閉                          着信      ┌────┐
                                              │    │
直流回路開    ────────────────────────────────┘    └────
                              呼出し              終話
                                                  信号
```

着信側では直流回路を閉じることにより応答する。

2　発信の機能

(a)選択信号の自動送出

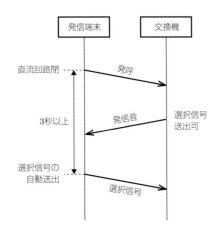

選択信号を自動送出する場合は、直流回路を閉じてから3秒以上経過後に行う。

(b)相手端末の応答の自動確認

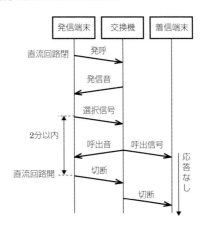

電気通信回線からの応答が確認できない場合、選択信号送出終了後2分以内に直流回路を開く。

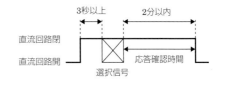

(c)自動再発信

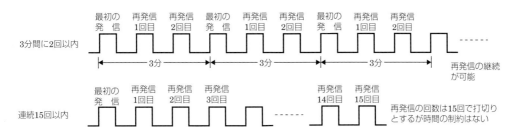

4-2 アナログ電話端末の選択信号の条件

1. ダイヤルパルスの条件（第12条別表第1号）

選択信号は、相手の端末設備を指定するための信号であり、ダイヤルパルスと押しボタンダイヤル信号がある。ダイヤルパルス式は**ダイヤル番号と同一の数**のパルスを断続させ、交換設備側でこのパルスの数をカウントすることによりダイヤル番号を識別する方式である。

ダイヤルパルス式では、交換設備側で正しくパルス数がカウントできるよう、ダイヤルパルス列間のポーズ（休止）時間の最小値（**ミニマムポーズ**）、断続するパルス列間の接時間と断時間の割合（**ダイヤルパルスメーク率**）が規定されている。ダイヤルパルスには、**10パルス毎秒方式**と**20パルス毎秒方式**の2種類があり、それぞれの規定値は別表第1号のとおりである。

2. 押しボタンダイヤル信号の条件（第12条別表第2号）

押しボタンダイヤル信号は、**低群周波数一つと高群周波数一つの組合せ**により構成されている。低群と高群それぞれ4つの周波数が規定されているので、これらの組合せで**16種類**の押しボタンダイヤル信号が規定できる。現在一般的に使用しているのは、1～9、0、＃、＊の12種類である。交換設備側では、受信した信号がどの周波数の組合せかを判定することによりダイヤル番号を識別する。

押しボタンダイヤル信号方式では、交換設備で信号が正しく識別できるよう**信号周波数偏差、信号送出電力、信号送出時間、ミニマムポーズ、信号の周期**などの条件が規定されており、具体的な数値は別表第2号のとおりである。

別表第1号　ダイヤルパルスの条件（第12条第一号関係）

第1　ダイヤルパルス数
ダイヤル番号とダイヤルパルス数は同一であること。ただし、「0」は、10パルスとする。
第2　ダイヤルパルスの信号

ダイヤルパルスの種類	ダイヤルパルス速度	ダイヤルパルスメーク率	ミニマムポーズ
10パルス毎秒方式	10±1.0パルス毎秒以内	30%以上42%以下	600ms以上
20パルス毎秒方式	20±1.6パルス毎秒以内	30%以上36%以下	450ms以上

注1　ダイヤルパルス速度とは、1秒間に断続するパルス数をいう。
2　ダイヤルパルスメーク率とは、ダイヤルパルスの接（メーク）と断（ブレーク）の時間の割合をいい、次式で定義するものとする。
　　ダイヤルパルスメーク率＝｛接時間÷（接時間＋断時間）｝×100%
3　ミニマムポーズとは、隣接するパルス列間の休止時間の最小値をいう。

別表第2号　押しボタンダイヤル信号の条件（第12条第二号関係）

第1　ダイヤル番号の周波数

ダイヤル番号	周波数
1	697Hz及び1,209Hz
2	697Hz及び1,336Hz
3	697Hz及び1,477Hz
4	770Hz及び1,209Hz
5	770Hz及び1,336Hz
6	770Hz及び1,477Hz
7	852Hz及び1,209Hz
8	852Hz及び1,336Hz
9	852Hz及び1,477Hz
0	941Hz及び1,336Hz
＊	941Hz及び1,209Hz
＃	941Hz及び1,477Hz
A	697Hz及び1,633Hz
B	770Hz及び1,633Hz
C	852Hz及び1,633Hz
D	941Hz及び1,633Hz

第2　その他の条件

項　目		条　件
信号周波数偏差		信号周波数の±1.5%以内
信号送出電力の許容範囲	低群周波数	図1に示す。
	高群周波数	図2に示す。
	二周波電力差	5dB以内、かつ、低群周波数の電力が高群周波数の電力を超えないこと。
信号送出時間		50ms以上
ミニマムポーズ		30ms以上
周　期		120ms以上

注1　低群周波数とは、697Hz、770Hz、852Hz及び941Hzをいい、高群周波数とは、1,209Hz、1,336Hz、1,477Hz及び1,633Hzをいう。
2　ミニマムポーズとは、隣接する信号間の休止時間の最小値をいう。
3　周期とは、信号送出時間とミニマムポーズの和をいう。

1 ダイヤルパルスの条件

● ダイヤルパルス速度、ミニマムポーズ

10パルス毎秒方式

パルス速度 10±1.0パルス／秒以内

ポーズ時間 600ms以上

接
断

ダイヤル番号　2　　　4　　　3

20パルス毎秒方式

パルス速度 20±1.6パルス／秒以内

ポーズ時間 450ms以上

接
断

ダイヤル番号　2　　　4　　　3

● ダイヤルパルスメーク率

ダイヤルパルスメーク率はダイヤルパルスの接（メーク）と断（ブレーク）の時間の割合をいう。

メーク（接）
ブレーク（断）

断時間 t_2　接時間 t_1

$$ダイヤルパルスメーク率 = \frac{t_1}{t_1+t_2} \times 100$$

2 押しボタンダイヤル信号の条件

● 押しボタンダイヤルの周波数

押しボタンダイヤル信号は低群周波数と高群周波数の組み合せで構成される。

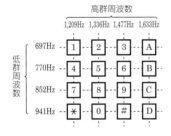

● 押しボタンダイヤル信号の送出時間等

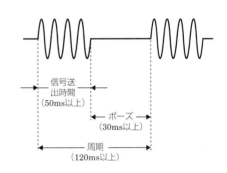

信号送出時間（50ms以上）

ポーズ（30ms以上）

周期（120ms以上）

● 信号送出電力

高群周波数の方が低群周波数より若干高めに設定されている。

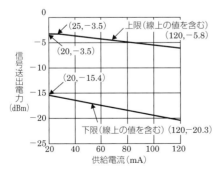

図1　信号送出電力許容範囲（低群周波数）

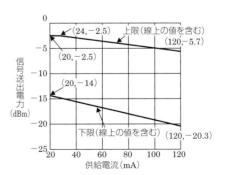

図2　信号送出電力許容範囲（高群周波数）

4-3 アナログ電話端末の直流回路の電気的条件等

1. 直流回路(閉)の電気的条件(第13条1項)

(a)直流抵抗

　直流回路を閉じているときのアナログ電話端末の直流抵抗値は、**20mA以上120mA以下**の電流で測定した値で**50Ω以上300Ω以下**でなければならない。ただし、直流回路の直流抵抗値と電気通信事業者の交換設備からアナログ電話端末までの線路の直流抵抗値の和が50Ω以上**1,700Ω以下**の場合にあっては、この限りでない。

　交換設備は、アナログ電話端末との間の全体の直流抵抗値が1,700Ω以下になったとき、そこを流れる電流値を検出し、アナログ電話端末の発呼、応答を識別している。線路の直流抵抗値は最大1,400Ωに設計されているため、アナログ電話端末の直流回路の直流抵抗値を最大300Ωとしている。

　なお、線路を含めた全体の直流抵抗値が1,700Ω以下であれば交換設備の動作に影響がないので、この条件を満たしていれば、アナログ電話端末の直流抵抗値が300Ωを超えていてもよいとされている。

　また、下限の50Ωは、電気通信回線設備から過大な電流が流れることを防止するために設けられたものである。

(b)ダイヤルパルスによる選択信号送出時の静電容量

　ダイヤルパルスによる選択信号送出時における直流回路の静電容量は、**3μF以下**でなければならない。

　直流回路の静電容量が大きいと、選択信号を送出したときその波形にひずみが生じ交換設備の誤動作を招くおそれがあるため、これを防止するための規定である。

　たとえば、標準形電話機(600系列)の場合、直流回路の静電容量はベル回路中の0.9μFであり、この電話機を電気通信回線に3台までは並列に接続してもこの規定を満たすが、4台以上並列に接続すると規定を満足しないことはよく知られている。

2. 直流回路(開)の電気的条件(第13条2項)

(a)直流抵抗と絶縁抵抗

　直流回路を開いているときのアナログ電話端末の直流回路の直流抵抗値は、**1MΩ以上**でなければならない。また、直流回路と大地の間の絶縁抵抗は、**直流200V以上の一(ひとつ)の電圧で測定**した値で**1MΩ以上**でなければならない。

　これらは、電気通信事業者の交換設備の切断動作が正常に行われるようにするとともに、無効な電力消費を防ぐために規定されたものである。

(b)呼出信号受信時の静電容量とインピーダンス

　呼出信号受信時における直流回路の静電容量は**3μF以下**であり、インピーダンスは、75V、16Hzの交流に対して**2kΩ以上**でなければならない。

　75V、16Hzの交流は、交換設備からの呼出信号の規格値である。

3. 直流電圧の印加禁止(第13条3項)

　アナログ電話端末は、電気通信回線に対して**直流の電圧を加えるものであってはならない**。

　アナログ電話用設備は、電気通信回線に流れる直流電流によって交換設備を制御しているので、これに他の直流電圧が加わると交換設備の動作に支障を及ぼすこととなる。特に、自ら電源回路を有する端末設備については、電気通信回線に直流電圧が加わらないように配慮する必要がある。

1 直流回路（閉）の電気的条件

（a）直流抵抗

直流抵抗値 r は 50 Ω 以上 300 Ω 以下

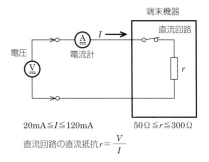

$20\text{mA} \leqq I \leqq 120\text{mA}$　　$50\,\Omega \leqq r \leqq 300\,\Omega$

直流回路の直流抵抗 $r = \dfrac{V}{I}$

● 線路を含めた直流抵抗値

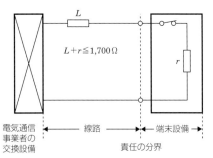

L：線路の直流抵抗
r：直流回路の直流抵抗

$L + r$ が 1,700 Ω 以下であれば直流回路の直流抵抗 r は 300 Ω 以下でなくてもよい。

（b）ダイヤルパルスによる選択信号送出時の静電容量

静電容量 C は 3 μF 以下

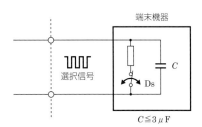

静電容量が大きいと選択信号が歪む。

2 直流回路（開）の電気的条件

（a）直流抵抗と絶縁抵抗

直流抵抗値及び絶縁抵抗値は 1M Ω 以上

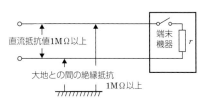

（b）呼出信号受信時の静電容量とインピーダンス

静電容量 C は 3 μF 以下、インピーダンス Z は 2k Ω 以上

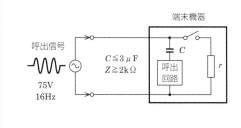

3 直流電圧の印加禁止

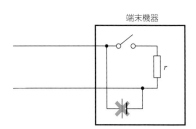

直流回路に直流電圧を印加してはならない。

4-4 アナログ電話端末の送出電力、漏話減衰量

1. 送出電力(第14条)

通話の用に供しないアナログ電話端末の送出電力の許容範囲は、別表第3号のとおりとする。

端末設備からの送出電力がある値以上となると他の電気通信回線への漏話が発生したり、電気通信回線設備に損傷を与えるおそれがあるので、これを防止するための規定である。

アナログ電話用設備はもともと音声の送出電力を対象として設計されているため、通話信号の送出電力に対しては問題とはならないが、データ伝送用の変復調装置（モデム）の出力信号のように平均電力の大きい信号が送出されると悪影響を及ぼす。したがって、本規定は、通話の用に供する端末設備には適用しないこととしている。

送出電力は**4kHz帯域ごと**に許容範囲が定められているが、これは、周波数分割多重方式の伝送路において通話チャネルを4kHzおきに配置しているためであり、多重時における他の電気通信回線への影響を考慮したものである。

4kHzまでの信号は、通信に利用されるものであるが、4kHz以上の周波数は本来通信には必要のない高調波であるため、「**不要送出レベル**」としている。

2. 漏話減衰量(第15条)

複数の電気通信回線と接続されるアナログ電話端末の回線相互間の漏話減衰量は、**1,500Hz**において**70dB以上**とされている。漏話減衰量の規定は、アナログ電話端末の内部での漏話を防止するための規定である。

3. 特殊なアナログ電話端末(第16条)

端末設備等規則の規定によることが著しく不合理なアナログ電話端末等であって、総務大臣が別に告示するものは、総務大臣が別に告示する条件に適合するものでなければならない。

発信する機能を有しないアナログ電話端末等は、第12条の2に規定する緊急通報機能を不要としている。また、PBXやボタン電話装置など複数の電気通信回線と接続され、かつ、回線切替機能を有する端末設備には衝突防止回路（発信の際に、既に呼出信号を受信している電気通信回路を捕捉することを防止する回路）を有するものについては、衝突防止回路を取り外した状態における直流回路と大地の間の絶縁抵抗をもって第13条第2項第二号の規定（直流200V以上の一の電圧で測定した値で1MΩ以上であること）を適用するとしている。

別表第3号　アナログ電話端末の送出電力の許容範囲(第14条関係)

項　　　目		アナログ電話端末の送出電力の許容範囲
4kHzまでの送出電力		−8dBm（平均レベル）以下で、かつ0dBm（最大レベル）を超えないこと。
不要送出レベル	4kHzから8kHzまで	−20dBm以下
	8kHzから12kHzまで	−40dBm以下
	12kHz以上の各4kHz帯域	−60dBm以下

注1　平均レベルとは、端末設備の使用状態における平均的なレベル（実効値）であり、最大レベルとは、端末設備の送出レベルが最も高くなる状態でのレベル（実効値）とする。
　　2　送出電力及び不要送出レベルは、平衡600オームのインピーダンスを接続して測定した値を絶対レベルで表した値とする。
　　3　dBmは、絶対レベルを表す単位とする。

1　送出電力

● 音声信号及びデータ信号の送出波形

音声信号　　平均電力小さい

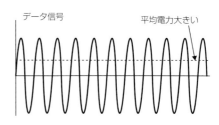

データ信号　　平均電力大きい

変復調装置の出力信号は平均電力が大きい

● 送出電力及び不要送出レベルの許容範囲

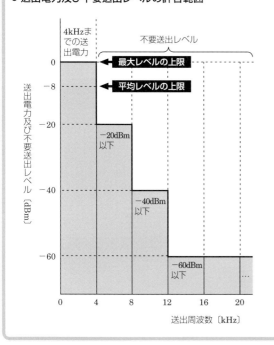

● 測定回路の例

通話の用に供しないアナログ電話端末の送出電力及び不要送出レベルは、平衡600Ωのインピーダンスを接続して測定。

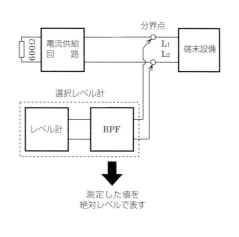

測定した値を
絶対レベルで表す

2　漏話減衰量

● 近端漏話減衰量測定回路

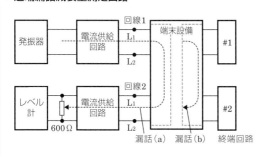

● 遠端漏話減衰量測定回路

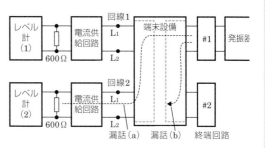

※レベル計は、測定可能最小レベルが−70dBm以下のものとする。

4-5 移動電話端末

移動電話端末は、一般の端末設備とは異なり、電気通信回線設備と電波で接続される。

この電波は多数の利用者で共用して使用され、基地局は各移動電話端末間で電波が干渉しないよう移動電話端末に対して、通話チャネルの指定、送信停止、送信タイミング等各種の命令を出している。また、基地局から適切な命令を出すため、受信レベル情報、位置情報等の要求を移動電話端末に対して行っている。

移動電話端末が基地局の命令に従わず、勝手に電波を送出したり、また、適切な情報を基地局に通知しないと、電気通信回線設備に障害を与えるばかりでなく、他の利用者にも迷惑を及ぼすこととなる。したがって、移動電話端末に関する技術基準では、基地局からの命令指示及び情報の通知に関する規定がなされている。

1. 基本的機能（第17条）

本条は、第10条のアナログ電話端末の基本的機能に対応しており、第10条においては直流回路の開閉を規定しているが、各種の方式が存在する移動電話端末は、その発信、応答、通信終了の信号が方式により異なることから、それぞれの方式に対応する信号を送出する機能を有しなければならないと規定している。この規定が守られないと回線の無効保留が生じて他の利用者に迷惑を及ぼすことになる。

移動電話端末は、次の基本的機能を有しなければならない。

(a)発信を行う場合
発信を要求する信号を送出する機能
(b)応答を行う場合
応答を確認する信号を送出する機能
(c)通信を終了する場合
チャネル（通話チャネル及び制御チャネルをいう。）を切断する信号を送出する機能

2. 発信の機能（第18条）、送信タイミング（第19条）

(a)相手端末の応答の自動確認
発信に際して相手の端末設備からの応答を自動的に確認する場合にあっては、電気通信回線からの応答が確認できない場合選択信号送出終了後1分以内にチャネルを切断する信号を送出し、送信を停止するものでなければならない。

(b)自動再発信
自動再発信を行う場合にあっては、その回数は2回以内であること。ただし、最初の発信から3分を超えた場合、火災、盗難その他の非常の場合にあっては、この限りでない。

(c)送信タイミング
総務大臣が別に告示する条件に適合する送信タイミングで送信する機能を備えなければならない。送信タイミングは、移動電話端末が使用する無線設備ごとに規定されている。

3. ランダムアクセス制御（第20条）

移動電話端末は、総務大臣が別に告示する条件に適合するランダムアクセス制御（複数の移動電話端末からの送信が衝突した場合、再び送信が衝突することを避けるために各移動電話端末がそれぞれ不規則な遅延時間の後に再び送信することをいう。）を行う機能を備えなければならない。

制御チャネルでは、多くの移動電話端末が同じチャネルを共用しているため、信号が衝突することがある。この衝突を避けるため、それぞれ移動電話端末で再送信のタイミングの時間をランダムに設定できるよう規定している。

4. 緊急通報機能（第28条の2）

移動電話端末であって、通話の用に供するものは、緊急通報（→4-1）を発信する機能を備えなければならない。

1　基本的機能

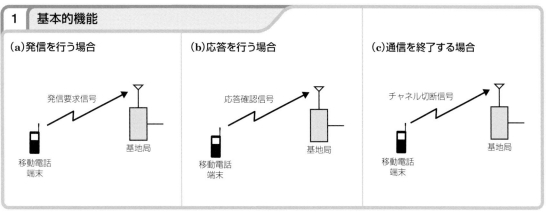

（a）発信を行う場合

発信要求信号

移動電話
端末

基地局

（b）応答を行う場合

応答確認信号

移動電話
端末

基地局

（c）通信を終了する場合

チャネル切断信号

移動電話
端末

基地局

2　発信の機能、送信タイミング

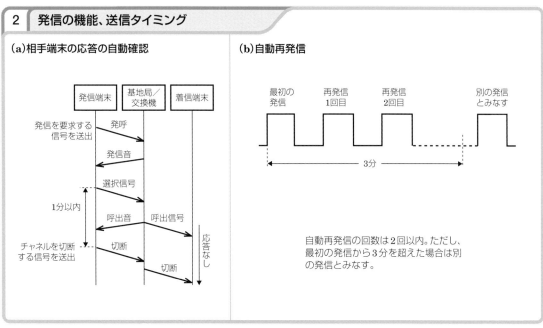

（a）相手端末の応答の自動確認

| 発信端末 | 基地局／
交換機 | 着信端末 |

発信を要求する
信号を送出　　発呼

発信音

選択信号

1分以内　　呼出音　　呼出信号

チャネルを切断　　切断　　　　　応答
する信号を送出　　　　　　　　　なし

切断

（b）自動再発信

最初の
発信　　再発信
　　　　1回目　　再発信
　　　　　　　　2回目　　　　別の発信
　　　　　　　　　　　　　　とみなす

◀──────── 3分 ────────▶

自動再発信の回数は2回以内。ただし、
最初の発信から3分を超えた場合は別
の発信とみなす。

3　ランダムアクセス制御

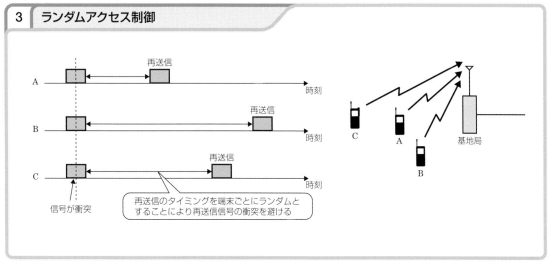

A　　再送信　　時刻

B　　再送信　　時刻

C　　再送信　　時刻

信号が衝突

再送信のタイミングを端末ごとにランダムと
することにより再送信信号の衝突を避ける

C　A　B　基地局

4-6 インターネットプロトコル電話端末

インターネットプロトコル電話端末においても、他の端末設備等のものとほぼ同様の規定がなされている。ここで特徴的なのは、識別情報登録およびふくそう通知機能である。

1. 基本的機能(第32条の2)

インターネットプロトコル電話端末は、次の基本的機能を備えなければならない。

(a)発信又は応答を行う場合

呼の設定を行うためのメッセージ又は当該メッセージに対応するためのメッセージを送出する機能

(b)通信を終了する場合

呼の切断、解放若しくは取消しを行うためのメッセージ又は当該メッセージに対応するためのメッセージ(「通信終了メッセージ」という。)を送出する機能

2. 発信の機能(第32条の3)

(a)相手端末の自動確認

発信に際して相手の端末設備からの応答を自動的に確認する場合にあっては、電気通信回線からの応答が確認できない場合呼の設定を行うためのメッセージ送出終了後**2分以内**に通信終了メッセージを送出するものであること。

(b)自動再発信

自動再発信を行う場合(回数が15回以内の場合を除く。)にあっては、その回数は最初の発信から**3分間に2回以内**であること。この場合において、最初の発信から3分を超えて行われる発信は、別の発信とみなす。この規定は、火災、盗難その他の非常の場合にあっては適用されない。

3. 識別情報登録(第32条の4)

インターネットプロトコル電話端末のうち、識別情報の登録要求を行うものは、識別情報の登録

がなされない場合であって、再び登録要求を行おうとするときは、次の機能を備えなければならない。これは、停電やネットワーク障害などからの復旧時等に、多数の端末から一斉に登録要求が行われてレジストラサーバが登録処理をしきれないことがあるために設けられた規定である。なお、火災、盗難その他の非常の場合にあっては、この規定は適用されない。

(a)インターネットプロトコル電話用設備からの待機時間を指示する信号を受信する場合

当該待機時間に従い登録要求を行うための信号を送出するための機能

(b)インターネットプロトコル電話用設備からの待機時間を指示する信号を受信しない場合

端末設備ごとに適切に設定された待機時間の後に登録要求を行うための信号を送出する機能

4. ふくそう通知機能(第32条の5)

インターネットプロトコル電話端末は、インターネットプロトコル電話用設備から**ふくそうが発生している旨の信号**を受信した場合にその旨を利用者に通知する機能を備えなければならない。これは、利用者が再送信を行うことによりふくそうがさらに拡大することがあるため、それを防止する目的で設けられた規定である。

5. 緊急通報機能(第32条の6)

インターネットプロトコル電話端末であって、通話の用に供するものは、**緊急通報**(→4-1)を発信する機能を備えなければならない。

6. 電気的条件等(第32条の7)

(a)電気的条件及び光学的条件

インターネットプロトコル電話端末は、総務大臣が別に告示する**電気的条件**及び**光学的条件**(→4-8及び4-9)のいずれかに適合するものでな

ければならない。

(b)直流電圧の印加禁止

インターネットプロトコル電話端末は、総務大臣が告示する電気的条件又は光学的条件において直流重畳が認められる場合を除き、電気通信回線に対して**直流の電圧を加えるものであってはならない。**

7. 送出電力(32条の8)

インターネットプロトコル電話端末がアナログ電話端末等と通話する場合にあっては、通話の用に供する場合を除き、インターネットプロトコル電話用設備とアナログ電話用設備との接続点においてデジタル信号をアナログ信号に変換した送出電力は、**−3dbm以下**とする。

1 基本的機能

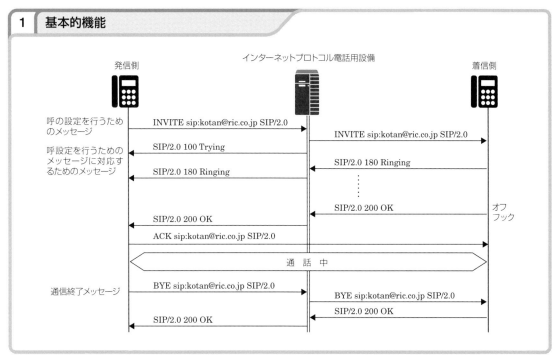

2 識別情報登録

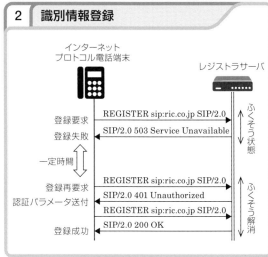

3 ふくそう通知機能

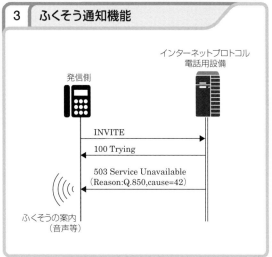

4-7 インターネットプロトコル移動電話端末

1. 基本的機能（第32条の10）

インターネットプロトコル移動電話端末は、次の機能を備えなければならない。

(a)発信を行う場合

発信を要求する信号を送出する機能

(b)応答を行う場合

応答を確認する信号を送出する機能

(c)通信を終了する場合

チャネルを切断する信号を送出する機能

(d)発信又は応答を行う場合

呼の設定を行うためのメッセージ又は当該メッセージに対応するためのメッセージを送出する機能

(e)通信を終了する場合

通信終了メッセージ（呼の切断、解放若しくは取消しを行うためのメッセージ又は当該メッセージに対応するためのメッセージ）を送出する機能

2. 発信の機能（第32条の11）

インターネットプロトコル移動電話端末は、発信に関する次の機能を備えなければならない。

(a)相手端末の応答の自動確認

発信に際して相手の端末設備からの応答を自動的に確認する場合にあっては、電気通信回線からの応答が確認できない場合呼の設定を行うためのメッセージ送出終了後**128秒以内**に通信終了メッセージを送出するものであること。

3GPP（第3世代移動体通信システム標準化プロジェクト）が定める国際標準TS24.229において、INVITEトランザクションタイムアウト時間（TimerB）が128秒（TimerB＝64×T1、利用者端末間に対するSIP Timer T1の値はデフォルトで2秒）と規定されていることから、他の端末設備とは異なる値となっている。

(b)自動再発信

自動再発信を行う場合にあっては、その回数は**3回以内**であること。ただし、最初の発信から**3分**を超えた場合にあっては、別の発信とみなす。この規定は、火災、盗難その他の非常の場合にあっては、適用されない。

3. 送信タイミング（第32条の12）

インターネットプロトコル移動電話端末は、総務大臣が別に告示する条件に適合する送信タイミングで送信する機能を備えなければならない。

送信タイミングは通信方式ごとに定められ、LTE方式（基地局から陸上移動局（下り方向）へ送信を行う場合にあっては直交周波数分割多重（OFDMA）方式と時分割多重（TDMA）方式を組み合わせた多重方式を、陸上移動局から基地局（上り方向）へ送信する場合にあってはシングルキャリア周波数分割多元接続（SC-FDMA）方式を使用する複信方式をいう。）では、インターネットプロトコル移動電話用設備から受信したフレームに同期させ、かつ、インターネットプロトコル移動電話用設備から指定されたサブフレームにおいて送信を開始するものとし、その送信の開始時点の偏差は±130ns（ナノ秒）の範囲でなければならない。

4. ランダムアクセス制御（第32条の13）

インターネットプロトコル移動電話端末は、総務大臣が別に告示する条件に適合するランダムアクセス制御（複数のインターネットプロトコル移動電話端末からの**送信が衝突**した場合、再び送信が衝突することを避けるために各インターネットプロトコル移動電話端末がそれぞれ**不規則な遅延時間**の後に再び送信することをいう。）を行う機能を備えなければならない。

ランダムアクセス制御の条件は通信方式ごとに

定められ、LTE方式では次によることとされている。

① インターネットプロトコル移動電話用設備から指定された条件においてランダムアクセス制御信号を送出後、13サブフレーム以内のインターネットプロトコル移動電話用設備から指定された時間内に送信許可信号をインターネットプロトコル移動電話用設備から受信した場合は、送信許可信号を受信した時点から、インターネットプロトコル移動電話用設備から指定された6サブフレーム又は7サブフレーム後に情報の送信を行うこと。

② 送信禁止信号を受信した場合又は送信許可信号若しくは送信禁止信号を受信できなかった場合は、再び①動作を行うこととする。この場合において、再び①の動作を行う回数は、インターネットプロトコル移動電話用設備から指示される回数を超えず、かつ、200回を超えないこと。

5. ふくそう通知機能（第32条の22）

インターネットプロトコル移動電話端末は、**インターネットプロトコル移動電話用設備**からふくそうが発生している旨の**信号を受信**した場合にその旨を**利用者に通知**するための機能を備えなければならない。

6. 緊急通報機能（第32条の23）

インターネットプロトコル移動電話端末であって、通話の用に供するものは、**緊急通報**（→4-1）を発信する機能を備えなければならない。

1　インターネットプロトコル移動電話端末の通話シーケンス例

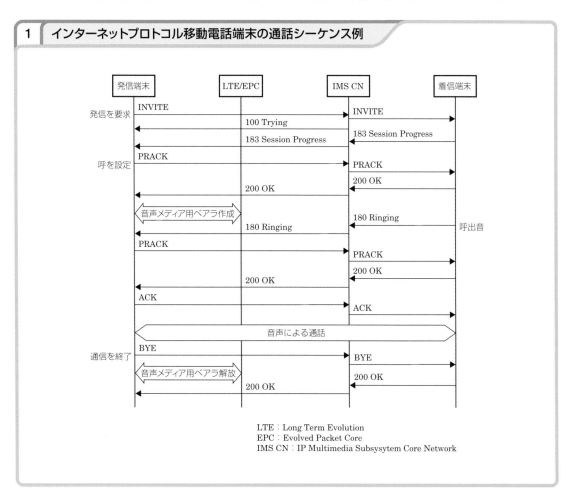

LTE：Long Term Evolution
EPC：Evolved Packet Core
IMS CN：IP Multimedia Subsysytem Core Network

4-8 総合デジタル通信端末

1. 基本的機能（第34条の2）

　　総合デジタル通信端末は、発信又は応答を行う場合にあっては**呼設定用メッセージ**を、通信を終了する場合にあっては**呼切断用メッセージ**を送出する機能を備えなければならない。

　　アナログ電話端末が通信路の設定と解放の呼制御を直流回路の電気的な開閉により行うのに対して、総合デジタル通信端末では制御チャネル上でITU－T勧告に規定するメッセージをやりとりすることにより行う。

　　ただし、**通信相手固定端末及びパケット通信を行う端末**は、必ずしもすべてのメッセージを送出するものではないので、総務大臣の告示により規定の対象外とされている。

2. 発信の機能（第34条の3）

　　総合デジタル通信端末では、アナログ電話端末と同様、自動応答を確認するための時間及び自動再発信の回数が次のとおり規定されている。

(a)相手端末の自動確認

　　発信に際して相手の端末設備からの応答を自動的に確認する場合にあっては、電気通信回線からの応答が確認できない場合呼設定メッセージ送出終了後**2分以内**に呼切断用メッセージを送出するものであること。

(b)自動再発信

　　自動再発信を行う場合（回数が15回以内の場合を除く。）にあっては、その回数は最初の発信から**3分間に2回以内**であること。この場合において、最初の発信から3分を超えて行われる発信は、別の発信とみなす。また、火災、盗難その他の非常の場合にあっては適用しない。

3. 緊急通報機能（第34条の4）

　　総合デジタル通信端末であって、通話の用に供するものは、**緊急通報**（→4-1）を発信する機能を備えなければならない。

4. 電気的条件等（第34条の5）

　　総合デジタル通信端末は、総合デジタル通信用設備への損傷を防止するため、総務大臣が別に**告示**して定める**電気的条件**又は**光学的条件**に合致していなければならない。

　　告示によると、メタリック伝送路における電気的条件は次のとおりとされている。
- **TCM方式**（ピンポン伝送方式）
　　110Ωの負荷で**7.2V(0－P)以下**
　　（孤立パルス中央値（時間軸方向））
- **EC方式**（エコーキャンセラ方式）
　　135Ωの負荷で2.625V(0－P)以下

　　一方、光伝送路の光学的条件は、**－7dBm**（平均レベル）以下とされている。

5. 送出電力（第34条の6）

　　総合デジタル通信端末は、アナログ電話端末等と通信する場合、通話の用に供する場合を除き、総合デジタル通信用設備とアナログ電話用設備との間の接続点においてデジタル信号をアナログ信号に変換した送出電力は平均レベル（端末設備の使用状態における平均的なレベル（実効値））で**－3dBm以下**とする。

　　総合デジタル通信端末から送出されたデジタル信号は、総合デジタル通信用設備を経由してアナログ電話用設備に伝送される。このとき、デジタル信号はD/A変換によりアナログ信号に変換されるが、この変換されたアナログ信号のレベルが高すぎるとアナログ電話用設備に損傷を与えるおそれがある。このため、総合デジタル通信端末の送出電力は、アナログ電話用設備の入力点において平均レベルで－3dBm以下となるよう規定されている。

1　基本的機能

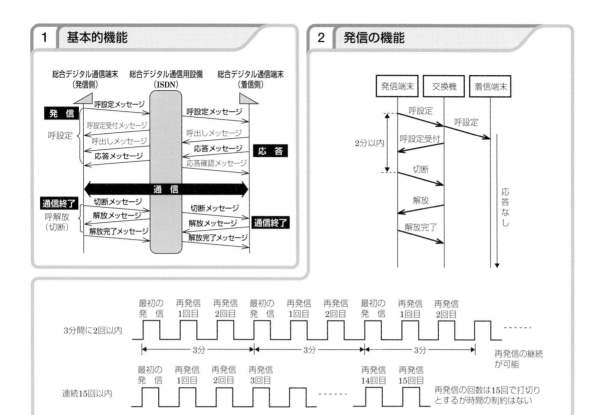

2　発信の機能

3　電気的条件等

インタフェースの種類		電気的条件又は光学的条件
メタリック伝送路	TCM方式	110Ωの負荷に対して、7.2V（0−P）以下
	EC方式	135Ωの負荷に対して、2.625V（0−P）以下
光伝送路		−7dBm（平均レベル）以下

● TCM方式（Time Compression Multiplex）は、日本のISDNで採用されている加入者線伝送路方式。送信データと受信データとを時分割で伝送する。ピンポン伝送方式ともいう。
● EC方式（Echo Canceller）は、主にアメリカのISDNで採用されている加入者線伝送路方式。送信データと受信データをエコーキャンセラにより分割する。

● メタリック伝送路の電気的条件
　（TCM方式の場合）

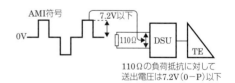

110Ωの負荷抵抗に対して
送出電圧は7.2V（0−P）以下

4　送出電力

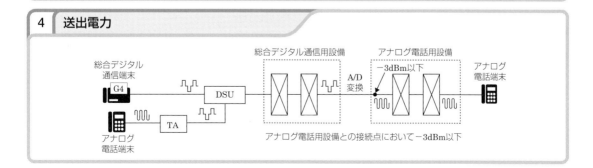

アナログ電話用設備との接続点において−3dBm以下

4-9 専用通信回線設備等端末(I)

専用通信回線設備等端末の電気的条件は、第34条の7で次のように定められている。

① 総務大臣が別に告示する**電気的条件**及び**光学的条件**のいずれかの条件に適合するものであること。

② 電気通信回線に対して**直流の電圧を加えるものであってはならない**。ただし、総務大臣が別に告示する電気的条件において直流重畳が認められている場合を除く。

1. メタリック伝送路インタフェースの3.4kHz帯アナログ専用回線に接続される専用通信回線設備等端末

3.4kHz帯アナログ端末はアナログの専用通信回線設備に接続されるもので、送出電力、不要送出レベルともアナログ電話端末とほぼ同一の規格となっている。

2. メタリック伝送路インタフェースの専用通信回線設備等端末

● TTC標準JJ－50.10

メタリック伝送路の4線式インタフェースの電気的条件であり、回線終端装置を利用者が設置する場合の規定である。

● ITU－T勧告G.961

総合デジタル通信端末のTCM方式(ピンポン伝送)に関する電気的条件であり、回線終端装置を利用者が設置する場合の規定である。

● ITU－T勧告G.992に準拠するADSL方式

電話用に敷設されたメタリック伝送路で数Mbit/sの高速デジタル伝送を可能とする技術を総称してxDSL(Digital Subscriber Line)という。xDSLは4kHz帯域までの音声信号よりも高い周波数を利用して高速通信を実現する。xDSLには、速度が上りと下りで異なる非対称型のADSL(Asymmetric)、上りと下りの速度が対称なSSDSL(Synchronized Symmetric)、超高速伝送を可能とするHDSL(High－bit－rate)やVDSL(Very－high－bit－rate)などがある。

インターネットのトラヒックは、一般にホームページや画像のダウンロードなど、サービスプロバイダから端末への下り方向が大きい。また、既存の電話回線をそのまま利用でき、かつ、装置のコストが比較的安いことから、ADSLが最も活用されている。

ADSLの規格はITU－T勧告G.992で標準化されている。この規格には、フルレート(最大6～12Mbit/s)のG.992.1(通称G.dmt)とハーフレート(最大1.5Mbit/s)のG.992.2(通称G.lite)がある。G.liteはG.dmtに比べ速度が抑えられているが、その分交換機から端末までの通信距離を長くでき、また、装置コストが安いというメリットがある。

G.lite及びG.dmtはいずれも日欧米で少しずつ仕様が異なっている。これはISDNとの干渉対策が各地域で異なることによる。ISDNは320kHzまでの広い周波数帯域を使用するのでADSLの信号と重なる部分が多く、ADSLとISDNのケーブルが一緒に束ねられているとこれらの間で信号が干渉し漏話が生じる。ISDNの方式は各地域で異なるため、これらの干渉回避策もそれぞれ異なっている。干渉回避策についてはG.992のオプションAnnexA、B、Cで規定されており、AnnexAが北米、AnnexBが欧州、AnnexCが日本向けの仕様になっている。

日本向けのAnnexCでは、ISDNの上り下り信号のタイミングに合わせてADSLの上り下りの伝送ビット数(速度)を小刻みに変化させている。

● ITU－T勧告G.992.1に準拠するSSDSL方式

SSDSLは、xDSLのうち上り下りの速度が対称な方式であり、上り下りとも1.5Mbit/sの速度が提供されるが、交換機からの伝送距離は3～4km程度でありADSLより短い。

1　メタリック伝送路インタフェースの3.4kHz帯アナログ専用回線に接続される専用通信回線設備等端末

周波数帯域		送出電力、送出電流及び送出電圧等の条件
4kHzまでの送出電力		平均レベルは−8dBm以下で、かつ、最大レベルは0dBm以下。 端末設備は、電気通信回線に直流の電圧を加えないこと。ただし、直流重畳が認められる場合にあっては次のとおりとする。 送出電流　　　45mA以下 送出電圧（線間）　100V以下 送出電圧（対地）　50V以下
不要送出レベル	4kHzから8kHzまで	−20dBm以下
	8kHzから12kHzまで	−40dBm以下
	12kHz以上の各4kHz帯域	−60dBm以下

注1　平均レベルとは、端末設備の使用状態における平均的なレベル（実効値）であり、最大レベルとは、端末設備の送出レベルが最も高くなる状態でのレベル（実効値）とする。
　2　送出電力及び不要送出レベルは、平衡600Ωのインピーダンスを接続して測定した値を絶対レベルで表した値とする。
　3　送出電圧は、回路開放時にも適用する。
　4　送出電流は、回路短絡時の電流とする。
　5　パルス符号を送出する場合のms単位で表したパルス幅の数値は20以上とし、mA単位で表した送出電流の数値はパルス幅の数値以下とする。

2　メタリック伝送路インタフェースのインターネットプロトコル電話端末及び専用通信回線設備等端末

インタフェースの種類	送出電圧
TTC標準JJ−50.10	110Ωの負荷抵抗に対して6.9V（P−P）以下
ITU−T勧告G.961 （TCM方式）	110Ωの負荷抵抗に対して、7.2V（0−P）以下（孤立パルス中央値（時間軸方向））

ITU−T勧告 G.992.1 Annex A G.992.1 Annex C G.992.2 Annex A G.992.2 Annex C に準拠するADSL方式	総送信電力は、25kHzから138kHzの周波数範囲において12.5dBmを超えないこと。	
	周波数帯域	電力制限マスク値（dBm/Hz）
	0kHzを超え4kHz未満	−97.5及び0～4kHz幅の電力最大値が+15dBrn（注1、注2）
	4kHzを超え25.875kHz未満	$-92.5+21.5 \times \log_2(f/4)$
	25.875kHzを超え138kHz未満	−34.5
	138kHzを超え307kHz未満	$-34.5-48 \times \log_2(f/138)$
	307kHzを超え1,221kHz未満	−90
	1,221kHzを超え1,630kHz未満	−90以下及び[f, f+1MHz]幅の窓をかけた電力最大値が$(-90-48 \times \log_2(f/1221)+60)$dBm
	1,630kHzを超え11,040kHz未満	−90以下及び[f, f+1MHz]幅の窓をかけた電力最大値が−50dBm
	総送信電力及び電力制限マスク値は、100Ω終端で測定した値とする。 （注1）0kHz～4kHzの総合電力は600Ω終端で測定した値とする。 （注2）dBrnとは1ピコワットを基準とする電力の対数表示であり+15dBrn＝−75dBmである。	

ITU−T勧告 G.992.1 Annex H に準拠するSSDSL方式	総送信電力は、25kHzから1,104kHzの周波数範囲において16.3dBmを超えないこと。	
	周波数帯域	電力制限マスク値（dBm/Hz）
	0kHzを超え4kHz未満	−97.5及び0～4kHz幅の電力最大値が+15dBrn（注1、注2）
	4kHzを超え25.875kHz未満	$-92.5+21 \times \log_2(f/4)$
	25.875kHzを超え1,104kHz未満	−36.5
	1,104kHzを超え3,093kHz未満	$-36.5-36 \times \log_2(f/1104)$
	3,093kHzを超え4,545kHz未満	−90以下及び[f, f+1MHz]幅の窓をかけた電力最大値が$(-36.5-36 \times \log_2(f/1104)+60)$dBm
	4,545kHzを超え11,040kHz未満	−90以下及び[f, f+1MHz]幅の窓をかけた電力最大値が−50dBm
	総送信電力及び電力制限マスク値は、100Ω終端で測定した値とする。 （注1）0kHz～4kHzの総合電力は600Ω終端で測定した値とする。 （注2）dBrnとは1ピコワットを基準とする電力の対数表示であり+15dBrn＝−75dBmである。	

注　総送信電力とは送信信号の総合電力（時間平均）である。

4-10 専用通信回線設備等端末(Ⅱ)

1. 光伝送路インタフェースの専用通信回線設備等端末

● ITU－T勧告 G.957

光ファイバ伝送は、高速インターネット需要に応えるため急速に普及している。高速回線の伝送速度は64kbit/sを何チャネル分多重化するかによって階層的に多重速度が決められている。この多重速度の階層構造は、従来、各地域で異なっていたが、光ファイバを使用する高速伝送時代の到来に合わせて、世界統一のデジタル同期ハイアラーキSDH（Synchronous Digital Hierarchy）がITUで制定された。SDHの多重速度の階層構造は次のとおりである。

SDHレベル0	52Mbit/s
SDHレベル1	155Mbit/s
SDHレベル4	622Mbit/s
SDHレベル16	2,488Mbit/s

勧告 G.957は、SDHに関する物理的インタフェースを規定したものであり、伝送速度、用途、光波長の組み合わせにより規定されている。これらの組合せを分類し、アプリケーションコード（適用伝送路コード）が付与されている。

● ISO標準8802－3

イーサネットLANの規格の規定である。イーサネットLANは従来、10Mbit/sや100Mbit/sの速度が一般的であったが、高速通信時代を迎え100Mbit/sで光伝送路を利用する100BASE－FXや1Gbit/sの速度を提供する1000BASE－SX（短波長レーザ光用）や1000BASE－LX（長波長レーザ光用）などのギガビットイーサネットが規格化された。

● ATM Forum af－phy－0062

ATM Forumは、ATM（固定長パケットを非同期で転送する技術）を広く普及させることを目的とした標準化団体である。af－phy－0062では、155Mbit/sのSDHを利用することを想定したATMシステムの物理・電気的条件が規定されている。

2. その他インタフェースの専用通信回線設備等端末

● ITU－T勧告 V.28、V.10/11

アナログ電話網又は公衆データ交換網における回線終端装置に接続するための物理・電気的条件が規定されている。

● ITU－T勧告 G.703

同軸ケーブルを使用したデジタル・ハイアラーキ・インタフェースの物理・電気的条件が規定されている。

● ISO標準8802－3

イーサネットLANの規格で、AUIは同軸ケーブルをアダプタのAUIケーブルを介して接続するもの、10BASE－T（速度10Mbit/s）、100BASE－TX（100Mbit/s）、1000BASE－T（1Gbit/s）はともにシールドなしツイストペアケーブルUTP（Unshield Twisted Pair cable）を使用する規格である。UTPは安価であり敷設も容易であるが、電磁的影響を受けやすい。

● TTC標準JT－I432.5

25,600kbit/sのB－ISDNインタフェースの物理・電気的条件が規定されている。回線終端装置に接続するための規定である。

● TTC標準JT－I430、I431

ISDNインタフェースで、I430は基本インタフェース、I431は一次群速度インタフェースの物理・電気的条件である。回線終端装置に接続するための規定である。

3. 漏話減衰量（第34条の8）

複数の電気通信回線と接続される専用通信回線設備等端末の回線相互間の漏話減衰量は、**1,500Hz**において**70dB以上**でなければならない。アナログ電話端末と同じ規定値である。

1　光伝送路インタフェースのインターネットプロトコル電話端末及び専用通信回線設備等端末

伝送路速度	光　出　力
6.312Mb/s以下	−7dBm(平均レベル)以下
6.312Mb/sを超え155.52Mb/s以下	+3dBm(平均レベル)以下
TTC標準 JT−G957(52Mb/s) 適用伝送路コードⅠ−0	−11dBm(平均レベル)以下
TTC標準 JT−G957(52Mb/s) 適用伝送路コードL−0.1	+3dBm(平均レベル)以下
ITU−T勧告 G.957(155Mb/s) アプリケーションコードⅠ−1, S−1.1, S−1.2	−8dBm(平均レベル)以下
ITU−T勧告 G.957(155Mb/s) アプリケーションコードL−1.1, L−1.2, L−1.3	0dBm(平均レベル)以下
ITU−T勧告 G.957(622Mb/s) アプリケーションコードⅠ−4, S−4.1, S−4.2	−8dBm(平均レベル)以下
ITU−T勧告 G.957(622Mb/s) アプリケーションコードL−4.1, L−4.2, L−4.3	+2dBm(平均レベル)以下
ITU−T勧告 G.957(2.488Gb/s) アプリケーションコードⅠ−16	−3dBm(平均レベル)以下
ITU−T勧告 G.957(2.488Gb/s) アプリケーションコード S−16.1, S−16.2	0dBm(平均レベル)以下
ITU−T勧告 G.957(2.488Gb/s) アプリケーションコードL−16.1, L−16.2, L−16.3	+3dBm(平均レベル)以下
ISO標準8802−3 Section26(100BASE−FX)	−14dBm(平均レベル)以下
ISO標準8802−3 Section38.3(1000BASE−SX)	0dBm(平均レベル)以下
ISO標準8802−3 Section38.4(1000BASE−LX)	−3dBm(平均レベル)以下
ATM−Forum af−phy−0062(155Mb/s)	−14dBm(平均レベル)以下

2　その他インタフェースのインターネットプロトコル電話端末及び専用通信回線設備等端末

インタフェースの種類	電気的条件等
ITU−T勧告 V.28	端末設備の送出電圧は3〜7kΩの負荷抵抗に対して15V以下
ITU−T勧告 V.10/V.11	端末設備の送信側出力端子間における開放電圧は、12V以下
ITU−T勧告 G.703(1.544Mb/s)	端末設備の送出電圧は100Ωの負荷抵抗に対して3.7V(0−P)以下
ISO標準8802−3 Section7(AUI)	端末設備の送出電圧は73Ω/83Ωの負荷抵抗に対して1,315mV(0−P)以下
ISO標準8802−3 Section14(10Base−T)	端末設備の送出電圧は100Ωの負荷抵抗に対して6.2V(P−P)以下
ISO標準8802−3 Section25(100BASE−TX)	端末設備の送出電圧は、100Ωの負荷抵抗に対して2.1V(P−P)以下
ISO標準8802−3 Section40(1000BASE−T)	端末設備の送出電圧は、100Ωの負荷抵抗に対して6.2V(P−P)以下
TTC標準 JT−I432.5(25Mb/s)	端末設備の送出電圧は、100Ωの負荷抵抗に対して3.4V(P−P)以下
ITU−T勧告 G.703勧告(45Mb/s)	連続する1のパターンの信号を3kHzの帯域幅で測定して、次の条件を満足すること。 22,368kHz：+5.7dBm以下。 44,736kHz：22,368kHzの送出電力より20dB以下。 負荷インピーダンス75Ω。
TTC標準 JT−I430, JT−I430a	端末設備の送出電圧は、50Ωの負荷抵抗に対して0.8625V(0−P)以下、400Ωの負荷抵抗に対して2.025V(0−P)以下
TTC標準 JT−I431, JT−I431a	端末設備の送出電圧は、100Ωの負荷抵抗に対して4.32V(0−P)以下

重要語句の確認

端末設備等規則(Ⅱ)

答

第10条(基本的機能)

(1) アナログ電話端末の直流回路は、 (ア) 又は応答を行うとき (イ) 、通信が終了したとき (ウ) ものでなければならない。

第11条(発信の機能)

(1) アナログ電話端末は、発信に関する機能として、自動的に (ア) を送出する場合にあっては、直流回路を閉じてから (イ) 以上経過後に (ア) の送出を開始する機能を備えなければならない。ただし、 (ウ) からの発信音又はこれに相当する (エ) を確認した後に (ア) を送出する場合にあってはこの限りでない。

(2) アナログ電話端末は、発信に関する機能として、発信に際して (オ) からの応答を自動的に確認する場合にあっては、 (ウ) からの応答が確認できない場合、 (ア) 送出終了後 (カ) 以内に直流回路を (キ) 機能を備えなければならない。

(3) アナログ電話端末は、発信に関する機能として、 (ク) (応答のない相手に対し引き続いて繰り返し自動的に行う発信をいう。以下同じ。)を行う場合((ク) の回数が (ケ) 以内の場合を除く。)にあっては、その回数は最初の発信から (コ) 以内となる機能を備えなければならない。ただし、最初の発信から (サ) を超えて行われる発信及び火災、盗難その他の非常の場合を除く。

ア	発信
イ	閉じ
ウ	開く

ア	選択信号
イ	3秒
ウ	電気通信回線
エ	可聴音
オ	相手の端末設備
カ	2分
キ	開く
ク	自動再発信
ケ	15回
コ	3分間に2回
サ	3分

第12条(選択信号の条件)

(1) アナログ電話端末の選択信号が10パルス毎秒方式のダイヤルパルス信号である場合、その信号のダイヤルパルス速度は、 (ア) パルス毎秒以内、ダイヤルパルスメーク率は (イ) 以上 (ウ) 以下、ミニマムポーズは (エ) 以上でなければならない。

(2) アナログ電話端末の選択信号が20パルス毎秒方式のダイヤルパルス信号である場合、その信号のダイヤルパルス速度は、 (オ) パルス毎秒以内、ダイヤルパルスメーク率は (イ) 以上 (カ) 以下、ミニマムポーズは (キ) 以上でなければならない。

(3) ダイヤルパルス速度とは、 (ク) するパルス数をいう。

(4) アナログ電話端末の選択信号がダイヤルパルス信号である場合、その信号のダイヤルパルスメーク率とは、ダイヤルパルスの接(メーク)と断(ブレーク)の時間の割合をいい、「ダイヤルパルスメーク率＝ (ケ) ×100(％)」の式で定義される。

ア	10±1.0
イ	30％
ウ	42％
エ	600ミリ秒
オ	20±1.6
カ	36％
キ	450ミリ秒
ク	1秒間に断続
ケ	{接時間÷(接時間＋断時間)}
コ	パルス列間
サ	最小値

(5)　アナログ電話端末の選択信号がダイヤルパルスである場合、ミニマムポーズとは、隣接する （コ） の休止時間の （サ） をいう。

(6)　アナログ電話端末の押しボタンダイヤル信号の符号は、1～9、0の数字及び （シ） の記号が規定されている。

(7)　アナログ電話端末の選択信号が押しボタンダイヤル信号である場合、その信号周波数偏差は、信号周波数の （ス） パーセント以内でなければならない。

(8)　アナログ電話端末の選択信号が押しボタンダイヤル信号である場合、その信号の信号送出時間は、 （セ） 以上でなければならない。

(9)　アナログ電話端末の選択信号が押しボタンダイヤル信号である場合、その信号のミニマムポーズは、 （ソ） 以上でなければならない。

(10)　アナログ電話端末の選択信号が押しボタンダイヤル信号である場合、その信号の周期は、 （タ） 以上でなければならない。

(11)　アナログ電話端末の選択信号が押しボタンダイヤル信号である場合、低群周波数は、 （チ） ～ （ツ） ヘルツの間で規定されている。

(12)　アナログ電話端末の選択信号が押しボタンダイヤル信号である場合、高群周波数は、 （テ） ～ （ト） ヘルツの間で規定されている。

(13)　アナログ電話端末の選択信号が押しボタンダイヤル信号である場合、ミニマムポーズとは、隣接する （ナ） の休止時間の （サ） をいう。

シ	*、#、A、B、C、D
ス	±1.5
セ	50ミリ秒
ソ	30ミリ秒
タ	120ミリ秒
チ	697
ツ	941
テ	1,209
ト	1,633
ナ	信号間

第12条の2（緊急通報機能）

(1)　アナログ電話用設備であって、 （ア） の用に供するものは、電気通信番号規則別表第12号に掲げる （イ） 番号を使用した警察機関、海上保安機関又は消防機関への通報（「 （イ） 」という。）を発信する機能を備えなければならない。

ア	通話
イ	緊急通報

第13条（直流回路の電気的条件等）

(1)　直流回路を閉じているときのアナログ電話端末の直流回路の直流抵抗値は、 （ア） 以上 （イ） 以下の電流で測定した値で （ウ） 以上 （エ） 以下でなければならない。ただし、直流回路の直流抵抗値と電気通信事業者の交換設備からアナログ電話端末までの線路の直流抵抗値の和が （ウ） 以上 （オ） 以下の場合にあっては、この限りでない。

(2)　アナログ電話端末のダイヤルパルスによる選択信号送出時における直流回路の静電容量は、 （カ） 以下でなければならない。

(3)　直流回路を開いているときのアナログ電話端末の直流回路の直流抵抗値は、 （キ） 以上でなければならない。

ア	20ミリアンペア
イ	120ミリアンペア
ウ	50オーム
エ	300オーム
オ	1,700オーム
カ	3マイクロファラド
キ	1メガオーム
ク	直流200ボルト
ケ	75ボルト

(4) 直流回路を開いているときのアナログ電話端末の直流回路と大地の間の絶縁抵抗は、 (ク) 以上の一の電圧で測定した値で (キ) 以上でなければならない。

(5) 直流回路を開いているときのアナログ電話端末の呼出信号受信時における直流回路の静電容量は、 (カ) 以下であり、インピーダンスは、 (ケ) 、 (コ) の交流に対して (サ) 以上でなければならない。

(6) アナログ電話端末は、電気通信回線に対して (シ) を加えるものであってはならない。

第14条(送出電力)

(1) 通話の用に供しないアナログ電話端末にあっては、 (ア) までの送出電力は、 (イ) dBm(平均レベル)以下で、かつ (ウ) dBm(最大レベル)を超えてはならない。

(2) 通話の用に供しないアナログ電話端末にあっては、 (ア) から8キロヘルツまでの不要送出レベルは、 (エ) dBm以下でなければならない。

(3) 通話の用に供しないアナログ電話端末にあっては、8キロヘルツから12キロヘルツまでの不要送出レベルは、 (オ) dBm以下でなければならない。

(4) 通話の用に供しないアナログ電話端末にあっては、12キロヘルツ以上の各 (ア) 帯域の不要送出レベルは、 (カ) dBm以下でなければならない。

(5) アナログ電話端末の送出電力の平均レベルとは、端末設備の (キ) における平均的なレベル(実効値)であり、最大レベルとは、端末設備の (ク) が最も高くなる状態でのレベル(実効値)とする。

(6) アナログ電話端末の送出電力及び不要送出レベルは、 (ケ) のインピーダンスを接続して測定しなければならない。

第15条(漏話減衰量)

(1) 複数の電気通信回線と接続されるアナログ電話端末の回線相互間の漏話減衰量は、 (ア) において (イ) 以上でなければならない。

第17条(基本的機能)

(1) 移動電話端末は、基本的機能として、発信を行う場合にあっては、 (ア) する信号を送出する機能を備えなければならない。

コ	16ヘルツ
サ	2キロオーム
シ	直流の電圧

ア	4キロヘルツ
イ	−8
ウ	0
エ	−20
オ	−40
カ	−60
キ	使用状態
ク	送出レベル
ケ	平衡600オーム

ア	1,500ヘルツ
イ	70デシベル

ア	発信を要求

（2）　移動電話端末は、基本的機能として、応答を行う場合にあっては、　（イ）　する信号を送出する機能を備えなければならない。

（3）　移動電話端末は、基本的機能として、通信を終了する場合にあっては、　（ウ）　する信号を送出する機能を備えなければならない。

イ 応答を確認
ウ チャネルを切断

第18条（発信の機能）

（1）　移動電話端末は、発信に際して　（ア）　からの応答を自動的に確認する場合にあっては、　（イ）　からの応答が確認できない場合選択信号送出終了後　（ウ）　以内に　（エ）　する信号を送出し、送信を停止するものでなければならない。

（2）　移動電話端末は、自動再発信を行う場合にあっては、その回数は　（オ）　以内でなければならない。ただし、最初の発信から　（カ）　を超えた場合にあっては、別の発信とみなす。

（3）　前号の規定は、火災、盗難その他の非常の場合にあっては、適用しない。

ア 相手の端末設備
イ 電気通信回線
ウ 1分
エ チャネルを切断
オ 2回
カ 3分

第19条（送信タイミング）

（1）　移動電話端末は、　（ア）　する条件に適合する送信タイミングで送信する機能を備えなければならない。

ア 総務大臣が別に告示

第20条（ランダムアクセス制御）

（1）　移動電話端末は、　（ア）　する条件に適合するランダムアクセス制御（複数の移動電話端末からの　（イ）　した場合、再び　（イ）　することを避けるために各移動電話端末がそれぞれ　（ウ）　の後に再び送信することをいう。）を行う機能を備えなければならない。

ア 総務大臣が別に告示
イ 送信が衝突
ウ 不規則な遅延時間

第32条の2（基本的機能）

（1）　インターネットプロトコル電話端末は、基本的機能として、発信又は　（ア）　を行う場合にあっては、　（イ）　を行うためのメッセージ又は当該メッセージに　（ウ）　するためのメッセージを送出する機能を備えなければならない。

（2）　インターネットプロトコル電話端末は、基本的機能として、通信を終了する場合にあっては、呼の切断、解放若しくは　（エ）　を行うためのメッセージ又は当該メッセージに　（ウ）　するためのメッセージ（「　（オ）　メッセージ」という。）を送出する機能を備えなければならない。

ア 応答
イ 呼の設定
ウ 対応
エ 取消し
オ 通信終了

第32条の3（発信の機能）

(1) インターネットプロトコル電話端末は、発信に関する機能として、発信に際して ［(ア)］ からの応答を自動的に確認する場合にあっては、［(イ)］ からの応答が確認できない場合 ［(ウ)］ を行うためのメッセージ送出終了後 ［(エ)］ 以内に ［(オ)］ メッセージを送出するものであること。

(2) インターネットプロトコル電話端末は、発信に関する機能として、［(カ)］ を行う場合（ ［(カ)］ の回数が ［(キ)］ 以内の場合を除く。）にあっては、その回数は最初の発信から ［(ク)］ 以内となる機能を備えなければならない。ただし、最初の発信から ［(ケ)］ を超えて行われる発信及び火災、盗難その他の非常の場合を除く。

ア	相手の端末設備
イ	電気通信回線
ウ	呼の設定
エ	2分
オ	通信終了
カ	自動再発信
キ	15回
ク	3分間に2回
ケ	3分

第32条の4（識別情報登録）

(1) インターネットプロトコル電話端末のうち、［(ア)］ 情報（インターネット電話端末を ［(ア)］ するための情報をいう。）の ［(イ)］ 要求（インターネットプロトコル電話端末が、インターネットプロトコル電話用設備に ［(ア)］ 情報の ［(イ)］ を行うための要求をいう。）を行うものは、［(ア)］ 情報の ［(イ)］ がなされない場合であって、再び ［(イ)］ 要求を行おうとするときは、次の機能を備えなければならない。

① インターネットプロトコル電話用設備からの ［(ウ)］ を指示する信号を受信する場合にあっては、当該 ［(ウ)］ に従い ［(イ)］ 要求を行うための信号を送信するものであること。

② インターネットプロトコル電話用設備からの ［(ウ)］ を指示する信号を受信しない場合にあっては、端末設備ごとに適切に設定された ［(ウ)］ の後に ［(イ)］ 要求を行うための信号を送出するものであること。

(2) 前項の規定は、火災、盗難その他の ［(エ)］ にあっては、適用しない。

ア	識別
イ	登録
ウ	待機時間
エ	非常の場合

第32条の5（ふくそう通知登録）

(1) インターネットプロトコル電話端末は、インターネットプロトコル電話用設備から ［(ア)］ が発生している旨の信号を受信した場合にその旨を ［(イ)］ に通知するための機能を備えなければならない。

ア	ふくそう
イ	利用者

第32条の6（緊急通報機能）

(1) インターネットプロトコル電話端末であって、［(ア)］ の用に供するものは、［(イ)］ を発信する機能を備えなければならない。

ア	通話
イ	緊急通報

第32条の7（電気的条件等）

⑴　インターネットプロトコル電話端末は、総務大臣が別に告示する電気的条件及び　(ア)　条件のいずれかの条件に適合するものでなければならない。

⑵　インターネットプロトコル電話端末は、　(イ)　に対して　(ウ)　を加えるものであってはならない。ただし、前項に規定する総務大臣が別に告示する条件において　(エ)　が認められる場合にあっては、この限りでない。

ア	光学的
イ	電気通信回線
ウ	直流の電圧
エ	直流重畳

第32条の10（基本的機能）

⑴　インターネットプロトコル移動電話端末は、基本的機能として、発信を行う場合にあっては、発信を　(ア)　する信号を送出する機能を備えなければならない。

⑵　インターネットプロトコル移動電話端末は、基本的機能として、応答を行う場合にあっては、応答を　(イ)　する信号を送出する機能を備えなければならない。

⑶　インターネットプロトコル移動電話端末は、基本的機能として、通信を終了する場合にあっては、　(ウ)　する信号を送出する機能を備えなければならない。

⑷　インターネットプロトコル移動電話端末は、基本的機能として、発信又は応答を行う場合にあっては、　(エ)　を行うためのメッセージ又は当該メッセージに　(オ)　するためのメッセージを送出する機能を備えなければならない。

⑸　インターネットプロトコル移動電話端末は、基本的機能として、通信を終了する場合にあっては、　(カ)　メッセージを送出する機能を備えなければならない。

ア	要求
イ	確認
ウ	チャネルを切断
エ	呼の設定
オ	対応
カ	通信終了

第32条の11（発信の機能）

⑴　インターネットプロトコル移動電話端末は、発信に関する機能として、発信に際して　(ア)　からの応答を自動的に確認する場合にあっては、　(イ)　からの応答が確認できない場合　(ウ)　を行うためのメッセージ送出終了後　(エ)　以内に　(オ)　メッセージを送出する機能を備えなければならない。

⑵　インターネットプロトコル移動電話端末は、発信に関する機能として、　(カ)　を行う場合にあっては、その回数は　(キ)　以内となる機能を備えなければならない。ただし、最初の発信から　(ク)　を超えた場合及び火災、盗難その他の非常の場合を除く。

ア	相手の端末設備
イ	電気通信回線
ウ	呼の設定
エ	128秒
オ	通信終了
カ	自動再発信
キ	3回
ク	3分

第32条の12（送信タイミング）

⑴　インターネットプロトコル移動電話端末は、　(ア)　する条件に適合する送信タイミングで送信する機能を備えなければならない。

第32条の13（ランダムアクセス制御）

⑴　インターネットプロトコル移動電話端末は、　(ア)　する条件に適合するランダムアクセス制御（複数のインターネットプロトコル移動電話端末からの　(イ)　した場合、再び　(イ)　することを避けるために各インターネットプロトコル移動電話端末がそれぞれ　(ウ)　の後に再び送信することをいう。）を行う機能を備えなければならない。

第32条の23（緊急通報機能）

⑴　インターネットプロトコル移動電話端末であって、　(ア)　の用に供するものは、　(イ)　を発信する機能を備えなければならない。

第34条の2（基本的機能）

⑴　総合デジタル通信端末は、次の機能を備えなければならない。ただし、総務大臣が別に告示する場合はこの限りでない。

①　発信又は応答を行う場合にあっては、　(ア)　用メッセージを送出するものであること。

②　通信を終了する場合にあっては、　(イ)　用メッセージを送出するものであること。

第34条の3（発信の機能）

⑴　総合デジタル通信端末は、発信に際して　(ア)　からの応答を自動的に確認する場合にあっては、　(イ)　からの応答が確認できない場合呼設定メッセージ送出終了後　(ウ)　以内に呼切断用メッセージを送出する機能を備えなければならない。

⑵　総合デジタル通信端末は、自動再発信を行う場合（自動再発信の回数が　(エ)　以内の場合を除く。）にあっては、その回数は最初の発信から　(オ)　以内でなければならない。この場合において、最初の発信から　(カ)　を超えて行われる発信は、別の発信とみなす。

⑶　前号の規定は、火災、盗難その他の非常の場合にあっては、適用しない。

第34条の4（緊急通報機能）

⑴　総合デジタル通信端末であって、　(ア)　の用に供するものは、　(イ)　を発信する機能を備えなければならない。

ア	総務大臣が別に告示
ア	総務大臣が別に告示
イ	送信が衝突
ウ	不規則な遅延時間
ア	通話
イ	緊急通報
ア	呼設定
イ	呼切断
ア	相手の端末設備
イ	電気通信回線
ウ	2分
エ	15回
オ	3分間に2回
カ	3分
ア	通話
イ	緊急通報

第34条の5（電気的条件等）

(1)　総合デジタル通信端末は、　(ア)　する電気的条件及び　(イ)　条件のいずれかの条件に適合するものでなければならない。

(2)　総合デジタル通信端末は、　(ウ)　に対して　(エ)　を加えるものであってはならない。

ア	総務大臣が別に告示
イ	光学的
ウ	電気通信回線
エ	直流の電圧

第34条の6（アナログ電話端末等と通信する場合の送出電力）

(1)　総合デジタル通信端末がアナログ電話端末等と通信する場合にあっては、通話の用に供する場合を除き、総合デジタル通信用設備とアナログ電話用設備との接続点においてデジタル信号をアナログ信号に変換した送出電力は、次表のとおりでなければならない。

| ア | －3 |
| イ | 使用状態 |

項　目	総合デジタル通信端末のアナログ電話端末等と通信する場合の送出電力
送出電力	(ア)　dBm（平均レベル）以下

注　平均レベルとは、端末設備の　(イ)　における平均的なレベル（実効値）とする。

第34条の8（電気的条件等）

(1)　専用通信回線設備等端末は、　(ア)　する電気的条件及び　(イ)　条件のいずれかの条件に適合するものでなければならない。

(2)　ITU－T勧告G.961に規定するTCM方式のメタリック伝送路インタフェースを有する専用通信回線設備等端末にあっては、その送出電圧は、　(ウ)　Ωの負荷抵抗に対して　(エ)　以下（孤立パルス中央値（時間軸方向））でなければならない。

(3)　光伝送路インタフェースの専用通信回線設備等端末（　(オ)　を目的とするものを除く。）の光出力は、6.312Mb/s以下の伝送路速度においては　(カ)　（平均レベル）以下でなければならない。

(4)　専用通信回線設備等端末は、　(キ)　に対して　(ク)　を加えるものであってはならない。ただし、第1項に規定する　(ア)　する条件において　(ケ)　が認められる場合にあっては、この限りでない。

ア	総務大臣が別に告示
イ	光学的
ウ	110
エ	7.2V（0－P）
オ	映像伝送
カ	－7dBm
キ	電気通信回線
ク	直流の電圧
ケ	直流重畳

第34条の9（漏話減衰量）

(1)　複数の電気通信回線と接続される専用通信回線設備等端末の回線相互間の漏話減衰量は、　(ア)　において　(イ)　以上でなければならない。

| ア | 1,500ヘルツ |
| イ | 70デシベル |

参照

問1

次の各文章の　　　　　内に、それぞれの[　　]の解答群の中から最も適したものを選び、その番号を記せ。

(1)　アナログ電話端末の「基本的機能」及び「発信の機能」について述べた次の二つの文章は、　　　　　。

☞88ページ
1　基本的機能
2　発信の機能

　　A　アナログ電話端末は、発信に関する機能として自動的に選択信号を送出する場合にあっては、直流回路を閉じてから3秒以上経過後に選択信号の送出を開始するものでなければならない。ただし、電気通信回線からの発信音又はこれに相当する可聴音を確認した後に選択信号を送出する場合にあっては、この限りでない。

　　B　アナログ電話端末の直流回路は、発信又は応答を行うとき開き、通信が終了したとき開くものでなければならない。

　　　　┌　①　Aのみ正しい　　　②　Bのみ正しい　　　┐
　　　　└　③　AもBも正しい　　④　AもBも正しくない　┘

(2)　アナログ電話端末は、発信に際して相手の端末設備からの応答を自動的に確認する場合にあっては、電気通信回線からの応答が確認できない場合選択信号送出終了後　　　　　分以内に直流回路を開くものでなければならない。

☞88ページ
2　発信の機能

　　　　[　①　2　　②　3　　③　4　　④　5　]

(3)　アナログ電話端末の「送出電力」及び「発信の機能」について述べた次の二つの文章は、　　　　　。

☞88ページ
2　発信の機能
☞94ページ
1　送出電力

　　A　アナログ電話端末の4キロヘルツまでの送出電力の許容範囲は、通話の用に供する場合を除き、平均レベルでマイナス8dBm以下で、かつ、最大レベルで0dBmを超えてはならない。ただし、用語の定義は、以下のとおりとする。

　　　　a　平均レベルとは、端末設備の使用状態における平均レベル（実効値）であり、最大レベルとは、端末設備の送出レベルが最も高くなる状態でのレベル（実効値）とする。

　　　　b　dBmは、絶対レベルを表す単位とする。

　　B　アナログ電話端末は、発信に関する機能として自動再発信（自動再発信の回数が15回以内の場合を除く。）を行う場合にあっては、その回数は最初の発信から2分間に3回以内でなければならない。

　　　　┌　①　Aのみ正しい　　　②　Bのみ正しい　　　┐
　　　　└　③　AもBも正しい　　④　AもBも正しくない　┘

問2

次の各文章の　　　　　内に、それぞれの［　　］の解答群の中から最も適したものを選び、その番号を記せ。

(1)　アナログ電話端末の「選択信号の条件」におけるダイヤルパルスの信号について述べた次の二つの文章は、　　　　　。

A　ダイヤルパルス速度とは、1分間に断続するパルス数をいう。

B　ミニマムポーズとは、隣接するパルス列間の休止時間の平均値をいう。

```
① Aのみ正しい      ② Bのみ正しい
③ AもBも正しい     ④ AもBも正しくない
```

☞90ページ

1　ダイヤルパルスの条件

(2)　アナログ電話端末の「選択信号の条件」における20パルス毎秒方式のダイヤルパルスの信号について述べた次の二つの文章は、　　　　　。

A　ダイヤルパルス速度の規格値は、20±2.6パルス毎秒以内である。

B　ダイヤルパルスメーク率は、ダイヤルパルスの接（メーク）と断（ブレーク）の時間の割合をいい、次式で定義される。

ダイヤルパルスメーク率＝｜断時間÷（接時間＋断時間）｜×100%

```
① Aのみ正しい      ② Bのみ正しい
③ AもBも正しい     ④ AもBも正しくない
```

☞90ページ

1　ダイヤルパルスの条件

(3)　アナログ電話端末の「選択信号の条件」における20パルス毎秒方式のダイヤルパルスの信号について測定した次の二つの結果は、　　　　　である。

A　ダイヤルパルスの信号のミニマムポーズは、480msであった。

B　ダイヤルパルスメーク率は、37%であった。

```
① Aのみ規定値内     ② Bのみ規定値内
③ AもBも規定値内    ④ AもBも規定値外
```

☞90ページ

1　ダイヤルパルスの条件

(4)　アナログ電話端末の「選択信号の条件」における押しボタンダイヤル信号について述べた次の二つの文章は、　　　　　。

A　ミニマムポーズとは、隣接する信号間の休止時間の最小値をいう。

B　アナログ電話端末の選択信号として用いる押しボタンダイヤル信号にあっては、数字及び数字以外を表すダイヤル信号は、16種類規定されている。

```
① Aのみ正しい      ② Bのみ正しい
③ AもBも正しい     ④ AもBも正しくない
```

☞90ページ

2　押しボタンダイヤル信号の条件

(5) 次の項目のうち、アナログ電話端末の選択信号が押しボタンダイヤル信号である場合に適合しなければならない条件として規定されていないものは、[   ]である。

☞90ページ

2 押しボタンダイヤル信号の
条件

　　① ミニマムポーズ　　② 信号送出時間
　　③ 信号送出形式　　④ 周　期

(6) アナログ電話端末の選択信号が押しボタンダイヤル信号である場合、信号周波数偏差は、信号周波数の±[   ]パーセント以内でなければならない。

☞90ページ

2 押しボタンダイヤル信号の
条件

　　① 10.0　　② 5.0　　③ 3.0　　④ 1.5　　⑤ 0.8

(7) アナログ電話端末の「選択信号の条件」における押しボタンダイヤル信号について測定した次の二つの結果は、[   ]である。

A　ミニマムポーズは、35ミリ秒であった。

B　信号送出時間は、55ミリ秒であった。

☞90ページ

2 押しボタンダイヤル信号の
条件

　　① Aのみ規定値内　　② Bのみ規定値内
　　③ AもBも規定値内　　④ AもBも規定値外

(8) アナログ電話端末の選択信号が押しボタンダイヤル信号である場合、信号送出電力の許容範囲としての[   ]は、5デシベル以内であり、かつ、低群周波数の電力が高群周波数の電力を超えないものでなければならない。

☞90ページ

2 押しボタンダイヤル信号の
条件

　　① 信号周波数偏差　　② 反射損失
　　③ 評価雑音電力　　④ 二周波電力差

(9) アナログ電話端末の選択信号が押しボタンダイヤル信号である場合、その信号の低群周波数の送出電力は、供給電流が20ミリアンペア未満の場合、−15.4dBm以上[   ]dBm以下でなければならない。(dBmは、絶対レベルを表す単位とする。)

☞90ページ

2 押しボタンダイヤル信号の
条件

　　① −5.5　　② −4.5　　③ −3.5　　④ −2.5

問3

　　次の各文章の[   ]内に、それぞれの[　　]の解答群の中から最も適したものを選び、その番号を記せ。

(1) 直流回路を閉じているときのアナログ電話端末の直流回路の直流抵

☞92ページ

抗値は、20ミリアンペア以上120ミリアンペア以下の電流で測定した
値で [＿＿＿＿] でなければならない。ただし、直流回路の抵抗値と電
気通信事業者の交換設備からアナログ電話端末までの線路の直流抵
抗値の和が50オーム以上1,700オーム以下の場合にあっては、この限
りでない。

1　直流回路(閉)の電気的条件

```
① 50オーム以上300オーム以下
② 50オーム以上500オーム以下
③ 60オーム以上500オーム以下
④ 100オーム以上300オーム以下
⑤ 100オーム以上700オーム以下
```

(2) アナログ電話端末の「直流回路の電気的条件等」について述べた次
の二つの文章は、[＿＿＿＿]。

☞92ページ
1　直流回路(閉)の電気的条件
2　直流回路(開)の電気的条件

A　直流回路を開いているときの直流回路の直流抵抗値は、1メガ
オーム以上でなければならない。

B　直流回路を閉じているときのダイヤルパルスによる選択信号送出時にお
ける直流回路の静電容量は、3マイクロファラド以上でなければならない。

```
① Aのみ正しい     ② Bのみ正しい
③ AもBも正しい    ④ AもBも正しくない
```

(3) アナログ電話端末の「直流回路の電気的条件等」における直流回路
を開いているときのアナログ電話端末の直流回路の電気的条件につい
て測定した次の測定結果は、[＿＿＿＿]。

☞92ページ
2　直流回路(開)の電気的条件

A　直流回路の直流抵抗値は、1.5メガオームであった。

B　呼出信号受信時における直流回路の静電容量は、2マイクロファ
ラドであった。

```
① Aのみ規定値内     ② Bのみ規定値内
③ AもBも規定値内    ④ AもBも規定値外
```

(4) アナログ電話端末における「送出電力」及び「直流回路の電気的条
件等」について述べた次の二つの文章は、[＿＿＿＿]。

☞92ページ
2　直流回路(開)の電気的条件
☞94ページ
1　送出電力

A　通話の用に供しないアナログ電話端末にあっては、4キロヘルツ
から8キロヘルツまでの不要送出レベルにおける送出電力の許容範囲
は、マイナス20dBm以下でなければならない。ただし、dBmは絶
対レベルを表す単位とする。

B　直流回路を開いているときのアナログ電話端末の直流回路と大地
の間の絶縁抵抗は、直流200ボルト以上の一の電圧で測定した値で

4メガオーム以上でなければならない。

```
┌ ①  Aのみ正しい      ②  Bのみ正しい        ┐
└ ③  AもBも正しい     ④  AもBも正しくない   ┘
```

(5) アナログ電話端末の「送出電力」及び「直流回路の電気的条件等」に
ついて述べた次の二つの文章は、□□□□□。

A 通話の用に供しないアナログ電話端末の送出電力の許容範囲は、
4キロヘルツ帯域ごとに規定されている。

B アナログ電話端末は、電気通信回線に対して直流の電圧を加える
ものでなければならない。

```
┌ ①  Aのみ正しい      ②  Bのみ正しい        ┐
└ ③  AもBも正しい     ④  AもBも正しくない   ┘
```

(6) 複数の電気通信回線と接続されるアナログ電話端末の回線相互間
の漏話減衰量は、□□□□□デシベル以上でなければならない。

```
┌ ①  1,000ヘルツにおいて60    ②  1,500ヘルツにおいて60 ┐
└ ③  1,500ヘルツにおいて70    ④  2,000ヘルツにおいて70 ┘
```

(7) 移動電話端末の「基本的機能」について述べた次の二つの文章は、
□□□□□。

A 発信を行う場合にあっては、発信を要求する信号を送出するもの
でなければならない。

B 通信を終了する場合にあっては、チャネル（通話チャネル及び制御
チャネルをいう。）を切断する信号を送出するものでなければならない。

```
┌ ①  Aのみ正しい      ②  Bのみ正しい        ┐
└ ③  AもBも正しい     ④  AもBも正しくない   ┘
```

(8) 移動電話端末の「発信の機能」及び「送信タイミング」について述べ
た次の二つの文章は、□□□□□。

A 移動電話端末は、発信に際して相手の端末設備からの応答を自
動的に確認する場合にあっては、電気通信回線からの応答が確認で
きない場合選択信号送出終了後2分以内にチャネルを切断する信号
を送出し、送信を停止する機能を備えなければならない。

B 移動電話端末は、総務大臣が別に告示する条件に適合する送信タ
イミングで送信する機能を備えなければならない。

```
┌ ①  Aのみ正しい      ②  Bのみ正しい        ┐
└ ③  AもBも正しい     ④  AもBも正しくない   ┘
```

3 直流電圧の印加禁止
☞94ページ
1 送出電力

☞94ページ
2 漏話減衰量

☞96ページ
1 基本的機能

☞96ページ
2 発信の機能、送信タイミング

(9)　移動電話端末は、総務大臣が別に告示する条件に適合するランダム
　　アクセス制御（複数の移動電話端末からの送信が衝突した場合、再び
　　送信が衝突することを避けるために各移動電話端末がそれぞれ不規
　　則な　　　　　　　　の後に再び送信することをいう。）を行う機能を備えな
　　ければならない。

☞96ページ

3　ランダムアクセス制御

```
┌ ①　遅延時間　　　②　数字翻訳 ┐
└ ③　制御信号　　　④　運用モード ┘
```


問4

(1)　インターネットプロトコル電話端末の「基本的機能」及び「発信の機
　　能」について述べた次の二つの文章は、　　　　　　　。

☞98ページ

1　基本的機能

2　発信の機能

　　A　通信を終了する場合にあっては、呼の切断、解放若しくは取消し
　　　を行うためのメッセージ又は当該メッセージに対応するためのメッ
　　　セージを送出するものであること。
　　B　発信に際して相手の端末設備からの応答を自動的に確認する場
　　　合にあっては、電気通信回線からの応答が確認できない場合呼の
　　　設定を行うためのメッセージ送出終了後3分以内に通信終了メッセー
　　　ジを送出するものであること。

```
┌ ①　Aのみ正しい　　　②　Bのみ正しい ┐
└ ③　AもBも正しい　　④　AもBも正しくない ┘
```

(2)　インターネットプロトコル電話端末の「基本的機能」及び「発信の機
　　能」について述べた次の二つの文章は、　　　　　　　。

☞98ページ

1　基本的機能

2　発信の機能

　　A　自動再発信を行う場合（自動再発信の回数が15回以内の場合を
　　　除く。）にあっては、その回数は最初の発信から2分間に3回以内で
　　　あること。この場合において、最初の発信から2分を超えて行われる
　　　発信は、別の発信とみなす。
　　　　なお、この規定は、火災、盗難その他の非常の場合にあっては、
　　　適用しない。
　　B　発信又は応答を行う場合にあっては、呼の設定を行うためのメッ
　　　セージ又は当該メッセージに対応するためのメッセージを送出するも
　　　のであること。

```
┌ ①　Aのみ正しい　　　②　Bのみ正しい ┐
└ ③　AもBも正しい　　④　AもBも正しくない ┘
```

(3) インターネットプロトコル移動電話端末の「基本的機能」、「発信の機能」又は「緊急通報機能」について述べた次の文章のうち、<u>誤っている</u>ものは、[＿＿＿＿]である。

☞100ページ
1　基本的機能
2　発信の機能
☞101ページ
6　緊急通報機能

> ①　発信又は応答を行う場合にあっては、呼の設定を行うためのメッセージ又は当該メッセージに対応するためのメッセージを送出するものであること。
> ②　通信を終了する場合にあっては、呼の切断、解放若しくは取消しを行うためのメッセージ又は当該メッセージに対応するためのメッセージを送出するものであること。
> ③　発信に際して相手の端末設備からの応答を自動的に確認する場合にあっては、電気通信回線からの応答が確認できない場合呼の設定を行うためのメッセージ送出終了後1分以内に通信終了メッセージを送出するものであること。
> ④　インターネットプロトコル移動電話端末であって、通話の用に供するものは、緊急通報を発信する機能を備えなければならない。

問5

次の各文章の[＿＿＿＿]内に、それぞれの[　　]の解答群の中から最も適したものを選び、その番号を記せ。

(1) 総合デジタル通信端末の「基本的機能」について述べた次の二つの文章は、[＿＿＿＿]。

☞102ページ
1　基本的機能

A　基本的機能として、通信を終了する場合にあっては、復旧要求パケットを送出するものでなければならない。
B　基本的機能を要しない総合デジタル通信端末として、パケット通信を行う端末がある。

> ①　Aのみ正しい　　②　Bのみ正しい
> ③　AもBも正しい　　④　AもBも正しくない

(2) 総合デジタル通信端末は、自動再発信を行う場合（自動再発信の回数が15回以内の場合を除く。）にあっては、その回数は最初の発信から[＿＿＿＿]分間に2回以内でなければならない。この場合において、最初の発信から[＿＿＿＿]分を超えて行われる発信は、別の発信とみなす。ただし、火災、盗難その他の非常の場合にあっては、適用しない。

☞102ページ
2　発信の機能

> ①　1　　②　2　　③　3　　④　4　　⑤　5

(3)　総合デジタル通信端末における「発信の機能」及び「アナログ電話端末等と通信する場合の送出電力」について述べた次の二つの文章は、□□□□□。

☞102ページ
2　発信の機能
5　送出電力

　A　発信に際して相手の端末設備からの応答を自動的に確認する場合にあっては、電気通信回線からの応答が確認できない場合、呼設定メッセージ送出終了後1分以内に呼設定受付メッセージを送出するものでなければならない。

　B　総合デジタル通信端末がアナログ電話端末等と通信する場合にあっては、通話の用に供する場合を除き、総合デジタル通信用設備とアナログ電話用設備との接続点においてデジタル信号をアナログ信号に変換した送出電力は、マイナス3dBm（平均レベル）以下でなければならない。ただし、dBmは、絶対レベルを表す単位とする。また、平均レベルは、端末設備の使用状態における平均的なレベル（実効値）とする。

　　　┌─────────────────────────────┐
　　　│①　Aのみ正しい　　　②　Bのみ正しい　　　│
　　　│③　AもBも正しい　　④　AもBも正しくない│
　　　└─────────────────────────────┘

(4)　専用通信回線設備等端末の「電気的条件等」について述べた次の二つの文章は、□□□□□。

☞104ページ

　A　専用通信回線設備等端末は、総務大臣が別に告示する電気的条件及び光学的条件のいずれかの条件に適合するものでなければならない。

　B　専用通信回線設備等端末は、電気通信回線に対して加える直流電圧が1ボルト以下でなければならない。

　　　┌─────────────────────────────┐
　　　│①　Aのみ正しい　　　②　Bのみ正しい　　　│
　　　│③　AもBも正しい　　④　AもBも正しくない│
　　　└─────────────────────────────┘

(5)　インターネットプロトコル電話端末及び専用通信回線設備等端末の電気的条件及び光学的条件において、メタリック伝送路インタフェースのインターネットプロトコル電話端末及び専用通信回線設備等端末の送出電圧は、TCM方式（ピンポン伝送方式）の場合、110Ωの負荷抵抗に対して、□□□□□V（0－P）以下（孤立パルス中央値（時間軸方向））でなければならない。

☞105ページ
2　メタリック伝送路インタフェースのインターネットプロトコル電話端末及び専用通信回線設備等端末

　　　［①　2.6　　②　3.7　　③　6.2　　④　6.9　　⑤　7.2］

(6)　インターネットプロトコル電話端末及び専用通信回線設備等端末の
　　　電気的条件及び光学的条件において、光伝送路インタフェースのイン
　　　ターネットプロトコル電話端末及び専用通信回線設備等端末（映像伝
　　　送を目的とするものを除く。）の光出力は、6.312Mb/s以下の伝送路速
　　　度においてはマイナス □□□□ dBm（平均レベル）以下でなければな
　　　らない。（dBmは、絶対レベルを表す単位とする。平均レベルは、端末
　　　設備の使用状態における平均的なレベル（実効値）とする。）
　　　　　[① 1　　② 3　　③ 7　　④ 10　　⑤ 12]

☞107ページ

1　光伝送路インタフェースの
　　インターネットプロトコル電
　　話端末及び専用通信回線
　　設備等端末

(7)　複数の電気通信回線と接続される専用通信回線設備等端末の回線
　　　相互間の □□□□ は、1,500ヘルツにおいて70デシベル以上でなけ
　　　ればならない。
　　　　[① 送出信号電力　　② 電流反射係数　　　③ 平衡度
　　　　④ 漏話減衰量　　　⑤ 特性インピーダンス]

☞106ページ

3　漏話減衰量

（解説は、217ページ。）

（解答）
問1―(1)①　(2)①　(3)①
問2―(1)④　(2)④　(3)①　(4)③　(5)③　(6)④　(7)③　(8)④　(9)③
問3―(1)①　(2)①　(3)③　(4)①　(5)①　(6)③　(7)③　(8)②　(9)①
問4―(1)①　(2)②　(3)③
問5―(1)②　(2)③　(3)②　(4)①　(5)⑤　(6)③　(7)④

5

有線電気通信法、
有線電気通信設備令

　電気通信事業法が、電気通信サービスの運営を
定めるサービス運営法であるのに対し、有線電気
通信法は、有線電気通信設備の設置と使用を規律
する基本法である。

　有線電気通信法では事業用であれ、自営設備で
あれ一部を除くほとんどの設備に適用されるのが
原則となっている。

　また、有線電気通信設備令は、有線電気通信
設備が維持しなければならない技術基準の基本的
事項を規律したもので、すべての有線電気通信設
備にわたって適用されるものである。

1. 有線電気通信法の体系と目的（第1条）

(a)体系

　有線電気通信法は、有線電気通信に関する基本法であり、有線電気通信設備の設置者、目的、用途を問わず、わが国にあるすべての有線電気通信設備に適用される。

　関連法令で重要なものとしては、有線電気通信設備の技術基準を規定した有線電気通信設備令、及び同令施行規則がある。

(b)目的

　有線電気通信法は、**有線電気通信設備の設置及び使用**を規律し、**有線電気通信に関する秩序**を確立することを目的としている。

　本法では、他に妨害を与えない限り有線電気通信設備の設置を自由とすることを基本理念としており、総務大臣への設置の届出、技術基準への適合義務、通信の秘密の保護等を規定することにより秩序が保たれるよう規律されている。

2. 定義（第2条）

　次の事項が定義されている。

①**有線電気通信**：送信の場所と受信の場所との間の線条その他の導体を利用して、**電磁的方式**により、符号、音響又は影像を送り、伝え又は受けること

②**有線電気通信設備**：有線電気通信を行うための機械、器具、線路その他の**電気的設備**

　上記の電磁的方式には、銅線、ケーブル等で電気信号を伝搬させる方式のほかに、導波管の中で電磁波を伝搬させる方式、光ファイバで光を伝搬させる方式が含まれる。

3. 有線電気通信設備の届出（第3条）

(a)設置の届出

　有線電気通信設備を設置しようとする者は、設置の工事の開始の日の**2週間**前までに、その旨を総務大臣に届け出なければならない。

　これは、設置される設備が本法で規定されている技術基準に適合しているかどうかを総務大臣があらかじめ確認するためである。

　なお、工事を要しないときは、設置後に届け出ればよいとされている（設置の日から**2週間**以内）。

　また、届出に係る設備が次に該当する場合には、所定の事項のほか、その使用の**態様**等の事項も併せて届け出なければならない。

・2人以上の者が共同して設置するもの

・他人の設置した有線電気通信設備と相互に接続されるもの

・他人の通信の用に供されるもの

(b)変更の届出

　次の変更に該当する場合には、変更の工事の開始の**2週間**前までに総務大臣に届け出なければならない（工事を要しないときは、変更の日から**2週間**以内）。

・有線電気通信設備の届出事項を変更するとき

・別の設備を有線電気通信設備に変更するとき

(c)届出を要しない有線電気通信設備

　次の有線電気通信設備については、設置又は変更の届出が免除される。

・**事業用電気通信設備**（電気通信事業法との二重規律を避けるため）

・基幹放送を行うためのもの

・設備の設置場所が**同一の構内又は同一の建物内**に終始するもの

・警察、消防等の官庁やその他公共的業務を行う者が設置するもの

・その他総務省令で定めるもの

　なお、端末設備については、同一構内又は同一建物内の設備であるので届出は不要であるが、自営電気通信設備は届出が必要となる。

1　有線電気通信法の体系と目的

（a）体系

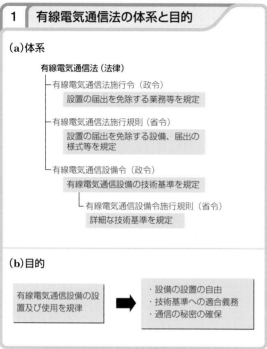

有線電気通信法（法律）
 ─有線電気通信法施行令（政令）
　　設置の届出を免除する業務等を規定
 ─有線電気通信法施行規則（省令）
　　設置の届出を免除する設備、届出の
　　様式等を規定
 ─有線電気通信設備令（政令）
　　有線電気通信設備の技術基準を規定
　　 ─有線電気通信設備令施行規則（省令）
　　　　詳細な技術基準を規定

（b）目的

有線電気通信設備の設置及び使用を規律　→　
・設備の設置の自由
・技術基準への適合義務
・通信の秘密の確保

2　定義

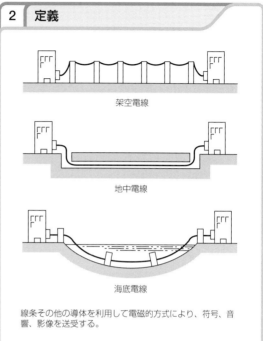

架空電線

地中電線

海底電線

線条その他の導体を利用して電磁的方式により、符号、音響、影像を送受する。

3　有線電気通信設備の届出

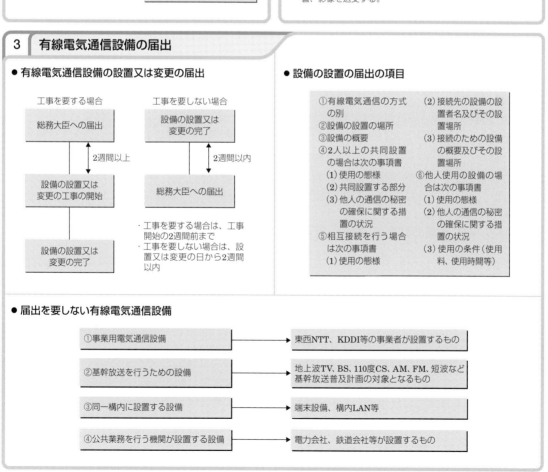

● 有線電気通信設備の設置又は変更の届出

工事を要する場合
総務大臣への届出 ─2週間以上─ 設備の設置又は変更の工事の開始 → 設備の設置又は変更の完了

工事を要しない場合
設備の設置又は変更の完了 ─2週間以内─ 総務大臣への届出

・工事を要する場合は、工事開始の2週間前まで
・工事を要しない場合は、設置又は変更の日から2週間以内

● 設備の設置の届出の項目

①有線電気通信の方式の別
②設備の設置の場所
③設備の概要
④2人以上の共同設置の場合は次の事項書
　(1)使用の態様
　(2)共同設置する部分
　(3)他人の通信の秘密の確保に関する措置の状況
⑤相互接続を行う場合は次の事項書
　(1)使用の態様

(2)接続先の設備の設置者名及びその設置場所
(3)接続のための設備の概要及びその設置場所
⑥他人使用の設備の場合は次の事項書
　(1)使用の態様
　(2)他人の通信の秘密の確保に関する措置の状況
　(3)使用の条件（使用料、使用時間等）

● 届出を要しない有線電気通信設備

①事業用電気通信設備 → 東西NTT、KDDI等の事業者が設置するもの

②基幹放送を行うための設備 → 地上波TV、BS、110度CS、AM、FM、短波など基幹放送普及計画の対象となるもの

③同一構内に設置する設備 → 端末設備、構内LAN等

④公共業務を行う機関が設置する設備 → 電力会社、鉄道会社等が設置するもの

5-2 有線電気通信設備の技術基準、非常通信、秘密の保護等

1. 本邦外にわたる有線電気通信設備(第4条)

本邦外にわたる有線電気通信設備は、設置してはならない。ただし、次の場合は除く。

・電気通信事業者がその事業の用に供する設備として設置する場合
・特別の事由で総務大臣の許可を受けたとき

2. 技術基準(第5条)

有線電気通信設備(船舶安全法第2条第1項の規定により船舶内に設置するものを除く。)は、政令(有線電気通信設備令)で定める技術基準に適合するものでなければならない。

この技術基準は次の観点から定められている。

・**他人の設置する有線電気通信設備に妨害を与えないようにする**
・**人体に危害を及ぼし、又は物件に損傷を与えないようにする**

電気通信事業法第52条に規定する端末設備の接続の技術基準と比較すると、本技術基準は、安全性等に関する記述が主であり、設備の品質や接続に関する事項は述べられていない。また、電波を使用するものについても規定していない。

3. 設備の検査、改善等の措置(第6条、第7条)

(a)設備の検査

総務大臣は、有線電気通信法の施行に必要な限度において、次の検査等ができる。

・設置者から設備に関する**報告**を徴すること
・職員を事業所等に立ち入らせ、**設備若しくは帳簿書類**を検査させること

なお、立入検査をする職員は、その身分を示す証明書を関係人に提示しなければならない。

(b)設備の改善命令

総務大臣は、有線電気通信設備の設置者に対し、必要な限度において、その**設備の使用の停止又は**改造、修理その他の措置を命ずることができる。

この命令は、その設備が技術基準に適合しないため次の障害を及ぼすと認めるときに行うことができる。

・他人の有線電気通信設備への妨害
・人体への危害
・物件への損傷

(c)設備の改善勧告

総務大臣は、有線電気通信設備の設置者に対し、必要な限度において、その**設備の改善その他の措置**を勧告することができる。

この勧告は、次の支障が認められるときに行うことができる。

・通信の秘密の確保に支障があるとき
・設備の運用が不適切なため、他人の利益を阻害するとき

4. 非常通信の確保、秘密の保護(第8条、第9条)

(a)非常事態における通信の確保

天災、事変などの非常事態が発生した場合、総務大臣は有線電気通信設備の設置者に対し、その設備を**他の者に使用させ**たり、又は**他の設備に接続**することを命ずることができる。

(b)通信の秘密の保護

有線電気通信の秘密は侵してはならない。

電気通信事業の通信に対しては、本法の規定ではなく、電気通信事業法第4条において通信の秘密の保護が規定されている。

5. 罰則

次の者等は懲役又は罰金に処せられる。

・有線電気通信を妨害した者(第13条)
・有線電気通信の秘密を侵した者(第14条)
・有線電気通信設備の設置に際し、法の規定による届出をしなかった者、虚偽の届出をした者(第17条)

1　本邦外にわたる有線電気通信設備

本邦外にわたる有線電気通信設備の設置は原則禁止。ただし、電気通信事業者が事業用の設備として設置する場合及び総務大臣の許可を得た場合を除く。

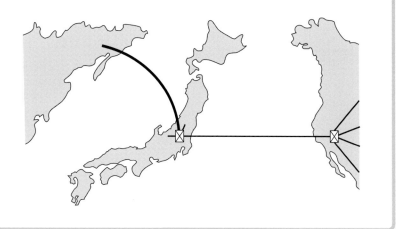

2　技術基準

● 技術基準の決定原則の比較

有線電気通信設備の 技術基準	端末設備の接続の 技術基準
①他人の設備への妨害防止 ②人体への危害、物件への損傷防止	①電気通信回線設備の損傷又は機能障害の防止 ②他の利用者への迷惑防止 ③責任の分界の明確化
技術基準は「有線電気通信設備令」及び「同令施行規則」で規定	技術基準は「端末設備等規則」又は電気通信事業者が定める「技術的条件」で規定

3　設備の検査、改善等の措置

総務大臣は、必要な限度において命令又は勧告を出すことができる。

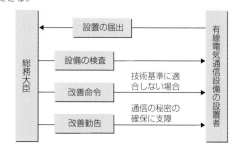

4　非常通信の確保、秘密の保護

● 有線電気通信法と電気通信事業法の規定の比較

	有線電気通信法	電気通信事業法
重要通信の確保	総務大臣は、非常事態においては、有線電気通信設備の設置者に対し、秩序維持のために必要な通信を行わせ、又は当該設備を他人に使用させ、若しくは他人の有線電気通信設備と接続することを命令することができる。	電気通信事業者は、非常事態においては、秩序維持のために必要な事項を内容とする通信を優先的に取り扱わなければならない。
通信の秘密	有線電気通信(電気通信事業者の取扱中に係る通信を除く)の秘密は侵してはならない。	電気通信事業者の取扱中に係る通信の秘密を侵してはならない。

5　罰則

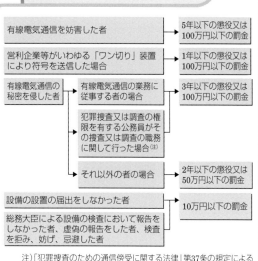

注)「犯罪捜査のための通信傍受に関する法律」第37条の規定による

5-3 有線電気通信設備令等で使用する用語の定義

1. 線路に関する定義（第1条第一号〜第六号）

線路に関連する用語の定義を以下に示す。

これらのなかで、最も範囲の広いものは「線路」であり、「電線」のほか、電柱、支線などの「支持物」、中継器、保安器などを含んでいる。なお、「強電流電線」は、「線路」には含まれない。

(a)電線

有線電気通信を行うための導体。電話線のような電気通信回線をいう。

導体を被覆している絶縁物、保護物は電線に含まれる。また、強電流電線に重畳される通信回線に係るものは、電線に含まれない。

(b)絶縁電線

絶縁物のみで被覆されている電線。銅線の囲りをポリエチレン、ポリ塩化ビニル等の絶縁物で覆った電線をいう。家屋内で配線するものは一般的に絶縁電線である。

(c)ケーブル

光ファイバ並びに光ファイバ以外の**絶縁物及び保護物**で被覆されている電線。ケーブルは、絶縁物のみならず保護物により構造的に強化されているものをさし、また、光ファイバについても、その特質からケーブルの中に含めている。

(d)強電流電線

強電流電気の伝送を行うための導体。電力の送電を行う電力線をいう。

強電流とは、弱電流に対する用語であるが、これらの区分についての明確な定義はない。ただし、概念的には次のように区分されている。

・強電流：電力の送電線に流れる電流
・弱電流：電話、画像、データなどの通信に用いられる電流

(e)線路

送信の場所と受信の場所との間に設置されている**電線及びこれらに係る中継器その他の機器**。

(f)支持物

電線又は強電流電線を支持するための**工作物**。電柱、支線、つり線等。

2. その他の定義（第1条第七号〜第十一号）

(a)離隔距離

線路と他の物体（線路を含む。）とが、風、温度などの**気象条件**による位置の変化により**最も接近した場合**におけるこれらの物の間の距離。

線路の位置が気象条件により変化しても規定のこれらの間の距離が確保できるよう、最も接近した状態を離隔距離としている。

(b)音声周波、高周波

有線電気通信で用いる電磁波の周波数の区分を次のように定義している。

・**低周波**：200Hz以下（施行規則第1条）
・**音声周波**：**200Hzを超え3,500Hz**以下
・**高周波**：3,500Hzを超えるもの

(c)絶対レベル

一の皮相電力の**1mW**に対する比をデシベルで表わしたもの（単位はdBm）。

端末設備等規則第2条にも、絶対レベルに関する同じ規定がある。

(d)平衡度

通信回線の**中性点と大地との間**に起電力Eを加えた場合における**これらの間に生じる電圧**（V_1）と通信回線の**端子間に生じる電圧**（V_2）との比をデシベル（dB）で表わしたものをいう。

平衡度が小さいと、外部からの誘導電圧により妨害を受けやすくなる。

(e)低圧、高圧、特別高圧（施行規則第1条）

電圧を次のとおり区分している。

・**低圧**：直流**750V**以下、交流**600V**以下
・**高圧**：直流750V、交流600Vを超え、**7,000V**以下
・**特別高圧**：7,000Vを超えるもの

1　線路に関する定義

● 電線、強電流電線の定義

電線は通信用、強電流電線は電力用

● 絶縁電線とケーブル

・絶縁電線

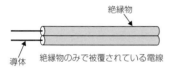

絶縁物のみで被覆されている電線

・ケーブル

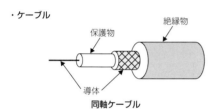

同軸ケーブル

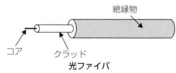

光ファイバ

光ファイバ並びに絶縁物及び保護物で被覆されている電線

● 線路

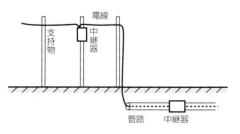

電線、中継器、支持物、管路等はすべて「線路」に含まれる。

2　その他の定義

● 離隔距離

離隔距離は最も接近した状態の距離をいう。

● 周波数の分類

0	200Hz	3,500Hz

低周波	音声周波	高周波
200Hz以下の電磁波	200Hzを超え3,500Hz以下の電磁波	3,500Hzを超える電磁波

「低周波」は設備令施行規則で定義

● 平衡度

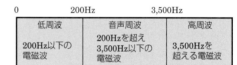

$$平衡度 = 20 \log \frac{V_1}{V_2} \, [dB]$$

2本の通信回線の平衡がとれていれば電圧Eを加えても電圧V_2は生じない。端末設備の平衡度は1,000Hzの交流において34dB以上と規定されている。

● 電圧の分類

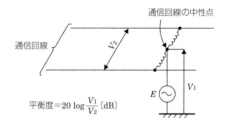

	750V	7,000V	
直流	低圧	高圧	特別高圧
交流	低圧	高圧	特別高圧
	600V		

5-4 通信回線の電気的条件

1. 使用可能な電線の種類（第2条の2）

　有線電気通信設備に使用できる電線は、**絶縁電線又はケーブル**でなければならない。

　絶縁物で被覆されていない裸電線については、導体が露出した構造となっているのため安全性及び他の有線電気通信設備への妨害の観点から問題であり、原則として使用が禁止されている。

　ただし、絶縁電線やケーブルの使用が困難な場合で、他人の有線電気通信設備への妨害のおそれがなく、かつ、人体に危害を及ぼし、又は物件に損傷を与えるおそれがないように設置する場合は、裸電線の使用が認められている（施行規則第1条の2）。

2. 通信回線の平衡度（第3条）

　通信回線の平衡度は、**1,000Hz**の交流において**34dB以上**でなければならない。ただし、総務省令で定める次の場合は、この限りでない（施行規則第2条）。

①　通信回線が、線路に**直流又は低周波**の電流を送るものであるとき。

②　通信回線が、他人の設置する有線電気通信設備に対して妨害を与えるおそれがない電線を使用するものであるとき。

③　通信回線が、強電流電線に重畳されるものであるとき。

④　通信回線（同一の者が設置する2以上の通信回線が他人の設置する通信回線に対して同時に妨害を与える場合は、その同一の者が設置する通信回線を一の通信回線とみなす。）が、他の通信回線に対して与える妨害が－58dBm以下であるとき。ただし、次の場合は、この限りでない。

　・通信回線が、線路に音声周波又は高周波の電流を送る通信回線であって増幅器があるもの

に対して与える妨害が、その受端の増幅器の入力側において、被妨害回線の線路の電流の周波数が音声周波であるときは、－70dBm以下、高周波であるときは、－85dBm以下であるとき。

　・通信回線が、線路に直流又は低周波の電流を送る通信回線であって大地帰路方式のものに対して与える妨害が、その妨害をうける通信回線の受信電流の5％（その受信電流が5mA以下であるときは、0.25mA）以下であるとき。

⑤　被妨害回線を設置する者が承諾するとき。

3. 線路の電圧（第4条第1項）

　通信回線（光ファイバを除く。）の線路の電圧は、**100V以下**でなければならない。ただし、次の場合は、この限りでない。

　・電線として**ケーブルのみ**を使用するとき

　・人体に危害を及ぼし、若しくは物件に損傷を与えるおそれがないとき

　人体に対する安全性の確保及び物件の損傷防止の観点から、電線相互間、対地電圧ともに100V以下としている。ただし、感電や漏電の危険性がないケーブルを使用する場合や、電線が人体や物件に対して危険を及ぼさないように設置されている場合は、この規定から除外される。

4. 通信回線の電力（第4条第2項）

　通信回線（光ファイバを除く。）の電力は、絶対レベルで表わした値で、その周波数が**音声周波であるときは＋10dBm以下、高周波であるときは＋20dBm以下**でなければならない。

　高周波では、多数の音声信号が多重化されている場合を想定しているので、電力値が大きく設定されている。

● 電気的条件の一覧

事　項	規定内容
使用可能な電線の種類	絶縁電線又はケーブル （裸電線の使用禁止）
通信回線の平衡度	1,000Hzで34dB以上
通信回線の線路の電圧	100V以下
通信回線の電力	＋10dBm以下（音声周波） ＋20dBm以下（高周波）

1　使用可能な電線の種類

・絶縁電線

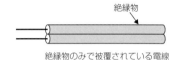

絶縁物のみで被覆されている電線

・ケーブル

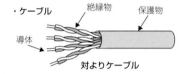

対よりケーブル

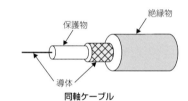

同軸ケーブル

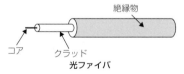

光ファイバ

光ファイバ並びに絶縁物及び保護物で被覆されている電線

2　通信回線の平衡度

● 平衡度

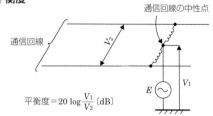

$$平衡度 = 20 \log \frac{V_1}{V_2} \,[\text{dB}]$$

2本の通信回線の平衡がとれていれば電圧Eを加えても電圧V_2は生じない。端末設備の平衡度は1,000Hzの交流において34dB以上と規定されている。

一定の平衡度を要しない場合

・線路に直流又は低周波の電流を送るものであるとき
・他人の設置する有線電気通信設備に妨害を与えるおそれがない電線を使用しているとき
・強電流電線に重畳されるものであるとき
・他の通信回線に与える妨害が－58dBm以下のとき
・被妨害回線の設置者が承諾するとき

3　線路の電圧

● 通信回線の線路の電圧

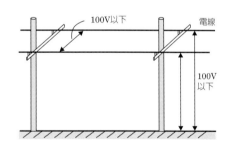

4　通信回線の電力

● 通信回線の電力

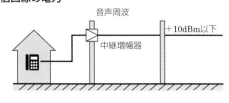

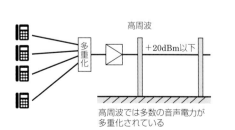

高周波では多数の音声電力が多重化されている

5-5 架空電線の支持物

1. 架空電線の支持物（第5条）

架空電線の支持物は、その架空電線が他人の設置した架空電線又は架空強電流電線と交差し、又は接近するときは、次のとおり設置しなければならない。

① 他人の設置した架空電線又は架空強電流電線を挟み、又はこれらの間を通ることがないようにすること。

② 架空強電流電線（当該架空電線の支持物に架設されるものを除く。）との間の離隔距離は、総務省令で定める値以上とすること。

①は、支線と支柱で他人の電線を挟んだり、支持物が他人の電線の間を貫通していると支持物が倒壊した場合に他人の電線に損傷を与えるおそれがあるため設けられた規定である。

②の離隔距離は、架空強電流電線の種類及び使用電圧によって距離が異なっている。

なお、この規定は、次の場合には適用されない。

・その**他人の承諾**を得たとき

・人体に危害を及ぼし、若しくは物件に損傷を与えないように**必要な設備**をしたとき

2. 支持物の安全係数（第6条）

道路上に設置する電柱、架空電線と架空強電流電線とを架設する電柱その他の総務省令で定める電柱は、総務省令で定める**安全係数**をもたなければならない。

この安全係数は、その電柱に架設する物の重量、電線の不平均張力及び総務省令で定める**風圧荷重**が加わるものとして計算する。このときの風圧荷重の値は、市街地であるかどうか、氷雪の多い地域であるかどうか等によって異なる。

3. 昇塔防止のための足場金具（第7条の2）

架空電線の支持物には、取扱者が昇降に使用する足場金具等を地表上**1.8m未満の高さに取り付けてはならない**。ただし、次の場合は、この限りでない。

・足場金具等が支持物の内部に格納できる構造であるとき。

・支持物の周囲に取扱者以外の者が立ち入らないように、さく、塀その他これに類する物を設けるとき。

・支持物を、人が容易に立ち入るおそれがない場所に設置するとき。

この規定は、架空電線の支持物に関係者以外の者がいたずらに昇降して、墜落事故や施設の損傷事故を起こさないように、足場金具等を取り付ける高さを規定したものである。

---

1 架空電線の支持物

● 禁止されている支持物の設置形態

電線
他人の電線
電柱と支線で他人の電線を挟んでいる
電柱
支線

支持物が間を通る
他人の電線
電線
電柱

1　架空電線の支持物（続き）

● 支持物と強電流電線との離隔距離

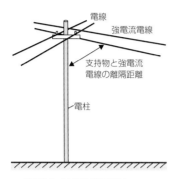

電線
強電流電線
支持物と強電流
電線の離隔距離
電柱

総務省令で定める離隔距離を
確保しなければならない。

架空強電流電線の使用電圧が低圧又は高圧のとき

架空強電流電線の使用電圧及び種別		離隔距離
低圧		30cm以上
高圧	強電流ケーブル	30cm以上
	その他の強電流電線	60cm以上

架空強電流電線の使用電圧が特別高圧のとき

架空強電流電線の使用電圧及び種別		離隔距離
35,000V以下のもの	強電流ケーブル	50cm以上
	特別高圧強電流絶縁電線	1m以上
	その他の強電流電線	2m以上
35,000Vを超え60,000V以下のもの		2m以上
60,000Vを超えるもの		2mに使用電圧が60,000Vを超える10,000V又はその端数ごとに12cmを加えた値以上

2　支持物の安全係数

● 電柱の安全係数

電柱の区別		安全係数
木柱	道路上に、又は道路からその電柱の高さの1.2倍に相当する距離以内の場所に設置する電柱（架空電線と架空強電流電線とを架設するものを除く。）	1.2
	次のいずれかの架空電線を架設する電柱（架空電線と架空強電流電線とを架設するものを除く。） ・建造物からその電柱の高さに相当する距離以内に接近する架空電線 ・架空電線（他人の設置したものに限る。）若しくは架空強電流電線と交差し、又はその電柱の高さに相当する距離以内に接近する架空電線 ・鉄道若しくは軌道からその電柱の高さに相当する距離以内に接近し、又は道路、鉄道若しくは軌道を横断する架空電線	1.2
	架空電線と低圧又は高圧の架空強電流電線とを架設する電柱	1.5
	架空電線と特別高圧の架空強電流電線とを架設する電柱	2.0
鉄柱又は鉄筋コンクリート柱		1.0以上

注 電柱に支線又は支柱を施設した支持物にあっては、その支持物の安全係数をその電柱の安全係数とみなして表の安全係数を適用する。この場合、架空電線と特別高圧の架空強電流電線とを架設するものについては、「2.0」は「1.5」と読み替える。

● 総務省令で定める風圧荷重の種類

甲種風圧荷重　表の左欄に掲げる風圧を受ける物の区別に従い、それぞれ表の右欄に掲げるその物の垂直投影面の風圧が加わるものとして計算した荷重

乙種風圧荷重　電線又はちよう架用線に比重0.9の氷雪が厚さ6mm付着した場合において、表の左欄に掲げる風圧を受ける物の区別に従い、それぞれ表の右欄に掲げるその物の垂直投影面の風圧の2分の1の風圧が加わるものとして計算した荷重

丙種風圧荷重　表の左欄に掲げる風圧を受ける物の区別に従い、それぞれ同表の右欄に掲げるその物の垂直投影面の風圧の2分の1の風圧が加わるものとして計算した荷重であって、乙種風圧荷重以外のもの

風圧を受ける物		その物の垂直投影面の風圧
木柱又は鉄筋コンクリート柱		780Pa
鉄柱	円筒柱	780Pa
	三角柱又はひし形柱	1,860Pa
	角柱（鋼管により構成されるものに限る。）	1,470Pa
	その他のもの	2,350Pa
鉄塔	鋼管により構成されたもの	1,670Pa
	その他のもの	2,840Pa
電線又はちょう架用線		980Pa
腕金類又は函類		1,570Pa

5-6 架空電線と他人の設置した設備等との関係等

1. 架空電線の高さ（第8条、規則第7条）

架空電線の高さは、原則として、次のとおりとしなければならない。

- 道路上：路面から**5m以上**
- 横断歩道橋の上：路面から**3m以上**
- 鉄道又は軌道の横断：軌条面から**6m以上**
- 河川を横断：舟行に支障を及ぼすおそれがない高さ

2. 他人の設置した架空電線との関係（第9条）

架空電線は、他人の設置した架空電線との離隔距離が**30cm以下**となるように設置してはならない。

架空電線は、裸電線の使用禁止、電圧、送信電力、平衡度等の規制がされていることから、電気的には接近しても安全性は確保されているが、架空電線の設置、保守の作業性の観点から離隔距離が30cmを超えるよう定められている。

ただし、架空電線の設置当事者が互いに合意するか、その架空電線に係る作業に支障を及ぼさず、かつ、その架空電線に損傷を与えるおそれがないものとして総務省令で定めるものに該当するときは、この限りでないとされている。

3. 他人の建造物との関係（第10条）

架空電線は、他人の建造物との離隔距離が**30cm以下**となるように設置してはならない。

これも架空電線の設置、保守の作業性の観点から30cmを超える離隔距離の確保が求められている。ただし、その建造物の所有者の承諾を得たときは、この限りでないとされている。

4. 架空強電流電線との関係（第11条）

架空電線は、次の場合は、総務省令で定めるところによらなければ、設置してはならない。

- 架空強電流電線と交差するとき
- 架空強電流電線との**水平距離**がその架空電線若しくは架空強電流電線の支持物のうち**いずれか高いものの高さ**に相当する距離以下となるとき

架空強電流電線と交差する場合、又は架空強電流電線との水平距離が支持物の高さ以下となる場合、支持物が倒壊したときに他方の支持物に影響を及ぼしたり、架空電線又は架空強電流電線が損傷するおそれがあるため、設置の条件が規定されている。

具体的な設置条件は、施行規則第8条～第13条で規定されており、主として次のことが定められている。

- 原則として、**架空電線は架空強電流電線の下に設置すること**
- 架空強電流電線の電圧、種別に応じた離隔距離を確保すること

5. 架空強電流電線との共架（第12条）

架空電線は、総務省令で定めるところによらなければ、**架空強電流電線と同一の支持物に架設してはならない。**

共架については、道路での支持物設置場所の制約から、その必要性が高まっている。総務省令では、架空電線と架空強電流電線との離隔距離、上下関係等が規定されている。

6. 屋内電線の絶縁抵抗（第17条）

屋内電線（光ファイバを除く）と大地との間及び電線相互間の絶縁抵抗は、**直流100Vの電圧で測定した値で1MΩ以上**でなければならない。

絶縁抵抗が小さいと強電流電線や電線と接触した場合、大きな電流が流れ火災等の危険が生じる。印加電圧が100Vとなっているのは、線路の電圧が最大100Vとされているためである。

1　架空電線の高さ

道路上は路面から5m以上、横断歩道橋は橋の上の路面から3m以上、鉄道又は軌道を横断するときは軌条面から6m以上。

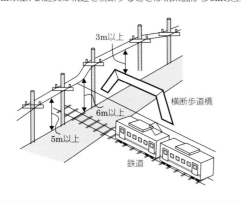

2　他人の設置した架空電線との関係

他人の架空電線との離隔距離は30cmを超えること。

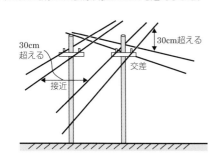

3　他人の建造物との関係

● 建造物との離隔距離

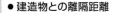
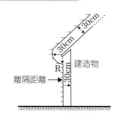
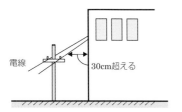

他人の建造物との離隔距離は30cmを超えること。

4　架空強電流電線との関係

● 架空電線と架空強電流電線との接近状態

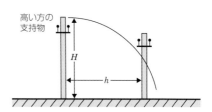

$H>h$の場合片方が倒壊すると他方の支持物に影響を及ぼすので、この場合、総務省令で定めるところにより、設置しなければならない。

5　架空強電流電線との共架

架空電線は、総務省令で定めるところによらなければ、架空強電流電線と同一の支持物に共架してはならない。

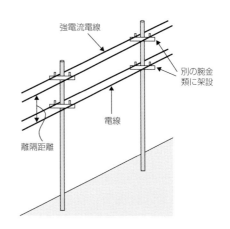

架空電線は架空強電流電線の下に架設する。

6　屋内電線の絶縁抵抗

屋内電線と大地との間及び屋内電線相互間の絶縁抵抗は、直流100Vで測定して1MΩ以上。

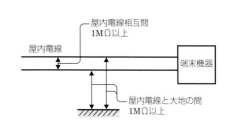

5-7 屋内電線、有線電気通信設備の保安

1. 屋内電線と屋内強電流電線との関係（第18条）

屋内電線は、屋内強電流電線との離隔距離が**30cm以下**となる場合は、総務省令で定めるところによらなければ、設置してはならない。

屋内電線の場合は、限られた場所に設置するため、やむを得ず30cm以内とする場合の条件が総務省令で定められている。

(a)低圧の屋内強電流電線との関係（規則第18条）
①離隔距離

屋内電線と屋内強電流電線との離隔距離は**10cm以上**としなければならない（屋内強電流電線が強電流裸電線の場合は30cm以上）。ただし、屋内強電流電線が300V以下であって、次の場合は10cm未満としてもよい。

・屋内電線と屋内強電流電線との間に絶縁性の隔壁を設けるとき
・屋内強電流電線が絶縁管（絶縁性、難燃性及び耐水性のものに限る。）に収めて設置されているとき

②管等に収められた強電流電線の場合

屋内強電流電線が、**管等**に収められているとき、又は**強電流ケーブル**であるときは、屋内電線をこれらに接触しないように設置しなければならない。

なお、この場合の「管等」とは、接地工事をした金属製の管、絶縁度の高い管、ダクト、ボックスその他これに類するものをいう。

③同一の管等に収める場合

屋内電線と屋内強電流電線とを同一の管等に収めて設置してはならない。ただし、次の場合は除かれる。

・両電線間に堅ろうな隔壁を設け、かつ、金属製部分に特別保安接地工事を施したダクト又はボックスの中に収めて設置するとき
・屋内電線が、特別保安接地工事を施した金属

製の電気的遮へい層を有するケーブルであるとき
・屋内電線が、**光ファイバ**その他金属以外のもので構成されているとき

(b)高圧の屋内強電流電線との関係（規則第18条）

屋内電線と屋内強電流電線との離隔距離は**15cm以上**としなければならない。

ただし、屋内強電流電線が強電流ケーブルであって、次の場合は15cm未満としてもよい。

・屋内電線と屋内強電流電線との間に耐火性のある堅ろうな隔壁を設けるとき
・屋内強電流電線を耐火性のある堅ろうな管に収めて設置するとき

(c)特別高圧屋内強電流電線との関係（規則第18条）

屋内電線は屋内強電流電線と接触しないように設置しなければならない。

屋内強電流電線が特別高圧の場合、屋内強電流電線はケーブルを使用すること、堅ろうな防護装置に収容すること等が義務付けられているため、屋内電線と屋内強電流電線との離隔距離は接触しない程度まで接近してもよいとされている。

2. 有線電気通信設備の保安（第19条）

有線電気通信設備は、総務省令で定めるところにより、絶縁機能、避雷機能その他の**保安機能**をもたなければならない。

ただし、その線路が地中電線であり、架空電線と接続されない場合や、導体が光ファイバの場合は除かれる。

代表的な保安機能としては、屋内の有線電気通信設備と引込線との接続箇所に、次のものからなる保安装置等を設置することとされている。

・**交流500V以下で動作する避雷器**
・**7A以下で動作するヒューズ**
　若しくは**500mA以下で動作する熱線輪**

1　屋内電線、有線電気通信設備の保安

● 屋内電線の離隔距離

離隔距離は原則として30cmを超えること。30cmを超えて確保できない場合は総務省令で定める条件で設置。

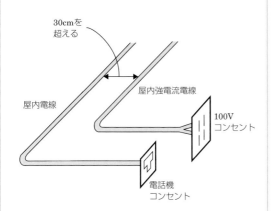

● 離隔距離が30cm確保できない場合の措置

強電流電線の種別	強電流絶縁電線	強電流ケーブル
低　圧	10cm以上	触れないよう設置
高　圧	15cm以上	
特別高圧	触れないよう設置	

● 離隔距離を確保する必要のない条件

強電流電線の種類		設置の条件
	300V以下	・間に絶縁性の隔壁があるとき ・強電流電線が絶縁管(絶縁性、難燃性、耐水性のもの)に収められているとき
	低　圧	屋内強電流電線が ・接地工事をした金属製の管等に収められているとき ・絶縁度の高い管等に収められているとき ・強電流ケーブルであるとき
	高　圧	屋内強電流電線が ・強電流ケーブルであって、屋内電線との間に耐火性のある堅ろうな隔壁があるとき ・強電流ケーブルであって、耐火性のある堅ろうな管等に収められているとき

● 同一の管等への設置

屋内電線と屋内強電流電線は同一の管に収めて設置することは原則禁止であるが、次の場合は認められる。

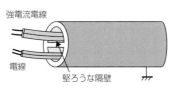

金属製部分を特別保安接地工事

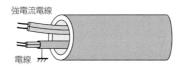

特別保安接地工事をした金属製の電気的遮へい

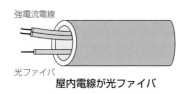

屋内電線が光ファイバ

2　有線電気通信設備の保安

● 保安機能

有線電気通信設備は、絶縁機能、避雷機能その他の保安機能をもたなければならない。

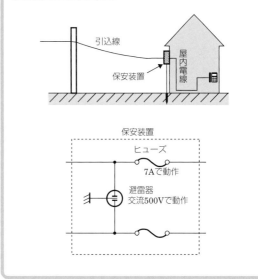

重要語句の確認

（有線電気通信法）

第1条（目的）

(1) 有線電気通信法は、有線電気通信設備の設置及び ［（ア）］ を規律
し、有線電気通信に関する ［（イ）］ を確立することによって、
［（ウ）］ の増進に寄与することを目的とする。

ア	使用
イ	秩序
ウ	公共の福祉

第2条（定義）

(1) 「有線電気通信」とは、送信の場所と受信の場所との間の線条その
他の ［（ア）］ を利用して、［（イ）］ により、符号、音響又は ［（ウ）］
を送り、伝え、又は受けることをいう。

(2) 「有線電気通信設備」とは、有線電気通信を行うための機械、器具、
線路その他の ［（エ）］ （無線通信用の有線連絡線を含む。）をいう。

ア	導体
イ	電磁的方式
ウ	影像
エ	電気的設備

第3条（有線電気通信設備の届出）

(1) 有線電気通信設備を設置しようとする者は、次の事項を記載した書
類を添えて、設置の工事の開始の日の ［（ア）］ 前まで（工事を要しな
いときは、設置の日から ［（ア）］ 以内）に、その旨を ［（イ）］ に届け
出なければならない。
① 有線電気通信の ［（ウ）］
② 設備の ［（エ）］
③ 設備の概要

(2) 有線電気通信設備の設置の届出をする者は、その届出に係る有線
電気通信設備が次に掲げる設備（総務省令で定めるものを除く。）に該
当するものであるときは、上記の事項のほか、その使用の ［（オ）］ そ
の他総務省令で定める事項を併せて届け出なければならない。
① ［（カ）］ 以上の者が共同して設置するもの
② ［（キ）］ （電気通信事業者（電気通信事業法第2条第五号に規定
する電気通信事業者をいう。以下同じ。）を除く。）の設置した有線電
気通信設備と相互に接続されるもの
③ ［（キ）］ の通信の用に供されるもの

(3) 有線電気通信設備を設置した者は、届出に係る事項を ［（ク）］ し
ようとするとき、又は第3条第2項に規定する設備に該当しない設備をこ
れに該当するものに ［（ク）］ しようとするときは、［（ク）］ の工事の
開始の日の ［（ア）］ 前まで（工事を要しないときは、［（ク）］ の日か
ら ［（ア）］ 以内）に、その旨を ［（イ）］ に届け出なければならない。

(4) 次の有線電気通信設備については、届出を要しない。

ア	2週間
イ	総務大臣
ウ	方式の別
エ	設置の場所
オ	態様
カ	2人
キ	他人
ク	変更
ケ	同一の構内
コ	同一の建物内
サ	政令

答

① 電気通信事業法第44条第1項に規定する事業用電気通信設備

② 放送法第2条第一号に規定する放送を行うための有線電気通信設備（同法第133条第1項の規定による届出をした者が設置するもの及び前号に掲げるものを除く。）

③ 設備の一の部分の ［　(エ)　］ が他の部分の ［　(エ)　］ と ［　(ケ)　］ （これに準ずる区域内を含む。以下同じ。）又は ［　(コ)　］ であるもの（第3条第2項各号に掲げるもの（同項の総務省令で定めるものを除く。）を除く。）

④ 警察事務、消防事務、水防事務、航空保安事務、海上保安事務、気象業務、鉄道事業、軌道事業、電気事業、鉱業その他 ［　(サ)　］ で定める業務を行う者が設置するもの（第3条第2項に掲げるもの（同項の総務省令で定めるものを除く。）を除く。）

⑤ その他、総務省令で定めるもの

第4条（本邦外にわたる有線電気通信設備）

(1) 本邦内の場所と本邦外の場所との間の有線電気通信設備は、［　(ア)　］ がその ［　(イ)　］ の用に供する設備として設置する場合を除き、設置してはならない。ただし、［　(ウ)　］ がある場合において、総務大臣の ［　(エ)　］ を受けたときは、この限りでない。

ア	電気通信事業者
イ	事業
ウ	特別の事由
エ	許可

第5条（技術基準）

(1) 有線電気通信設備（［　(ア)　］ で定めるものを除く。）は、［　(ア)　］ で定める ［　(イ)　］ に適合するものでなければならない。

(2) 有線電気通信設備の ［　(イ)　］ は、これにより次の事項が確保されるものとして定められなければならない。

① 有線電気通信設備は、［　(ウ)　］ の ［　(エ)　］ する有線電気通信設備に ［　(オ)　］ を与えないようにすること。

② 有線電気通信設備は、人体に ［　(カ)　］ を及ぼし、又は物件に ［　(キ)　］ を与えないようにすること。

ア	政令
イ	技術基準
ウ	他人
エ	設置
オ	妨害
カ	危害
キ	損傷

第6条（設備の検査等）

(1) 総務大臣は、この法律の施行に必要な限度において、［　(ア)　］ を設置した者からその設備に関する ［　(イ)　］ を徴し、又はその職員に、その事務所、営業所、工場若しくは事業所に立ち入り、その設備若しくは ［　(ウ)　］ を検査させることができる。

(2) 有線電気通信設備の立入検査をする職員は、その ［　(エ)　］ を携帯し、関係人に提示しなければならない。

ア	有線電気通信設備
イ	報告
ウ	帳簿書類
エ	身分を示す証明書

(3) 有線電気通信設備の検査の権限は、犯罪捜査のために認められた
ものと解してはならない。

第7条（設備の改善等の措置）

(1) 総務大臣は、有線電気通信設備を ［(ア)］ した者に対し、その設備
が技術基準に適合しないため ［(イ)］ の設置する有線電気通信設備
に ［(ウ)］ を与え、又は人体に危害を及ぼし、若しくは物件に損傷を与
えると認めるときは、その ［(ウ)］ 、危害又は損傷の防止又は除去のた
め必要な限度において、その設備の使用の ［(エ)］ 又は改造、
［(オ)］ その他の措置を ［(カ)］ ことができる。

(2) 総務大臣は、2人以上の者が共同して設置する有線電気通信設備
又は ［(イ)］ の設置した有線電気通信設備と相互に接続されるもの
（総務省令で定めるものを除く。）を ［(ア)］ した者に対しては、(1)の
規定によるほか、その設備につき ［(キ)］ の確保に支障があると認
めるとき、その他その設備の運用が適切でないため ［(イ)］ の利益
を ［(ク)］ すると認めるときは、その支障の除去その他当該
［(イ)］ の利益の確保のために必要な限度において、その設備の改
善その他の措置をとるべきことを ［(ケ)］ ことができる。

ア	設置
イ	他人
ウ	妨害
エ	停止
オ	修理
カ	命ずる
キ	通信の秘密
ク	阻害
ケ	勧告する

第8条（非常事態における通信の確保）

(1) ［(ア)］ は、天災、事変その他の非常事態が発生し、又は発生する
おそれがあるときは、［(イ)］ を設置した者に対し、災害の ［(ウ)］
若しくは ［(エ)］ 、交通、通信若しくは ［(オ)］ の供給の確保若しく
は ［(カ)］ のために必要な通信を行い、又はこれらの通信を行うため
その ［(イ)］ を ［(キ)］ に使用させ、若しくはこれを他の ［(イ)］
に接続すべきことを命ずることができる。

(2) ［(ア)］ が ［(イ)］ を設置した者に通信を行い、又はその設備を
［(キ)］ に使用させ、若しくは接続すべきことを命じたときは、国は、
その通信又は接続に要した ［(ク)］ を弁償しなければならない。

ア	総務大臣
イ	有線電気通信設備
ウ	予防
エ	救援
オ	電力
カ	秩序の維持
キ	他の者
ク	実費

有線電気通信設備令

第1条（定義）

(1) 電線とは、有線電気通信（送信の場所と受信の場所との間の線条その
他の導体を利用して、電磁的方式により信号を行うことを ［(ア)］。）
を行うための導体（絶縁物又は保護物で被覆されている場合は、これ
らの物を ［(ア)］。）であって、強電流電線に重畳される通信回線に

ア	含む
イ	係るもの以外の
ウ	絶縁物のみ

　　　　(イ)　ものをいう。

(2)　絶縁電線とは、 (ウ) で被覆されている電線をいう。

(3)　ケーブルとは、 (エ) 並びに (エ) 以外の (オ) で被覆されている電線をいう。

(4)　強電流電線とは、 (カ) を行うための導体(絶縁物又は保護物で被覆されている場合は、これらの物を (ア) 。)をいう。

(5)　線路とは、送信の場所と受信の場所との間に設置されている電線及びこれに係る (キ) その他の機器(これらを支持し、又は保蔵するための工作物を (ア) 。)をいう。

(6)　支持物とは、 (ク) 、支線、つり線その他電線又は強電流電線を支持するための工作物をいう。

(7)　離隔距離とは、線路と他の物体(線路を (ア) 。)とが (ケ) による位置の変化により最も (コ) 場合におけるこれらの物の間の距離をいう。

(8)　音声周波とは、周波数が (サ) を超え、 (シ) 以下の電磁波をいう。

(9)　高周波とは、周波数が (シ) を超える電磁波をいう。

(10)　絶対レベルとは、一の (ス) の (セ) に対する比を (ソ) で表わしたものをいう。

(11)　平衡度とは、通信回線の中性点と (タ) との間に起電力を加えた場合におけるこれらの間に (チ) と通信回線の端子間に (チ) との比を (ソ) で表わしたものをいう。

エ	光ファイバ
オ	絶縁物及び保護物
カ	強電流電気の伝送
キ	中継器
ク	電柱
ケ	気象条件
コ	接近した
サ	200ヘルツ
シ	3,500ヘルツ
ス	皮相電力
セ	1ミリワット
ソ	デシベル
タ	大地
チ	生ずる電圧

第2条の2(使用可能な電線の種類)

(1)　有線電気通信設備に使用する電線は、 (ア) 又は (イ) でなければならない。ただし、総務省令で定める場合は、この限りでない。

ア	絶縁電線
イ	ケーブル

第3条(通信回線の平衡度)

(1)　通信回線(導体が (ア) であるものを除く。以下同じ。)の平衡度は、 (イ) の交流において (ウ) 以上でなければならない。ただし、総務省令で定める場合は、この限りでない。

ア	光ファイバ
イ	1,000ヘルツ
ウ	34デシベル

第4条(線路の電圧及び通信回線の電力)

(1)　通信回線の線路の電圧は、 (ア) 以下でなければならない。ただし、電線として (イ) を使用するとき、又は人体に危害を及ぼし、若しくは物件に損傷を与えるおそれがないときは、この限りでない。

(2)　通信回線の電力は、 (ウ) で表わした値で、その周波数が音声

ア	100ボルト
イ	ケーブルのみ
ウ	絶対レベル

周波であるときは、 （エ） 以下、高周波であるときは、 （オ） 以下でなければならない。ただし、総務省令で定める場合は、この限りでない。

エ プラス10デシベル
オ プラス20デシベル

第5条（架空電線の支持物）

⑴　架空電線の支持物は、その架空電線が他人の設置した架空電線又は架空強電流電線と （ア） し、又は （イ） するときは、次の各号により設置しなければならない。ただし、 （ウ） とき、又は人体に危害を及ぼし、若しくは物件に損傷を与えないように （エ） をしたときは、この限りでない。

① 　他人の設置した架空電線又は架空強電流電線を （オ） 、又はこれらの （カ） ことがないようにすること。
② 　架空強電流電線（当該架空電線の支持物に架設されるものを除く。）との間の （キ） 距離は、総務省令で定める値以上とすること。

ア 交差
イ 接近
ウ その他人の承諾を得た
エ 必要な設備
オ 挟み
カ 間を通る
キ 離隔

第6条（架空電線の支持物）

⑴　道路上に設置する （ア） 、架空電線と架空強電流電線とを架設する （ア） その他の総務省令で定める （ア） は、総務省令で定める （イ） をもたなければならない。
⑵　前項の （イ） は、その （ア） に架設する物の重量、電線の不平均張力及び総務省令で定める （ウ） が加わるものとして計算するものとする。

ア 電柱
イ 安全係数
ウ 風圧荷重

第8条（架空電線の高さ）

⑴　架空電線の高さは、その架空電線が （ア） にあるとき、鉄道又は軌道を横断するとき、及び河川を横断するときは、 （イ） で定めるところによらなければならない。

ア 道路上
イ 総務省令

第9条（架空電線と他人の設置した架空電線等との関係）

⑴　架空電線は、 （ア） の設置した架空電線との離隔距離が （イ） 以下となるように設置してはならない。ただし、その （ア） の承諾を得たとき、又は設置しようとする架空電線（これに係る中継器その他の機器を含む。以下この条において同じ。）が、 （ア） の設置した架空電線に係る作業に支障を及ぼさず、かつ、その （ア） の設置した架空電線に損傷を与えない場合として （ウ） で定めるときは、この限りでない。

ア 他人
イ 30センチメートル
ウ 総務省令

第10条(架空電線と他人の設置した架空電線等との関係)

(1)　架空電線は、　(ア)　の建造物との離隔距離が　(イ)　以下となるように設置してはならない。ただし、その　(ア)　の承諾を得たときは、この限りでない。

ア	他人
イ	30センチメートル

第11条(架空電線と他人の設置した架空電線等との関係)

(1)　架空電線は、架空強電流電線と交差するとき、又は架空強電流電線との　(ア)　距離がその架空電線若しくは架空強電流電線の支持物のうちいずれか　(イ)　ものの高さに相当する距離　(ウ)　ときは、総務省令で定めるところによらなければ、設置してはならない。

ア	水平
イ	高い
ウ	以下となる

第12条(架空電線と他人の設置した架空電線等との関係)

(1)　架空電線は、　(ア)　で定めるところによらなければ、架空強電流電線と　(イ)　支持物に架設してはならない。

ア	総務省令
イ	同一の

第17条(屋内電線)

(1)　屋内電線(光ファイバを除く。以下この条について同じ。)と大地との間及び屋内電線相互間の絶縁抵抗は、直流　(ア)　の電圧で測定した値で　(イ)　以上でなければならない。

ア	100ボルト
イ	1メガオーム

第18条(屋内電線)

(1)　屋内電線は、屋内強電流電線との離隔距離が　(ア)　以下となるときは、総務省令で定めるところによらなければ、設置してはならない。

ア	30センチメートル

第19条(有線電気通信設備の保安)

(1)　有線電気通信設備は、総務省令で定めるところにより、絶縁機能、避雷機能その他の　(ア)　をもたなければならない。

ア	保安機能

有線電気通信設備令施行規則

第1条(定義)

(1)　　(ア)　とは、絶縁物で被覆されていない強電流電線をいう。
(2)　強電流絶縁電線とは、　(イ)　で被覆されている強電流電線をいう。
(3)　強電流ケーブルとは、　(ウ)　で被覆されている強電流電線をいう。
(4)　低周波とは、周波数が　(エ)　以下の電磁波をいう。
(5)　電車線とは、電車にその動力用の電気を供給するために使用する接触　(ア)　及び鋼索鉄道の車両内の装置に電気を供給するために使

ア	強電流裸電線
イ	絶縁物のみ
ウ	絶縁物及び保護物
エ	200ヘルツ

用する接触 (ア) をいう。

(6) 最大音量とは、通信回線に伝送される音響の (オ) を別に告示するところにより測定した値をいう。

(7) 低圧とは、直流にあっては (カ) 以下、交流にあっては (キ) 以下の電圧をいう。

(8) 高圧とは、直流にあっては (カ) を、交流にあっては (キ) を超え、(ク) 以下の電圧をいう。

(9) 特別高圧とは、(ク) を超える電圧をいう。

第7条（架空電線の高さ）

(1) 架空電線の高さは、その架空電線が道路上にあるときは、横断歩道橋の上にあるときを除き、路面から (ア) （交通に支障を及ぼすおそれが少ない場合で工事上やむを得ないときは、歩道と車道との区別がある道路の歩道上においては、2.5メートル、その他の道路上においては、4.5メートル）以上でなければならない。

(2) 架空電線の高さは、その架空電線が横断歩道橋の上にあるときは、その路面から (イ) 以上でなければならない。

(3) 架空電線の高さは、その架空電線が鉄道又は軌道を横断するときは、軌条面から (ウ) （車両の運行に支障を及ぼすおそれがない高さが (ウ) より低い場合は、その高さ）以上でなければならない。

(4) 架空電線の高さは、その架空電線が河川を横断するときは、(エ) 高さでなければならない。

第14条（架空強電流電線と同一の支持物に架設する架空電線）

(1) 架空電線を低圧又は高圧の架空強電流電線と2以上の同一の支持物に連続して架設するときは、架空電線を架空強電流電線の (ア) とし、架空強電流電線の腕金類と (イ) 腕金類に架設しなければならない。ただし、架空強電流電線が (ウ) であって、高圧強電流絶縁電線、特別高圧強電流絶縁電線若しくは強電流ケーブルであるとき、又は架空電線の導体が架空地線（架空強電流線路に使用するものに限る。）に内蔵若しくは外接して設置される光ファイバであるときは、この限りでない。

第18条（屋内電線と屋内強電流電線との交差又は接近）

(1) 屋内電線が低圧の屋内強電流電線と交差し、又は屋内強電流電線との離隔距離が30センチメートル以下となる場合には、屋内電線は、屋内強電流電線との離隔距離を (ア) （屋内強電流電線が強電流

オ	電力
カ	750ボルト
キ	600ボルト
ク	7,000ボルト

ア	5メートル
イ	3メートル
ウ	6メートル
エ	舟行に支障を及ぼすおそれがない

ア	下
イ	別の
ウ	低圧

ア	10センチメートル

裸電線であるときは、30センチメートル。）以上とするように設置しなければならない。ただし、屋内強電流電線が　(イ)　以下である場合において、屋内電線と屋内強電流電線との間に　(ウ)　を設置するとき、又は、屋内強電流電線が　(エ)　（絶縁性、難燃性及び　(オ)　のものに限る。）に収めて設置されているときは、この限りでない。

(2)　屋内電線が低圧の屋内強電流電線と交差し、又は屋内強電流電線との離隔距離が30センチメートル以下となる場合には、屋内電線は、接地工事をした金属製の、又は絶縁度の高い管、ダクト、ボックスその他これに類するもの（以下「　(カ)　」という。）に収めて設置されているとき、又は　(キ)　であるときは、屋内強電流電線を収容する　(カ)　又は　(キ)　に接触しないように設置しなければならない。

(3)　屋内電線が低圧の屋内強電流電線と交差し、又は屋内強電流電線との離隔距離が30センチメートル以下となる場合には、屋内電線と屋内強電流電線とを同一の　(カ)　に収めて設置してはならない。ただし、次のいずれかに該当する場合は、この限りでない。

①　屋内電線と屋内強電流電線との間に　(ク)　隔壁を設け、かつ、金属製部分に特別保安接地工事を施したダクト又はボックスの中に屋内電線と屋内強電流電線を収めて設置するとき。

②　屋内電線が、特別保安接地工事を施した金属製の電気的遮へい層を有するケーブルであるとき。

③　屋内電線が、光ファイバその他　(ケ)　のもので構成されているとき。

(4)　屋内電線が高圧の屋内強電流電線と交差し、又は屋内強電流電線との離隔距離が30センチメートル以下となる場合には、屋内電線は、屋内強電流電線との離隔距離を　(コ)　以上とするように設置しなければならない。ただし、屋内強電流電線が　(キ)　であって、屋内電線と屋内強電流電線との間に　(サ)　のある　(ク)　隔壁を設けるとき、又は屋内強電流電線を　(サ)　のある　(ク)　管に収めて設置するときは、この限りでない。

第19条（保安機能）

(1)　屋内の有線電気通信設備と引込線との接続箇所には、　(ア)　以下で動作する避雷器及び　(イ)　以下で動作するヒューズ若しくは　(ウ)　以下で動作する熱線輪からなる保安装置又はこれと同等の保安機能を有する装置を設置しなければならない。ただし、雷又は強電流電線との混触により、人体に危害を及ぼし、若しくは物件に損傷を与えるおそれがない場合は、この限りでない。

イ　300ボルト
ウ　絶縁性の隔壁
エ　絶縁管
オ　耐水性
カ　管等
キ　強電流ケーブル
ク　堅ろうな
ケ　金属以外
コ　15センチメートル
サ　耐火性

ア　交流500ボルト
イ　7アンペア
ウ　500ミリアンペア

練 習 問 題

参照

問1

次の各文章の ☐☐☐☐☐ 内に、それぞれの [ ] の解答群の中から最も適したものを選び、その番号を記せ。

(1) 有線電気通信法の「目的」について述べた次の文章のうち、Ⓐ、Ⓑの下線部分は、☐☐☐☐☐。

この法律は、Ⓐ有線電気通信設備の設置及び使用を規律し、有線電気通信に関する秩序を確立することによって、Ⓑ国民生活の向上に寄与することを目的とする。

```
① Ⓐのみ正しい        ② Ⓑのみ正しい
③ ⒶもⒷも正しい      ④ ⒶもⒷも正しくない
```

☞ 126ページ
1 有線電気通信法の体系と目的

(2) 有線電気通信法に規定する用語について述べた次の二つの文章は、☐☐☐☐☐。

A 有線電気通信とは、送信の場所と受信の場所との間の線条その他の導体を利用して、電磁的方式により、符号、音響又は影像を送り、伝え、又は受けることをいう。

B 有線電気通信設備とは、有線電気通信を行うための機械、器具、線路その他の電気的設備（無線通信用の有線連絡線を含む。）をいう。

```
① Aのみ正しい        ② Bのみ正しい
③ AもBも正しい      ④ AもBも正しくない
```

☞ 126ページ
2 定義

(3) 有線電気通信設備（その設置について総務大臣に届け出る必要のないものを除く。）を設置しようとする者は、有線電気通信の方式の別、設備の ☐☐☐☐☐ 及び設備の概要を記載した書類を添えて、設置の工事の開始の日の2週間前まで（工事を要しないときは、設置の日から2週間以内）に、その旨を総務大臣に届け出なければならない。

```
① 接続の相手方        ② 技術的条件
③ 設置の方法          ④ 設置の場所
```

☞ 126ページ
3 有線電気通信設備の届出

(4) 有線電気通信法に規定する「有線電気通信設備の届出」について述べた次の二つの文章は、☐☐☐☐☐。

A 総務大臣に有線電気通信設備の設置の届出をする者は、その届出に係る設備が2人以上の者が共同して設置するもの（総務省令で定めるものを除く。）に該当するものであるときは、所定の事項のほか、その使用の態様等を併せて届け出なければならない。

B 有線電気通信設備を設置した者は、その設備の設置の場所を変

☞ 126ページ
3 有線電気通信設備の届出

更しようとするときは、変更の工事の開始の日の2週間前まで（工事を要しないときは、変更の日から2週間以内）に、その旨を総務大臣に届け出なければならない。

- ① Aのみ正しい　　② Bのみ正しい
- ③ AもBも正しい　④ AもBも正しくない

(5)　本邦内の場所と本邦外の場所との間の有線電気通信設備は、［　　　　］がその事業の用に供する設備として設置する場合を除き、設置してはならない。ただし、特別の事由がある場合において、総務大臣の許可を受けたときは、この限りでない。

- ① 電気通信事業者　　② 政令で定める者
- ③ 総務省令で定める者

☞128ページ
1　本邦外にわたる有線電気通信設備

(6)　有線電気通信法に規定する有線電気通信設備（政令で定めるものを除く。）の技術基準により確保されるべき事項について述べた次の二つの文章は、［　　　　］。

A　有線電気通信設備は、通信の秘密の確保に支障を与えないようにすること。

B　有線電気通信設備は、他人の設置する有線電気通信設備に妨害を与えないようにすること。

- ① Aのみ正しい　　② Bのみ正しい
- ③ AもBも正しい　④ AもBも正しくない

☞128ページ
2　技術基準

(7)　総務大臣は、有線電気通信法の施行に必要な限度において、有線電気通信設備を設置した者からその設備に関する報告を徴し、又はその職員に、その事務所、営業所、工場若しくは事業場に立ち入り、その設備若しくは［　　　　］を検査させることができる。

- ① 附属設備　　② 帳簿書類
- ③ 業務内容　　④ 運用状況

☞128ページ
3　設備の検査、改善等の措置

(8)　総務大臣は、有線電気通信設備を設置した者に対し、その設備が政令で定める技術基準に適合しないため他人の設置する有線電気通信設備に妨害を与えると認めるときは、その妨害の防止又は除去のため必要な限度において、その設備の［　　　　］その他の措置を命ずることができる。

- ① 修理又は取り外し　　② 使用の停止又は改造、修理
- ③ 設計の変更又は改造　④ 使用の制限又は停止

☞128ページ
3　設備の検査、改善等の措置

(9) 有線電気通信法に規定する「非常事態における通信の確保」につい
て述べた次の文章のうち、Ⓐ、Ⓑの下線部分は、 [＿＿＿＿＿] 。

総務大臣は、天災、事変その他の非常事態が発生し、又は発生する
おそれがあるときは、有線電気通信設備を設置した者に対し、Ⓐ災害
の予防若しくは救援、交通、通信若しくは電力の供給の確保又は秩序
の維持のために必要な通信を行い、又はこれらの通信を行うためその
有線電気通信設備をⒷ他の者に使用させ、若しくはこれを他の有線電
気通信設備に接続すべきことを命ずることができる。

```
┌─                                              ─┐
│ ①  Ⓐのみ正しい      ②  Ⓑのみ正しい          │
│ ③  Ⓐも Ⓑも正しい    ④  Ⓐも Ⓑも正しくない    │
└─                                              ─┘
```

☞128ページ

4 非常通信の確保、秘密の保
　護

問2

次の各文章の [＿＿＿＿＿] 内に、それぞれの [　　　] の解答群の中から最
も適したものを選び、その番号を記せ。

(1) 有線電気通信設備令に規定する用語について述べた次の二つの文
章は、 [＿＿＿＿＿] 。

A　高周波とは、周波数が3,500ヘルツを超える電磁波をいう。

B　電線とは、有線電気通信を行うための導体であって、強電流電線
に重畳される通信回線に係るものも含まれる。

```
┌─                                          ─┐
│ ①  Aのみ正しい      ②  Bのみ正しい        │
│ ③  Aも Bも正しい    ④  Aも Bも正しくない  │
└─                                          ─┘
```

☞130ページ

1 線路に関する定義

2 その他の定義

(2) 有線電気通信設備令に規定する用語について述べた次の二つの文
章は、 [＿＿＿＿＿] 。

A　絶縁電線とは、絶縁物及び保護物で被覆されている電線をいう。

B　ケーブルとは、光ファイバ並びに光ファイバ以外の絶縁物及び保護
物で被覆されている電線をいう。

```
┌─                                          ─┐
│ ①  Aのみ正しい      ②  Bのみ正しい        │
│ ③  Aも Bも正しい    ④  Aも Bも正しくない  │
└─                                          ─┘
```

☞130ページ

1 線路に関する定義

(3)　有線電気通信設備令に規定する用語について述べた次の二つの文章は、　　　　　　。

☞130ページ
1　線路に関する定義
2　その他の定義

A　強電流電線とは、強電流電気の伝送を行うための導体（絶縁物又は保護物で被覆されている場合は、これらの物を含む。）をいう。

B　絶対レベルとは、一の皮相電力の10ミリワットに対する比をデシベルで表わしたものをいう。

```
① 　Aのみ正しい　　　②　 Bのみ正しい
③ 　AもBも正しい　　④　 AもBも正しくない
```

(4)　有線電気通信設備令に規定する用語について述べた次の二つの文章は、　　　　　　。

☞130ページ
1　線路に関する定義
2　その他の定義

A　支持物とは、電柱、支線、つり線その他これに係る中継器その他の機器を支持し、保蔵するための工作物をいう。

B　音声周波とは、周波数が300ヘルツを超え、2,500ヘルツ以下の電磁波をいう。

```
① 　Aのみ正しい　　　②　 Bのみ正しい
③ 　AもBも正しい　　④　 AもBも正しくない
```

(5)　有線電気通信設備令又は有線電気通信設備令施行規則に規定する用語について述べた次の二つの文章は、　　　　　　。

☞130ページ
1　線路に関する定義
2　その他の定義

A　強電流裸電線とは、絶縁物のみで被覆されている強電流電線をいう。

B　平衡度とは、通信回線の中性点と大地との間に起電力を加えた場合におけるこれらの間に生ずる電圧と通信回線の端子間に生ずる電圧との比をデシベルで表わしたものをいう。

```
① 　Aのみ正しい　　　②　 Bのみ正しい
③ 　AもBも正しい　　④　 AもBも正しくない
```

(6)　有線電気通信設備令施行規則に規定する用語について述べた次の二つの文章は、　　　　　　。

☞130ページ
2　その他の定義

A　低周波とは、周波数が300ヘルツ以下の電磁波をいう。

B　高圧とは、交流にあっては、600ボルトを超え、6,000ボルト以下の電圧をいう。

```
① 　Aのみ正しい　　　②　 Bのみ正しい
③ 　AもBも正しい　　④　 AもBも正しくない
```

(7)　有線電気通信設備令施行規則において、最大音量とは、通信回線に伝送される音響の ☐☐☐☐☐ を別に告示するところにより測定した値をいう。

　　　［①　電　圧　　②　送出時間　　③　電　流　　④　電　力］

問3

　次の各文章の ☐☐☐☐☐☐ 内に、それぞれの［　　　］の解答群の中から最も適したものを選び、その番号を記せ。

(1)　有線電気通信設備令に規定する「使用可能な電線の種類」、「通信回線の平衡度」又は有線電気通信設備令施行規則に規定する「屋内電線と屋内強電流電線との交差又は接近」について述べた次の文章のうち、正しいものは、☐☐☐☐☐ である。

☞132ページ

1　使用可能な電線の種類

2　通信回線の平衡度

☞138ページ

1　屋内電線と屋内強電流電線
　　との関係

　　　①　有線電気通信設備に使用する電線は、絶縁電線又は強電流絶縁電線でなければならない。ただし、総務省令で定める場合は、この限りでない。

　　　②　通信回線（導体が光ファイバであるものを除く。）の平衡度は、通信回線が強電流電線に重畳されるものであるとき、1,000ヘルツの交流において34デシベル以上でなければならない。

　　　③　屋内電線が高圧の屋内強電流電線と交差する場合、屋内強電流電線との間に絶縁性の隔壁を設けて設置すれば、両者間の離隔距離は、15センチメートル以下でもよい。

　　　④　屋内電線が特別保安接地工事を施した金属製の電気的遮へい層を有するケーブルであるときは、屋内電線と低圧の屋内強電流電線とを同一の管等に収めて設置することができる。

(2)　有線電気通信設備令の「通信回線の平衡度」において、通信回線（導体が光ファイバであるものを除く。）の平衡度は、1,000ヘルツの交流において34デシベル以上でなければならないが、通信回線が線路に ☐☐☐☐☐ の電流を送るものであるときは、この限りでないと規定されている。

☞132ページ

2　通信回線の平衡度

　　　［①　直流又は低周波　　②　高周波
　　　　③　アナログ信号　　④　音声周波］

⑶　有線電気通信設備令に規定する通信回線について述べた次の二つの文章は、□□□□。

☞132ページ

3　線路の電圧

4　通信回線の電力

　　A　通信回線（導体が光ファイバであるものを除く。）の電力は、絶対レベルで表わした値で、その周波数が音声周波であるときは、プラス10デシベル以下、高周波であるときは、プラス20デシベル以下でなければならない。ただし、総務省令で定める場合は、この限りでない。

　　B　通信回線（導体が光ファイバであるものを除く。）の線路の電圧は、100ボルトを超え200ボルト以下でなければならない。ただし、電線としてケーブルのみを使用するとき、又は人体に危害を及ぼし、若しくは物件に損傷を与えるおそれがないときは、この限りでない。

　　　　① 　Aのみ正しい　　　② 　Bのみ正しい
　　　　③ 　AもBも正しい　　④ 　AもBも正しくない

⑷　有線電気通信設備令の「架空電線の支持物」において、道路上に設置する電柱、架空電線と架空強電流電線とを架設する電柱その他の総務省令で定める電柱は、総務省令で定める □□□□ をもたなければならないと規定されている。

☞134ページ

2　支持物の安全係数

　　　　① 　水平距離　　② 　絶縁耐力
　　　　③ 　安全係数　　④ 　分界点

⑸　有線電気通信設備令に規定する架空電線について述べた次の二つの文章は、□□□□。

☞134ページ

1　架空電線の支持物

☞136ページ

5　架空強電流電線との共架

　　A　架空電線は、総務省令で定めるところによらなければ、架空強電流電線と同一の支持物に架設してはならない。

　　B　架空電線の支持物は、その架空電線が他人の設置した架空電線又は架空強電流電線と交差し、又は接近するときは、その他人の設置した架空電線又は架空強電流電線を挟み又はその間を通ることがないように設置しなければならない。ただし、その他人の承諾を得たとき、又は人体に危害を及ぼし、若しくは物件に損傷を与えないように必要な設備をしたときは、この限りでない。

　　　　① 　Aのみ正しい　　　② 　Bのみ正しい
　　　　③ 　AもBも正しい　　④ 　AもBも正しくない

⑹　有線電気通信設備令に規定する架空電線について述べた次の二つの文章は、□□□□。

☞136ページ

1　架空電線の高さ

4　架空強電流電線との関係

　　A　架空電線の高さは、その架空電線が道路上にあるとき、鉄道又は軌道を横断するとき、及び河川を横断するときは総務省令で定める

ところによらなければならない。

　　B　架空電線は、架空強電流電線との垂直距離がその架空電線若し
　　　くは架空強電流電線の支持物のうちいずれか高いものの高さに相
　　　当する距離以下となるときは、総務省令で定めるところによらなけれ
　　　ば、設置してはならない。

［①　Aのみ正しい　　　②　Bのみ正しい　　　　］
［③　AもBも正しい　　④　AもBも正しくない］

(7)　有線電気通信設備令施行規則の「架空電線の高さ」において、架空
　　電線が道路上にあるときは、横断歩道橋の上にあるときを除き、路面
　　から、□□□□□□メートル（交通に支障を及ぼすおそれが少ない場合で
　　工事上やむを得ないときは、歩道と車道との区別がある道路上におい
　　ては、2.5メートル、その他の道路上においては、4.5メートル）以上で
　　なければならないと規定されている。

［①　1　　②　2　　③　3　　④　4　　⑤　5］

☞136ページ
1　架空電線の高さ

(8)　有線電気通信設備令施行規則の「架空電線の高さ」において、架空
　　電線の高さは、架空電線が鉄道又は軌道を横断するときは、軌条面か
　　ら□□□□□□メートル（車両の運行に支障を及ぼすおそれがない高さが
　　□□□□□□メートルより低い場合は、その高さ）以上でなければならない
　　と規定されている。

［①　4.5　　②　5　　③　5.5　　④　6　　⑤　6.5　　⑥　8］

☞136ページ
1　架空電線の高さ

(9)　有線電気通信設備令に規定する架空電線について述べた次の文章
　　は、□□□□□□が正しい。

　　［①　架空電線は、他人の建造物との離隔距離が30センチメートル
　　　　以下となるように設置してはならない。ただし、その他人の承諾
　　　　を得たときは、この限りでない。
　　　②　架空電線は、他人の設置した架空電線との離隔距離が40セ
　　　　ンチメートル以下となるように設置してはならない。ただし、その
　　　　他人の承諾を得たときは、この限りでない。
　　　③　架空電線の支持物には、取扱者が昇降に使用する足場金具
　　　　等を地表1メートル未満の高さに取り付けてはならない。ただ
　　　　し、総務省令で定める場合は、この限りでない。

☞134ページ
3　昇塔防止のための足場金具
☞136ページ
2　他人の設置した架空電線と
　　の関係

3　他人の建造物との関係

⑽　有線電気通信設備令に規定する架空電線について述べた次の二つの文章は、□□□□□□。

A　架空電線を低圧又は高圧の架空強電流電線と二以上の同一の支持物に連続して架設するときは、架空電線を架空強電流電線の下とし、架空強電流電線の腕金類と別の腕金類に架設しなければならない。ただし、架空強電流電線が低圧であって、高圧強電流絶縁電線、特別高圧強電流絶縁電線若しくは強電流ケーブルであるとき、又は架空電線の導体が架空地線（架空強電流線路に使用するものに限る。以下同じ。）に内蔵若しくは外接して設置される光ファイバであるときは、この限りでない。

B　架空電線を架空強電流電線と二以上の同一の支持物に連続して架設するときは、架空強電流電線の使用電圧が低圧で種別が強電流ケーブルである場合の離隔距離は、60センチメートル（架空電線が別に告示する条件に適合する場合であって、強電流電線の設置者の承諾を得たときは30センチメートル）以上としなければならない。

```
① Aのみ正しい      ② Bのみ正しい
③ AもBも正しい     ④ AもBも正しくない
```

☞136ページ
5　架空強電流電線との共架

問4

　次の各文章の □□□□□□ 内に、それぞれの［　　　］の解答群の中から最も適したものを選び、その番号を記せ。

⑴　有線電気通信設備令に規定する「屋内電線」及び「有線電気通信設備の保安」について述べた次の二つの文章は、□□□□□□。

A　屋内電線（光ファイバを除く。）と大地との間及び屋内電線相互間の絶縁抵抗は、直流100ボルトの電圧で測定した値で、2メグオーム以上でなければならない。

B　有線電気通信設備は、総務省令で定めるところにより、絶縁機能、避雷機能その他の保安機能をもたなければならない。

```
① Aのみ正しい      ② Bのみ正しい
③ AもBも正しい     ④ AもBも正しくない
```

☞136ページ
6　屋内電線の絶縁抵抗
☞138ページ
2　有線電気通信設備の保安

⑵　有線電気通信設備令施行規則に規定する「屋内電線と屋内強電流電線との交差又は接近」について述べた次の二つの文章は、□□□□□□。

A　屋内強電流電線が300ボルト以下である場合において、屋内電線と屋内強電流電線との間に絶縁性の隔壁を設置するときは、屋内電

☞138ページ
1　屋内電線と屋内強電流電線
　との関係

線と屋内強電流電線との離隔距離を10センチメートル以下とすることができる。

B 屋内電線が光ファイバその他金属以外のもので構成されているときは、屋内電線と低圧の屋内強電流電線とを同一の管等に収めて設置することができない。

① Aのみ正しい　　② Bのみ正しい
③ AもBも正しい　④ AもBも正しくない

(3) 有線電気通信設備令施行規則に規定する、屋内電線と高圧の屋内強電流電線との離隔距離を15センチメートル未満とすることができる場合が二つある。その二つとは、 ☐ である。ただし、高圧の屋内強電流電線は強電流ケーブルとする。

A 屋内電線と屋内強電流電線との間に絶縁性の隔壁を設置するとき。

B 屋内電線と屋内強電流電線との間に耐火性のある堅ろうな隔壁を設けるとき。

C 屋内強電流電線を耐火性のある堅ろうな管に収めて設置するとき。

D 屋内強電流電線を絶縁管に収めて設置するとき。

① AとB　　② AとC　　③ AとD
④ BとC　　⑤ BとD　　⑥ CとD

☞138ページ

1 屋内電線と屋内強電流電線との関係

(4) 有線電気通信設備令施行規則の「屋内電線と屋内強電流電線との交差又は接近」において、屋内電線と高圧の屋内強電流電線とが30センチメートル以内の距離において交差する場合には、屋内電線は、屋内強電流電線との離隔距離が15センチメートル以上となるように設置しなければならないが、屋内強電流電線が強電流ケーブルであって、 ☐ は、この限りでないと規定されている。

① 屋内強電流電線が、絶縁管に収めて設置されているとき

② 屋内強電流電線が、接地工事をした金属製の管、ダクト、ボックスその他これに類するものに収めて設置されているとき

③ 屋内強電流電線を耐火性のある堅ろうな管に収めて設置するとき

④ 屋内強電流電線が、特別保安接地工事を施した金属製の電気的遮へい層を有するものであるとき

☞138ページ

1 屋内電線と屋内強電流電線との関係

(5)　有線電気通信設備令施行規則の「保安機能」において、屋内の有線電気通信設備と引込線の接続箇所には、交流500ボルト以下で動作する避雷器及び7アンペア以下で動作するヒューズ若しくは [　　　　] ミリアンペア以下で動作する熱線輪からなる保安装置又はこれと同等の保安機能を有する装置を設置しなければならないが、雷又は強電流電線との混触により、人体に危害を及ぼし、若しくは物件に損傷を与えるおそれがない場合は、この限りでないと規定されている。

　　[①　100　　②　300　　③　500　　④　700]

☞138ページ
2　有線電気通信設備の保安

解答

（解説は、218ページ。）

問1－(1)①　(2)③　(3)④　(4)③　(5)①　(6)②　(7)②　(8)②　(9)③
問2－(1)①　(2)②　(3)①　(4)④　(5)②　(6)④　(7)④
問3－(1)④　(2)①　(3)①　(4)③　(5)③　(6)①　(7)⑤　(8)④　(9)①　(10)①
問4－(1)②　(2)①　(3)④　(4)③　(5)③

6

不正アクセス禁止法、電子署名法

　コンピュータネットワークの急速な普及に伴い、他人のネットワークに正規のユーザになりすまして侵入し、情報を窃取したり改ざんしたりするような犯罪が相次いでいる。このような事態に端末設備でも適切に対処する必要があり、被害の防止はもちろん、端末設備の設置者が誤って加害者になってしまうことのないよう、情報セキュリティに関する法令の知識を得ておかなければならない。

　ここでは、「不正アクセス行為の禁止等に関する法律」及び「電子署名及び認証業務に関する法律」について学習する。

6-1 不正アクセス禁止法

1. 不正アクセス禁止法の目的（第1条）

　不正アクセス禁止法は、正式には「**不正アクセス行為の禁止等に関する法律**」といい、不正アクセス行為を禁止するとともに、これについての罰則及びその再発防止のための都道府県公安委員会による援助措置等を定めることにより、電気通信回線を通じて行われる電子計算機に係る犯罪の防止及びアクセス制御機能により実現される電気通信に関する秩序の維持を図り、もって高度情報通信社会の健全な発展に寄与することを目的としている。

2. 用語の定義（第2条）

(a)アクセス管理者

　「アクセス管理者」とは、電気通信回線に接続している電子計算機（「特定電子計算機」という。）の利用（当該電気通信回線を通じて行うものに限る。）につき当該特定電子計算機の動作を管理する者をいう。

(b)識別符号

　「識別符号」とは、特定電子計算機の特定利用をすることについて当該特定利用に係るアクセス管理者の許諾を得た者（「利用権者」という。）及び当該アクセス管理者（「利用権者等」という。）に、当該アクセス管理者において当該利用権者等を他の利用権者等と区別して識別することができるように付される符号であって、次のいずれかに該当するもの又は次のいずれかに該当する符号とその他の符号を組み合わせたものをいう。

① 　当該アクセス管理者によってその内容をみだりに第三者に知らせてはならないものとされている符号
② 　当該利用権者等の身体の全部若しくは一部の影像又は音声を用いて当該アクセス管理者

が定める方法により作成される符号
③ 　当該利用権者等の署名を用いて当該アクセス管理者が定める方法により作成される符号

(c)アクセス制御機能

　「アクセス制御機能」とは、特定電子計算機の特定利用を自動的に制御するために当該特定利用に係るアクセス管理者によって当該特定電子計算機又は当該特定電子計算機に電気通信回線を介して接続された他の特定電子計算機に付加されている機能であって、当該特定利用をしようとする者により当該機能を有する特定電子計算機に入力された符号が当該特定利用に係る識別符号（識別符号を用いて当該アクセス管理者の定める方法により作成される符号と当該識別符号の一部を組み合わせた符号を含む。）であることを確認して、当該特定利用の制限の全部又は一部を解除するものをいう。

(d)不正アクセス行為

　「不正アクセス行為」とは、次のいずれかに該当する行為をいう。

① 　アクセス制御機能を有する特定電子計算機に電気通信回線を通じて当該アクセス制御機能に係る他人の識別符号（識別符号を用いて当該アクセス管理者の定める方法により作成される符号と当該識別符号の一部を組み合わせた符号を含む。）を入力して当該特定電子計算機を作動させ、当該アクセス制御機能により制限されている特定利用をし得る状態にさせる行為（当該アクセス制御機能を付加したアクセス管理者がするもの及び当該アクセス管理者又は当該識別符号に係る利用権者の承諾を得てするものを除く。）

② 　アクセス制御機能を有する特定電子計算機に電気通信回線を通じて当該アクセス制御機能による特定利用の制限を免れることができる情報（識別符号（識別符号を用いて当該ア

クセス管理者の定める方法により作成される符号と当該識別符号の一部を組み合わせた符号を含む。）であるものを除く。）又は指令を入力して当該特定電子計算機を作動させ、その制限されている特定利用をし得る状態にさせる行為（当該アクセス制御機能を付加したアクセス管理者がするもの及び当該アクセス管理者の承諾を得てするものを除く。次の③において

て同じ。）

③　電気通信回線を介して接続された他の特定電子計算機が有するアクセス制御機能によりその特定利用を制限されている特定電子計算機に電気通信回線を通じてその制限を免れることができる情報又は指令を入力して当該特定電子計算機を作動させ、その制限されている特定利用をし得る状態にさせる行為

1　不正アクセス禁止法の目的

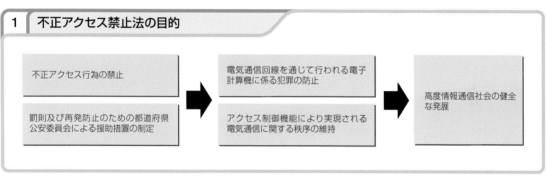

2　特定電子計算機の特定利用の例

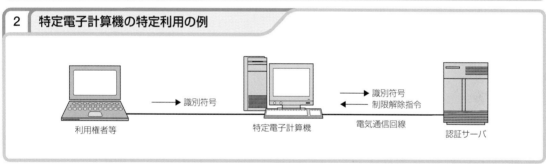

3　アクセス制御機能

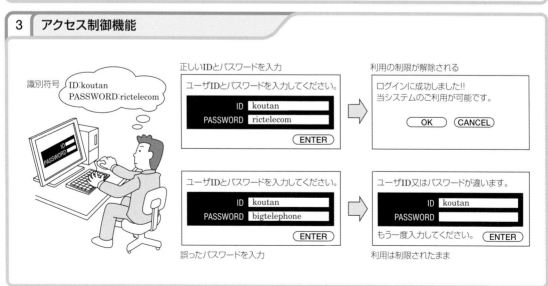

3. 不正アクセス行為の禁止(第3条)

何人も、不正アクセス行為をしてはならない。違反した者は、3年以下の懲役又は100万円以下の罰金が科される。

4. 他人の識別符号を不正に取得する行為の禁止(第4条)

何人も、不正アクセス行為の用に供する目的で、アクセス制御機能に係る他人の識別符号を取得してはならない。

これは、不正アクセス行為をするために他人のユーザIDやパスワードを盗み見たり、聞き出したりする等の行為を禁止する規定である。このように、自ら不正アクセス行為を実行しなくても、不正アクセス行為につながる危険がある行為であれば処罰の対象となる。違反した者は、1年以下の懲役又は50万円以下の罰金が科される。

5. 不正アクセス行為を助長する行為の禁止(第5条)

何人も、業務その他正当な理由による場合を除いては、アクセス制御機能に係る他人の識別符号を、当該アクセス制御機能に係るアクセス管理者及び当該識別符号に係る利用権者以外の者に提供してはならない。

不正アクセス禁止法が制定された当初は、ユーザID及びパスワードを第三者に提供しても、それがどのWebサイトで使用するものであるかがわからなければ、処罰の対象とはしなかった。しかし、近年、利用者が同一のユーザIDとパスワードを使い回す例が多くなっており、1つのユーザIDとパスワードの組合せを知れば、いくつものWebサイトでログインに成功してしまうことから、それがどのWebサイトで使用するものであるかがわからない場合でも、ユーザID及びパスワードの第三者への提供は処罰の対象とすることになった。違反した者は、1年以下の懲役又は50万円以下の罰金が科される。なお、「業務その他正当な理由による場合」とは、ユーザIDやパスワードがインターネット上に流出していることを発見したときに情報セキュリティ事業者又は公的機関に通報する場合や、実際にパスワードに用いられていることが多いが類推されやすいため用いるべきでない文字列の例として示す場合など、不正アクセス行為を防止する目的でそれが行われる場合をいう。

6. 他人の識別符号を不正に保管する行為の禁止(第6条)

何人も、不正アクセス行為の用に供する目的で、不正に取得されたアクセス制御機能に係る他人の識別符号を保管してはならない。

これは、正当な権限なく取得されたユーザIDやパスワードを、不正アクセス行為をするために保管する行為を禁止する規定である。違反した者は、1年以下の懲役又は50万円以下の罰金が科される。

7. 識別符号の入力を不正に要求する行為の禁止(第7条)

何人も、アクセス制御機能を特定電子計算機に付加したアクセス管理者になりすまし、その他当該アクセス管理者であると誤認させて、次に掲げる行為をしてはならない。ただし、当該アクセス管理者の承諾を得てする場合は、この限りでない。

① 当該アクセス管理者が当該アクセス制御機能に係る識別符号を付された利用権者に対し当該識別符号を特定電子計算機に入力することを求める旨の情報を、電気通信回線に接続して行う自動公衆送信(公衆によって直接受信されることを目的として公衆からの求めに応じ自動的に送信を行うことをいい、放送又は有線放送に該当するものを除く。)を利用して公衆が閲覧することができる状態に置く行為

② 当該アクセス管理者が当該アクセス制御機能に係る識別符号を付された利用権者に対し当該識別符号を特定電子計算機に入力することを求める旨の情報を、電子メール(特定電子メールの送信の適正化等に関する法律に規定

する電子メールをいう。）により当該利用権者に送信する行為

これは、正規のWebサイトや電子メールであるかのように見せかけユーザID及びパスワードを入力させて盗むフィッシング行為を禁止するための規定である。違反した者は、1年以下の懲役又は50万円以下の罰金が科される。

8. アクセス管理者による防御措置（第8条）

アクセス制御機能を特定電子計算機に付加したアクセス管理者は、当該アクセス制御機能に係る識別符号又はこれを当該アクセス制御機能により確認するために用いる符号の適正な管理に努めるとともに、常に当該アクセス制御機能の有効性を検証し、必要があると認めるときは速やかにその機能の高度化その他当該特定電子計算機を不正アクセス行為から防御するため必要な措置を講ずるよう努めるものとする。

必要な措置としては、識別符号の確実な追加及び削除、パスワードファイルの暗号化、脆弱性に関する情報の収集、セキュリティパッチの適用、虹彩認証のような高度な認証方式の採用、ワンタイムパスワードや暗号鍵のような窃用されにくい識別符号の採用、ログを利用した定期的な検査、責任者の配置などがある。

| 4 | 他人の識別符号を不正に取得する行為の禁止 |

| 6 | 識別符号の入力を不正に要求する行為の禁止 |

| 5 | 不正アクセスを助長する行為の禁止 |

| 7 | 罰則 |

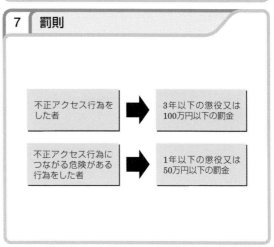

1. 電子署名法の目的（第1条）

　電子署名及び認証業務に関する法律は、電子署名に関し、電磁的記録の真正な成立の推定、特定認証業務に関する認定の制度その他必要な事項を定めることにより、電子署名の円滑な利用の確保による情報の電磁的方式による流通及び情報処理の促進を図り、もって国民生活の向上及び国民経済の健全な発展に寄与することを目的としている。

　本法は、電子商取引を普及・発展させていくためには、消費者が安心して取引を行えるような制度や技術を確立することが不可欠であり、電子商取引上のトラブルを防止したり、トラブルが発生したとしても適切な救済措置がとられることが重要であるという認識のもとに制定されたもので、平成13年4月（一部規定は3月）より施行された。これにより、電子署名に手書き署名や押印と同等の効力を持たせる法的基盤が整備され、電子商取引をはじめとするネットワークを利用した社会経済活動が円滑化に行われることが期待されている。

2. 用語の定義（第2条）

(a)電子署名

　「電子署名」とは、電磁的記録（電子的方式、磁気的方式その他人の知覚によっては認識することができない方式で作られる記録であって、電子計算機による情報処理の用に供されるものをいう。）に記録することができる情報について行われる措置であって、次の要件のいずれにも該当するものをいう。

①　当該情報が当該措置を行った者の作成に係るものであることを示すためのものであること。

②　当該情報について改変が行われていないかどうかを確認することができるものであること。

(b)認証業務

　「認証業務」とは、自らが行う電子署名についてその業務の利用者その他の者の求めに応じ、当該利用者が電子署名を行ったものであることを確認するために用いられる事項が当該利用者に係るものであることを証明する業務をいう。

　わかりやすくいえば、電子署名が本人のものであること等を証明する業務をいう。

(c)特定認証業務

　「特定認証業務」とは、電子署名のうち、その方式に応じて本人だけが行うことができるものとして主務省令で定める基準に適合するものについて行われる認証業務をいう。

　本人確認方法等が一定の基準を満たした認証業務は、主務大臣からその認定を受けることができる。この認定制度は、認証業務の信頼性を判断するためのめやすを一般に提供するためのものであり、認定を受けるかどうかは認証業務を行う事業者の任意となっている。なお、主務大臣とは、総務大臣、法務大臣及び経済産業大臣のことである。

3. 電磁的記録の真正な成立の推定（第3条）

　電磁的記録であって情報を表すために作成されたもの（公務員が職務上作成したものを除く。）は、当該電磁的記録に記録された情報について本人による電子署名（これを行うために必要な符号及び物件を適正に管理することにより、本人だけが行うことができることとなるものに限る。）が行われているときは、真正に成立したものと推定する。

　ここでいう、電磁的記録が「真正に成立した」とは、その電磁的記録が作成者本人の意志に基づいて作成されたということである。これにより、手書きの署名や印鑑を押してある文書と同等の法的効力が発生する。

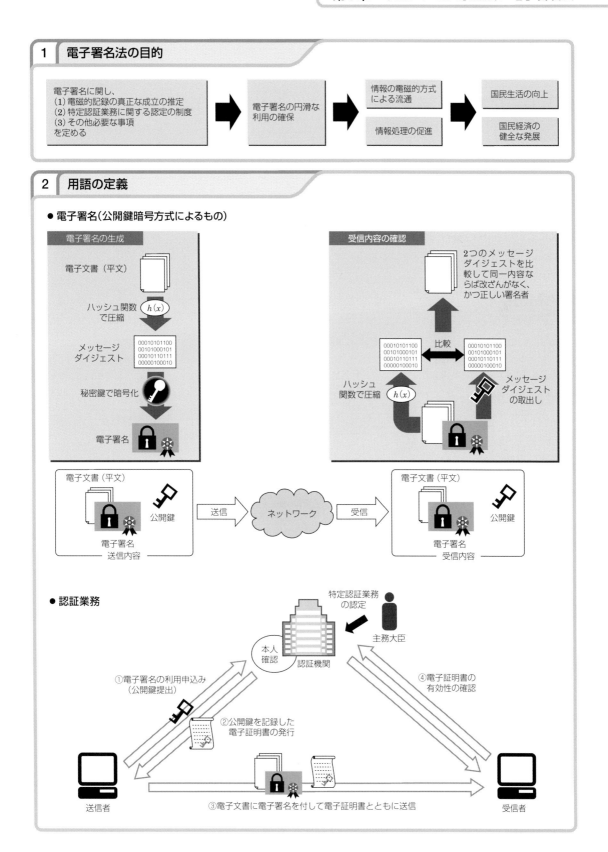

1　電子署名法の目的

電子署名に関し、
(1) 電磁的記録の真正な成立の推定
(2) 特定認証業務に関する認定の制度
(3) その他必要な事項
を定める

➡ 電子署名の円滑な利用の確保

➡ 情報の電磁的方式による流通
情報処理の促進

➡ 国民生活の向上
国民経済の健全な発展

2　用語の定義

● 電子署名（公開鍵暗号方式によるもの）

電子署名の生成

電子文書（平文）

ハッシュ関数 $h(x)$ で圧縮

メッセージダイジェスト
00010101100
00101000101
00010110111
00000100010

秘密鍵で暗号化

電子署名

受信内容の確認

2つのメッセージダイジェストを比較して同一内容ならば改ざんがなく、かつ正しい署名者

00010101100
00101000101
00010110111
00000100010
比較
00010101100
00101000101
00010110111
00000100010

ハッシュ関数で圧縮 $h(x)$

メッセージダイジェストの取出し

電子文書（平文）
公開鍵
電子署名
送信内容
送信 ネットワーク 受信
電子文書（平文）
公開鍵
電子署名
受信内容

● 認証業務

特定認証業務の認定

本人確認 認証機関 主務大臣

①電子署名の利用申込み（公開鍵提出）

②公開鍵を記録した電子証明書の発行

④電子証明書の有効性の確認

送信者

③電子文書に電子署名を付して電子証明書とともに送信

受信者

重要語句の確認

不正アクセス禁止法

第1条（目的）

⑴　不正アクセス行為の禁止等に関する法律は、不正アクセス行為を禁止するとともに、これについての　(ア)　及びその再発防止のための都道府県公安委員会による　(イ)　等を定めることにより、電気通信回線を通じて行われる　(ウ)　に係る犯罪の防止及び　(エ)　により実現される電気通信に関する　(オ)　を図り、もって高度情報通信社会の健全な発展に寄与することを目的とする。

第2条（定義）

⑴　「アクセス管理者」とは、　(ア)　に接続している　(イ)　（以下「特定　(イ)　」という。）の利用（当該　(ア)　を通じて行うものに限る。以下「　(ウ)　」という。）につき当該特定　(イ)　の動作を管理する者をいう。

⑵　「識別符号」とは、特定　(イ)　の　(ウ)　をすることについて当該　(ウ)　に係る　(エ)　の　(オ)　を得た者（以下「　(カ)　」という。）及び　(エ)　（以下「　(カ)　等」という。）に、当該　(エ)　において当該　(カ)　等を他の　(カ)　等と区別して識別することができるように付される符号であって、次のいずれかに該当するもの又は次のいずれかに該当する符号とその他の符号を組み合わせたものをいう。

　① 当該　(エ)　によってその内容をみだりに　(キ)　に知らせてはならないものとされている符号

　② 当該　(カ)　等の身体の全部若しくは一部の影像又は音声を用いて当該　(エ)　が定める方法により作成される符号

　③ 当該　(カ)　等の署名を用いて当該　(エ)　が定める方法により作成される符号

⑶　「アクセス制御機能」とは、特定　(イ)　の　(ウ)　を自動的に制御するために当該　(ウ)　に係る　(エ)　によって当該特定　(イ)　又は当該特定　(イ)　に　(ア)　を介して接続された他の特定　(イ)　に付加されている機能であって、当該　(ウ)　をしようとする者により当該機能を有する特定　(イ)　に入力された符号が当該　(ウ)　に係る　(ク)　（　(ク)　を用いて当該　(エ)　の定める方法により作成される符号と当該　(ク)　の一部を組み合わせた符号を含む。⑵の①及び②において同じ。）であることを確認して、当該　(ウ)　の制限の全部又は一部を解除するものをいう。

答

ア　罰則
イ　援助措置
ウ　電子計算機
エ　アクセス制御機能
オ　秩序の維持

ア　電気通信回線
イ　電子計算機
ウ　特定利用
エ　アクセス管理者
オ　許諾
カ　利用権者
キ　第三者
ク　識別符号
ケ　アクセス制御機能
コ　承諾
サ　指令

(4)　この法律において「不正アクセス行為」とは、次の各号のいずれかに該当する行為をいう。

① 　(ケ)　を有する特定　(イ)　に　(ア)　を通じて当該　(ケ)　に係る他人の　(ク)　を入力して当該特定　(イ)　を作動させ、当該　(ケ)　により制限されている　(ウ)　をし得る状態にさせる行為(当該　(ケ)　を付加した　(エ)　がするもの及び当該　(エ)　又は当該　(ク)　に係る　(カ)　の　(コ)　を得てするものを除く。)

② 　(ケ)　を有する特定　(イ)　に　(ア)　を通じて当該　(ケ)　による　(ウ)　の制限を免れることができる情報(　(ク)　であるものを除く。)又は　(サ)　を入力して当該特定　(イ)　を作動させ、その制限されている　(ウ)　をし得る状態にさせる行為(当該　(ケ)　を付加した　(エ)　がするもの及び当該　(エ)　の　(コ)　を得てするものを除く。次号において同じ。)

③ 　(ア)　を介して接続された他の特定　(イ)　が有する　(ケ)　によりその　(ウ)　を制限されている特定　(イ)　に　(ア)　を通じてその制限を免れることができる情報又は　(サ)　を入力して当該特定　(イ)　を作動させ、その制限されている　(ウ)　をし得る状態にさせる行為

第3条(不正アクセス行為の禁止)

(1)　　(ア)　、不正アクセス行為をしてはならない。

第4条(他人の識別符号を不正に取得する行為の禁止)

(1)　何人も、　(ア)　(第2条(4)の①に該当するものに限る。)の用に供する目的で、　(イ)　に係る　(ウ)　の識別符号を　(エ)　してはならない。

第5条(不正アクセス行為を助長する行為の禁止)

(1)　何人も、　(ア)　その他正当な理由による場合を除いては、アクセス制御機能に係る　(イ)　の識別符号を、当該アクセス制御機能に係る　(ウ)　及び当該識別符号に係る　(エ)　以外の者に　(オ)　してはならない。

ア　何人も

ア　不正アクセス行為
イ　アクセス制御機能
ウ　他人
エ　取得

ア　業務
イ　他人
ウ　アクセス管理者
エ　利用権者
オ　提供

第6条（他人の識別符号を不正に保管する行為の禁止）

⑴　何人も、不正アクセス行為の用に供する目的で、　（ア）　に取得されたアクセス制御機能に係る　（イ）　の識別符号を　（ウ）　してはならない。

第7条（識別符号の入力を不正に要求する行為の禁止）

⑴　何人も、　（ア）　を特定電子計算機に付加したアクセス管理者に　（イ）　、その他当該アクセス管理者であると　（ウ）　させて、次に掲げる行為をしてはならない。ただし、当該アクセス管理者の　（エ）　を得てする場合は、この限りでない。

①　当該アクセス管理者が当該　（ア）　に係る識別符号を付された利用権者に対し当該識別符号を特定電子計算機に　（オ）　することを求める旨の情報を、　（カ）　に接続して行う自動公衆送信（公衆によって直接　（キ）　されることを目的として公衆からの　（ク）　に応じ自動的に送信を行うことをいい、放送又は有線放送に該当するものを　（ケ）　。）を利用して公衆が　（コ）　することができる状態に置く行為

②　当該アクセス管理者が当該　（ア）　に係る識別符号を付された利用権者に対し当該識別符号を特定電子計算機に　（オ）　することを求める旨の情報を、　（サ）　（特定　（サ）　の送信の適正化等に関する法律第2条第一号に規定する　（サ）　をいう。）により当該利用権者に送信する行為

第8条（アクセス管理者による防御措置）

⑴　アクセス制御機能を特定電子計算機に付加した　（ア）　は、当該アクセス制御機能に係る　（イ）　又はこれを当該アクセス制御機能により確認するために用いる符号の　（ウ）　に努めるとともに、常に当該アクセス制御機能の　（エ）　を検証し、必要があると認めるときは　（オ）　その機能の高度化その他当該特定電子計算機を不正アクセス行為から防御するため　（カ）　を講ずるよう努めるものとする。

電子署名法

第1条（目的）

(1)　電子署名及び認証業務に関する法律は、電子署名に関し、　(ア)　記録の　(イ)　の推定、特定認証業務に関する　(ウ)　その他必要な事項を定めることにより、電子署名の　(エ)　の確保による情報の　(ア)　方式による　(オ)　の促進を図り、もって　(カ)　及び国民経済の健全な発展に寄与することを目的とする。

ア	電磁的
イ	真正な成立
ウ	認定の制度
エ	円滑な利用
オ	流通及び情報処理
カ	国民生活の向上

第2条（定義）

(1)　「電子署名」とは、　(ア)　（電子的方式、磁気的方式その他　(イ)　によっては認識することができない方式で作られる記録であって、電子計算機による　(ウ)　の用に供されるものをいう。以下同じ。）に記録することができる　(エ)　について行われる　(オ)　であって、次の要件のいずれにも該当するものをいう。

①　当該　(エ)　が当該　(オ)　を行った者の　(カ)　に係るものであることを示すためのものであること。

②　当該　(エ)　について　(キ)　が行われていないかどうかを　(ク)　することができるものであること。

(2)　「認証業務」とは、自らが行う電子署名についてその業務を利用する者（以下「利用者」という。）その他の者の　(ケ)　に応じ、当該利用者が電子署名を行ったものであることを　(ク)　するために用いられる事項が当該利用者に係るものであることを　(コ)　する業務をいう。

(3)　「特定認証業務」とは、電子署名のうち、その方式に応じて　(サ)　が行うことができるものとして　(シ)　に適合するものについて行われる認証業務をいう。

ア	電磁的記録
イ	人の知覚
ウ	情報処理
エ	情報
オ	措置
カ	作成
キ	改変
ク	確認
ケ	求め
コ	証明
サ	本人だけ
シ	主務省令で定める基準

第3条（電磁的記録の真正な成立の推定）

(1)　　(ア)　記録であって情報を表すために作成されたもの（公務員が職務上作成したものを除く。）は、当該　(ア)　記録に記録された情報について　(イ)　による電子　(ウ)　（これを行うために必要な符号及び　(エ)　を適正に　(オ)　することにより、　(イ)　だけが行うことができることとなるものに限る。）が行われているときは、　(カ)　したものと推定する。

ア	電磁的
イ	本人
ウ	署名
エ	物件
オ	管理
カ	真正に成立

169

参照

問1

次の各文章の _____ 内に、それぞれの［　　］の解答群の中から最も適したものを選び、その番号を記せ。

☞160ページ

1　不正アクセス禁止法の目的

⑴　不正アクセス行為の禁止等に関する法律は、不正アクセス行為を禁止するとともに、これについての罰則及びその再発防止のための都道府県公安委員会による援助措置等を定めることにより、電気通信回線を通じて行われる電子計算機に係る犯罪の防止及び _____ により実現される電気通信に関する秩序の維持を図り、もって高度情報通信社会の健全な発展に寄与することを目的とする。

　① アクセス制御機能
　② 外国政府との端末機器の相互認証
　③ 主務大臣が定める技術基準
　④ 電気通信事業者間で締結する接続約款
　⑤ 国際電気通信連合条約

☞160ページ

2　用語の定義

⑵　不正アクセス行為の禁止等に関する法律に規定する用語について述べた次の二つの文章は、 _____ 。

　A　アクセス管理者とは、電気通信回線に接続している電子計算機(以下「特定電子計算機」という。)の利用(当該電気通信回線を通じて行うものに限る。以下「特定利用」という。)につき当該特定電子計算機の動作を管理する者をいう。

　B　アクセス制御機能とは、特定電子計算機の特定利用を自動的に制御するために当該特定利用に係るアクセス管理者によって当該特定電子計算機又は当該特定電子計算機に電気通信回線を介して接続された他の特定電子計算機に付加されている機能であって、当該特定利用をしようとする者により当該機能を有する特定電子計算機に入力された符号が当該特定利用に係る識別符号(識別符号を用いて当該アクセス管理者の定める方法により作成される符号と当該識別符号の一部を組み合わせた符号を含む。)であることを確認して、当該特定利用の制限の全部又は一部を解除するものをいう。

　① Aのみ正しい　　② Bのみ正しい
　③ AもBも正しい　④ AもBも正しくない

☞162ページ

3　不正アクセス行為の禁止

⑶　不正アクセス行為の禁止等に関する法律に規定する事項について述べた次の二つの文章は、 _____ 。

　A　何人も、不正アクセス行為をしてはならない。

B　何人も、業務その他正当な理由による場合を除いては、アクセス制御機能に係る他人の識別符号を、当該アクセス制御機能に係るアクセス管理者及び当該識別符号に係る利用権者以外の者に提供してはならない。

5　不正アクセス行為を助長する行為の禁止

```
① 　Aのみ正しい　　　② 　Bのみ正しい
③ 　AもBも正しい　　④ 　AもBも正しくない
```

(4)　不正アクセス行為の禁止等に関する法律の規定において、アクセス制御機能を特定電子計算機に付加したアクセス管理者は、当該アクセス制御機能に係る識別符号又はこれを当該アクセス制御機能により確認するために用いる符号の適正な管理に努めるとともに、常に当該アクセス制御機能の [　　　　　] 、必要があると認めるときは速やかにその機能の高度化その他当該特定電子計算機を不正アクセス行為から防御するため必要な措置を講ずるよう努めるものとする。

☞163ページ
8　アクセス管理者による防御措置

```
① 　活用を促進し　　　② 　重要性にかんがみ
③ 　有効性を検証し　　④ 　機密性を評価し
⑤ 　緊要性にかんがみ
```

問2

次の各文章の [　　　　　] 内に、それぞれの [　　　] の解答群の中から最も適したものを選び、その番号を記せ。

(1)　電子署名及び認証業務に関する法律の目的について述べた次の文章のうち、Ⓐ、Ⓑの下線部分は、[　　　　　] 。

☞164ページ
1　電子署名法の目的

電子署名及び認証業務に関する法律は、電子署名に関し、電磁的記録のⒶ適正な利用のための基準、特定認証業務に関する認定の制度その他必要な事項を定めることにより、電子署名の円滑な利用の確保による情報の電磁的方式による流通及びⒷ情報処理の促進を図り、もって国民生活の向上及び国民経済の健全な発展に寄与することを目的とする。

```
① 　Ⓐのみ正しい　　　② 　Ⓑのみ正しい
③ 　ⒶもⒷも正しい　　④ 　ⒶもⒷも正しくない
```

(2)　電子署名及び認証業務に関する法律において、電磁的記録とは、電子的方式、磁気的方式その他 [　　　　　] することができない方式で作られる記録であって、電子計算機による情報処理の用に供されるもの

☞164ページ
2　用語の定義

をいう。

- ① 電気的手段だけでは認証　② 利用権者以外は識別
- ③ 人の知覚によっては認識　④ 本人以外は任意に改変
- ⑤ 光学的方式によっては保存

(3)　電子署名及び認証業務に関する法律において、電子署名とは、電磁的記録に記録することができる情報について行われる措置であって、次の要件のいずれにも該当するものをいうと規定されている。

a　当該情報が当該措置を行った者の作成に係るものであることを示すためのものであること。

b　当該情報について [　　　] が行われていないかどうかを確認することができるものであること。

- ① 窃　用　② 閲　覧　③ 改　変
- ④ 検　閲　⑤ 偽　造

☞164ページ

2　用語の定義

(4)　電子署名及び認証業務に関する法律において、電磁的記録であって情報を表すために作成されたもの（公務員が職務上作成したものを除く。）は、当該電磁的記録に記録された情報について [　　　] による電子署名（これを行うために必要な符号及び物件を適正に管理することにより、[　　　] だけが行うことができることとなるものに限る。）が行われているときは、真正に成立したものと推定する。

- ① アクセス管理者　② 本人
- ③ システム管理者　④ 利用権者

☞164ページ

3　電磁的記録の真正な成立の
　推定

（解説は、219ページ。）

解答

問 1 −(1)①　(2)③　(3)③　(4)③
問 2 −(1)②　(2)③　(3)③　(4)②

付録

関連法令(抜粋)

電気通信事業法

電気通信事業法施行規則

工事担任者規則

端末機器の技術基準適合認定等に関する規則

端末設備等規則

有線電気通信法

有線電気通信設備令

有線電気通信設備令施行規則

不正アクセス行為の禁止等に関する法律

電子署名及び認証業務に関する法律

付録 電気通信事業法（抜粋）
（昭和59年法律第86号）

電気通信事業法をここに公布する。

第1章　総　　則

（目的）

第1条　この法律は、電気通信事業の公共性にかんがみ、その運営を適正かつ合理的なものとするとともに、その公正な競争を促進することにより、電気通信役務の円滑な提供を確保するとともにその利用者の利益を保護し、もって電気通信の健全な発達及び国民の利便の確保を図り、公共の福祉を増進することを目的とする。

（定義）

第2条　この法律において、次の各号に掲げる用語の意義は、当該各号に定めるところによる。

⑴　電気通信　有線、無線その他の電磁的方式により、符号、音響又は影像を送り、伝え、又は受けることをいう。

⑵　電気通信設備　電気通信を行うための機械、器具、線路その他の電気的設備をいう。

⑶　電気通信役務　電気通信設備を用いて他人の通信を媒介し、その他電気通信設備を他人の通信の用に供することをいう。

⑷　電気通信事業　電気通信役務を他人の需要に応ずるために提供する事業（放送法（昭和25年法律第132号）第118条第1項に規定する放送局設備供給役務に係る事業を除く。）をいう。

⑸　電気通信事業者　電気通信事業を営むことについて、第9条の登録を受けた者及び第16条第1項の規定による届出をした者をいう。

⑹　電気通信業務　電気通信事業者の行う電気通信役務の提供の業務をいう。

（検閲の禁止）

第3条　電気通信事業者の取扱中に係る通信は、検閲してはならない。

（秘密の保護）

第4条　電気通信事業者の取扱中に係る通信の秘密は、侵してはならない。

2　電気通信事業に従事する者は、在職中電気通信事業者の取扱中に係る通信に関して知り得た他人の秘密を守らなければならない。その職を退いた後においても同様とする。

第5条　略

第2章　電気通信事業

第1節　総　　則

（利用の公平）

第6条　電気通信事業者は、電気通信役務の提供について、不当な差別的取扱いをしてはならない。

（基礎的電気通信役務の提供）

第7条　基礎的電気通信役務（国民生活に不可欠であるためあまねく日本全国における提供が確保されるべきものとして総務省令で定める電気通信役務を

いう。以下同じ。）を提供する電気通信事業者は、その適切、公平かつ安定的な提供に努めなければならない。

（重要通信の確保）

第8条　電気通信事業者は、天災、事変その他の非常事態が発生し、又は発生するおそれがあるときは、災害の予防若しくは救援、交通、通信若しくは電力の供給の確保又は秩序の維持のために必要な事項を内容とする通信を優先的に取り扱わなければならない。公共の利益のため緊急に行うことを要するその他の通信であって総務省令で定めるものについても、同様とする。

2　前項の場合において、電気通信事業者は、必要があるときは、総務省令で定める基準に従い、電気通信業務の一部を停止することができる。

3　電気通信事業者は、第1項に規定する通信（以下「重要通信」という。）の円滑な実施を他の電気通信事業者と相互に連携を図りつつ確保するため、他の電気通信事業者と電気通信設備を相互に接続する場合には、総務省令で定めるところにより、重要通信の優先的な取扱いについて取り決めることその他の必要な措置を講じなければならない。

第2節　電気通信事業の登録等

（電気通信事業の登録）

第9条　電気通信事業を営もうとする者は、総務大臣の登録を受けなければならない。ただし、次に掲げる場合は、この限りでない。

⑴　その者の設置する電気通信回線設備（送信の場所と受信の場所との間を接続する伝送路設備及びこれと一体として設置される交換設備並びにこれらの附属設備をいう。以下同じ。）の規模及び当該電気通信回線設備を設置する区域の範囲が総務省令で定める基準を超えない場合

⑵　その者の設置する電気通信回線設備が電波法（昭和25年法律第131号）第7条第2項第六号に規定する基幹放送に加えて基幹放送以外の無線通信の送信をする無線局の無線設備である場合（前号に掲げる場合を除く。）

第10条〜第15条　略

（電気通信事業の届出）

第16条　電気通信事業を営もうとする者（第9条の登録を受けるべき者を除く。）は、総務省令で定めるとこ

ろにより、次の事項を記載した書類を添えて、その旨を総務大臣に届け出なければならない。

(1) 氏名又は名称及び住所並びに法人にあっては、その代表者の氏名

(2) 外国法人等にあっては、国内における代表者又は国内における代理人の氏名又は名称及び国内の住所

(3) 業務区域

(4) 電気通信設備の概要(第44条第1項の事業用電気通信設備を設置する場合に限る。)

(5) その他総務省令で定める事項

第16条第2項～第18条　略

第3節　電気通信事業者の業務

(基礎的電気通信役務の契約約款)

第19条　基礎的電気通信役務を提供する電気通信事業者は、その提供する基礎的電気通信役務に関する料金その他の提供条件(第52条第1項又は第70条第1項第一号の規定により認可を受けるべき技術的条件に係る事項及び総務省令で定める事項を除く。)について契約約款を定め、総務省令で定めるところにより、その実施前に、総務大臣に届け出なければならない。これを変更しようとするときも、同様とする。

2　総務大臣は、前項の規定により届け出た契約約款が次の各号のいずれかに該当すると認めるときは、基礎的電気通信役務を提供する当該電気通信事業者に対し、相当の期限を定め、当該契約約款を変更すべきことを命ずることができる。

(1) 料金の額の算出方法が適正かつ明確に定められていないとき。

(2) 電気通信事業者及びその利用者の責任に関する事項並びに電気通信設備の設置の工事その他の工事に関する費用の負担の方法が適正かつ明確に定められていないとき。

(3) 電気通信回線設備の使用の態様を不当に制限するものであるとき。

(4) 特定の者に対し不当な差別的取扱いをするものであるとき。

(5) 重要通信に関する事項について適切に配慮されているものでないとき。

(6) 他の電気通信事業者との間に不当な競争を引き起こすものであり、その他社会的経済的事情に照らして著しく不適当であるため、利用者の利益を阻害するものであるとき。

3　基礎的電気通信役務を提供する電気通信事業者

は、第1項の規定により契約約款で定めるべき料金その他の提供条件については、同項の規定により届け出た契約約款によらなければ当該基礎的電気通信役務を提供してはならない。ただし、次項の規定により契約約款に定める当該基礎的電気通信役務の料金を減免する場合は、この限りでない。

4　基礎的電気通信役務を提供する電気通信事業者は、総務省令で定める基準に従い、第1項の規定により届け出た契約約款に定める当該基礎的電気通信役務の料金を減免することができる。

第20条～第24条　略

(提供義務)

第25条　基礎的電気通信役務を提供する電気通信事業者は、正当な理由がなければ、その業務区域における基礎的電気通信役務の提供を拒んではならない。

第25条第2項～第28条　略

(業務の改善命令)

第29条　総務大臣は、次の各号のいずれかに該当すると認めるときは、電気通信事業者に対し、利用者の利益又は公共の利益を確保するために必要な限度において、業務の方法の改善その他の措置をとるべきことを命ずることができる。

(1) 電気通信事業者の業務の方法に関し通信の秘密の確保に支障があるとき。

(2) 電気通信事業者が特定の者に対し不当な差別的取扱いを行っているとき。

(3) 電気通信事業者が重要通信に関する事項について適切に配慮していないとき。

(4) 電気通信事業者が提供する電気通信役務(基礎的電気通信役務又は指定電気通信役務(保障契約約款に定める料金その他の提供条件により提供されるものに限る。)を除く。次号から第七号までにおいて同じ。)に関する料金についてその額の算出方法が適正かつ明確でないため、利用者の利益を阻害しているとき。

(5) 電気通信事業者が提供する電気通信役務に関する料金その他の提供条件が他の電気通信事業者との間に不当な競争を引き起こすものであり、その他社会的経済的事情に照らして著しく不適当であるため、利用者の利益を阻害しているとき。

(6) 電気通信事業者が提供する電気通信役務に関する提供条件(料金を除く。次号において同じ。)において、電気通信事業者及びその利用者の責任に

関する事項並びに電気通信設備の設置の工事その他の工事に関する費用の負担の方法が適正かつ明確でないため、利用者の利益を阻害しているとき。

(7)　電気通信事業者が提供する電気通信役務に関する提供条件が電気通信回線設備の使用の態様を不当に制限するものであるとき。

(8)　事故により電気通信役務の提供に支障が生じている場合に電気通信事業者がその支障を除去するために必要な修理その他の措置を速やかに行わないとき。

(9)　電気通信事業者が国際電気通信事業に関する条約その他の国際約束により課された義務を誠実に履行していないため、公共の利益が著しく阻害されるおそれがあるとき。

(10)　電気通信事業者が電気通信設備の接続、共用又は卸電気通信役務(電気通信事業者の電気通信事業の用に供する電気通信役務をいう。以下同じ。)の提供について特定の電気通信事業者に対し不当な差別的取扱いを行いその他これらの業務に関し不当な運営を行っていることにより他の電気通信事業者の業務の適正な実施に支障が生じているため、公共の利益が著しく阻害されるおそれがあるとき。

(11)　電気通信回線設備を設置することなく電気通信役務を提供する電気通信事業の経営によりこれと電気通信役務に係る需要を共通とする電気通信回線設備を設置して電気通信役務を提供する電気通信事業の当該需要に係る電気通信回線設備の保持が経営上困難となるため、公共の利益が著しく阻害されるおそれがあるとき。

(12)　前各号に掲げるもののほか、電気通信事業者の事業の運営が適正かつ合理的でないため、電気通信の健全な発達又は国民の利便の確保に支障が生ずるおそれがあるとき。

第29条第2項～第40条　略

第4節　電気通信設備

第1款　電気通信事業の用に供する電気通信設備

(電気通信設備の維持)
第41条　電気通信回線設備を設置する電気通信事業者は、その電気通信事業の用に供する電気通信設備(第3項に規定する電気通信設備、専らドメイン名電気通信役務を提供する電気通信事業の用に供する電気通信設備及びその損壊又は故障等による利用者の利益に及ぼす影響が軽微なものとして総務省令で定める電気通信設備を除く。)を総務省令で定める技術

基準に適合するように維持しなければならない。

2　基礎的電気通信役務を提供する電気通信事業者は、その基礎的電気通信役務を提供する電気通信事業の用に供する電気通信設備(前項及び次項に規定する電気通信設備並びに専らドメイン名電気通信役務を提供する電気通信事業の用に供する電気通信設備を除く。)を総務省令で定める技術基準に適合するように維持しなければならない。

3　第108条第1項の規定により指定された適格電気通信事業者は、その基礎的電気通信役務を提供する電気通信事業の用に供する電気通信設備(専らドメイン名電気通信役務を提供する電気通信事業の用に供する電気通信設備を除く。)を総務省令で定める技術基準に適合するように維持しなければならない。

4　総務大臣は、総務省令で定めるところにより、電気通信役務(基礎的電気通信役務及びドメイン名電気通信役務を除く。)のうち、内容、利用者の範囲等からみて利用者の利益に及ぼす影響が大きいものとして総務省令で定める電気通信役務を提供する電気通信事業者を、その電気通信事業の用に供する電気通信設備を適正に管理すべき電気通信事業者として指定することができる。

5　前項の規定により指定された電気通信事業者は、同項の総務省令で定める電気通信役務を提供する電気通信事業の用に供する電気通信設備(第1項に規定する電気通信設備を除く。)を総務省令で定める技術基準に適合するように維持しなければならない。

6　第1項から第3項まで及び前項の技術基準は、これにより次の事項が確保されるものとして定められなければならない。
(1)　電気通信設備の損壊又は故障により、電気通信役務の提供に著しい支障を及ぼさないようにすること。
(2)　電気通信役務の品質が適正であるようにすること。
(3)　通信の秘密が侵されないようにすること。
(4)　利用者又は他の電気通信事業者の接続する電気通信設備を損傷し、又はその機能に障害を与えないようにすること。
(5)　他の電気通信事業者の接続する電気通信設備との責任の分界が明確であるようにすること。

第41条の2　ドメイン名電気通信役務を提供する電気通信事業者は、そのドメイン名電気通信役務を提供する電気通信事業の用に供する電気通信設備を当該電気通信設備の管理に関する国際的な標準に適合するように維持しなければならない。

（電気通信事業者による電気通信設備の自己確認）

第42条 電気通信回線設備を設置する電気通信事業者は、第41条第1項に規定する電気通信設備の使用を開始しようとするときは、当該電気通信設備（総務省令で定めるものを除く。）が、同項の総務省令で定める技術基準に適合することについて、総務省令で定めるところにより、自ら確認しなければならない。

第42条第2項～第7項 略

（技術基準適合命令）

第43条 総務大臣は、第41条第1項に規定する電気通信設備が同項の総務省令で定める技術基準に適合していないと認めるときは、当該電気通信設備を設置する電気通信事業者に対し、その技術基準に適合するように当該設備を修理し、若しくは改造することを命じ、又はその使用を制限することができる。

2 前項の規定は、第41条第2項、第3項又は第5項に規定する電気通信設備が当該各項の総務省令で定める技術基準に適合していないと認める場合について準用する。

（管理規程）

第44条 電気通信事業者は、総務省令で定めるところにより、第41条第1項から第5項まで（第4項を除く。）又は第41条の2のいずれかに規定する電気通信設備（以下「事業用電気通信設備」という。）の管理規程を定め、電気通信事業の開始前に、総務大臣に届け出なければならない。

2 管理規程は、電気通信役務の確実かつ安定的な提供を確保するために電気通信事業者が遵守すべき次に掲げる事項に関し、総務省令で定めるところにより、必要な内容を定めたものでなければならない。

⑴ 電気通信役務の確実かつ安定的な提供を確保するための事業用電気通信設備の管理の方針に関する事項

⑵ 電気通信役務の確実かつ安定的な提供を確保するための事業用電気通信設備の管理の体制に関する事項

⑶ 電気通信役務の確実かつ安定的な提供を確保するための事業用電気通信設備の管理の方法に関する事項

⑷ 第44条の3第1項に規定する電気通信設備統括管理者の選任に関する事項

3 電気通信事業者は、管理規程を変更したときは、遅滞なく、変更した事項を総務大臣に届け出なければならない。

第44条第4項～第44条の5 略

（電気通信主任技術者）

第45条 電気通信事業者は、事業用電気通信設備の工事、維持及び運用に関し総務省令で定める事項を監督させるため、総務省令で定めるところにより、電気通信主任技術者資格者証の交付を受けている者のうちから、電気通信主任技術者を選任しなければならない。ただし、その事業用電気通信設備が小規模である場合その他総務省令で定める場合は、この限りでない。

2 電気通信事業者は、前項の規定により電気通信主任技術者を選任したときは、遅滞なく、その旨を総務大臣に届け出なければならない。これを解任したときも、同様とする。

第45条第3項～第49条 略

第2款 電気通信番号

第50条～第51条 略

第3款 端末設備の接続等

（端末設備の接続の技術基準）

第52条 電気通信事業者は、利用者から端末設備（電気通信回線設備の一端に接続される電気通信設備であって、一の部分の設置の場所が他の部分の設置の場所と同一の構内（これに準ずる区域内を含む。）又は同一の建物内であるものをいう。以下同じ。）をその電気通信回線設備（その損壊又は故障等による利用者の利益に及ぼす影響が軽微なものとして総務省令で定めるものを除く。第69条第1項及び第2項並びに第70条第1項において同じ。）に接続すべき旨の請求を受けたときは、その接続が総務省令で定める技術基準（当該電気通信事業者又は当該電気通信事業者とその電気通信設備を接続する他の電気通信事業者であって総務省令で定めるものが総務大臣の認可を受けて定める技術的条件を含む。次項並びに第69条第1項及び第2項において同じ。）に適合しない場合その他総務省令で定める場合を除き、その請求を拒むことができない。

2 前項の総務省令で定める技術基準は、これにより次の事項が確保されるものとして定められなければならない。

⑴ 電気通信回線設備を損傷し、又はその機能に障害を与えないようにすること。

⑵ 電気通信回線設備を利用する他の利用者に迷惑を及ぼさないようにすること。

(3)　電気通信事業者の設置する電気通信回線設備と利用者の接続する端末設備との責任の分界が明確であるようにすること。

（端末機器技術基準適合認定）
第53条　第86条第1項の規定により登録を受けた者（以下「登録認定機関」という。）は、その登録に係る技術基準適合認定（前条第1項の総務省令で定める技術基準に適合していることの認定をいう。以下同じ。）を受けようとする者から求めがあった場合には、総務省令で定めるところにより審査を行い、当該求めに係る端末機器（総務省令で定める種類の端末設備の機器をいう。以下同じ。）が前条第1項の総務省令で定める技術基準に適合していると認めるときに限り、技術基準適合認定を行うものとする。

2　登録認定機関は、その登録に係る技術基準適合認定をしたときは、総務省令で定めるところにより、その端末機器に技術基準適合認定をした旨の表示を付さなければならない。

3　何人も、前項（第104条第4項において準用する場合を含む。）、第58条（第104条第7項において準用する場合を含む。）、第65条、第68条の2又は第68条の8第3項の規定により表示を付する場合を除くほか、国内において端末機器又は端末機器を組み込んだ製品にこれらの表示又はこれらと紛らわしい表示を付してはならない。

（妨害防止命令）
第54条　総務大臣は、登録認定機関による技術基準適合認定を受けた端末機器であって前条第2項又は第68条の8第3項の表示が付されているものが、第52条第1項の総務省令で定める技術基準に適合しておらず、かつ、当該端末機器の使用により電気通信回線設備を利用する他の利用者の通信に妨害を与えるおそれがあると認める場合において、当該妨害の拡大を防止するために特に必要があると認めるときは、当該技術基準適合認定を受けた者に対し、当該端末機器による妨害の拡大を防止するために必要な措置を講ずべきことを命ずることができる。

（表示が付されていないものとみなす場合）
第55条　登録認定機関による技術基準適合認定を受けた端末機器であって第53条第2項又は第68条の8第3項の規定により表示が付されているものが第52条第1項の総務省令で定める技術基準に適合していない場合において、総務大臣が電気通信回線設備を利用する他の利用者の通信への妨害の発生を防止

するため特に必要があると認めるときは、当該端末機器は、第53条第2項又は第68条の8第3項の規定による表示が付されていないものとみなす。

2　総務大臣は、前項の規定により端末機器について表示が付されていないものとみなされたときは、その旨を公示しなければならない。

（端末機器の設計についての認証）
第56条　登録認定機関は、端末機器を取り扱うことを業とする者から求めがあった場合には、その端末機器を、第52条第1項の総務省令で定める技術基準に適合するものとして、その設計（当該設計に合致することの確認の方法を含む。）について認証（以下「設計認証」という。）する。

2　登録認定機関は、その登録に係る設計認証の求めがあった場合には、総務省令で定めるところにより審査を行い、当該求めに係る設計が第52条第1項の総務省令で定める技術基準に適合するものであり、かつ、当該設計に基づく端末機器のいずれもが当該設計に合致するものとなることを確保することができると認めるときに限り、設計認証を行うものとする。

（設計合致義務等）
第57条　登録認定機関による設計認証を受けた者（以下「認証取扱業者」という。）は、当該設計認証に係る設計（以下「認証設計」という。）に基づく端末機器を取り扱う場合においては、当該端末機器を当該認証設計に合致するようにしなければならない。

2　認証取扱業者は、設計認証に係る確認の方法に従い、その取扱いに係る前項の端末機器について検査を行い、総務省令で定めるところにより、その検査記録を作成し、これを保存しなければならない。

（認証設計に基づく端末機器の表示）
第58条　認証取扱業者は、認証設計に基づく端末機器について、前条第2項の規定による義務を履行したときは、当該端末機器に総務省令で定める表示を付することができる。

第59条～第62条　略

（技術基準適合自己確認等）
第63条　端末機器のうち、端末機器の技術基準、使用の態様等を勘案して、電気通信回線設備を利用する他の利用者の通信に著しく妨害を与えるおそれが少ないものとして総務省令で定めるもの（以下「特定端末機器」という。）の製造業者又は輸入業者は、その

特定端末機器を、第52条第1項の総務省令で定める技術基準に適合するものとして、その設計（当該設計に合致することの確認の方法を含む。）について自ら確認することができる。

2　製造業者又は輸入業者は、総務省令で定めるところにより検証を行い、その特定端末機器の設計が第52条第1項の総務省令で定める技術基準に適合するものであり、かつ、当該設計に基づく特定端末機器のいずれもが当該設計に合致するものとなることを確保することができると認めるときに限り、前項の規定による確認（次項において「技術基準適合自己確認」という。）を行うものとする。

第63条第3項〜第68条　略

（同一の表示を付することができる場合）

第68条の2　第53条第2項（第104条第4項において準用する場合を含む。）、第58条（第104条第7項において準用する場合を含む。）若しくは第65条又は第68条の8第3項の規定により表示が付されている端末機器（第55条第1項（第61条、前条並びに第104条第4項及び第7項において準用する場合を含む。）の規定により表示が付されていないものとみなされたものを除く。以下「適合表示端末機器」という。）を組み込んだ製品を取り扱うことを業とする者は、総務省令で定めるところにより、製品に組み込まれた適合表示端末機器に付されている表示と同一の表示を当該製品に付することができる。

第68条の3〜第68条の12　略

（端末設備の接続の検査）

第69条　利用者は、適合表示端末機器を接続する場合その他総務省令で定める場合を除き、電気通信事業者の電気通信回線設備に端末設備を接続したときは、当該電気通信事業者の検査を受け、その接続が第52条第1項の総務省令で定める技術基準に適合していると認められた後でなければ、これを使用してはならない。これを変更したときも、同様とする。

2　電気通信回線設備を設置する電気通信事業者は、端末設備に異常がある場合その他電気通信役務の円滑な提供に支障がある場合において必要と認めるときは、利用者に対し、その端末設備の接続が第52条第1項の総務省令で定める技術基準に適合するかどうかの検査を受けるべきことを求めることができる。この場合において、当該利用者は、正当な理由がある場合その他総務省令で定める場合を除き、その請求を拒ん

ではならない。

3　前項の規定は、第52条第1項の規定により認可を受けた同項の総務省令で定める電気通信事業者について準用する。この場合において、前項中「総務省令で定める技術基準」とあるのは、「規定により認可を受けた技術的条件」と読み替えるものとする。

4　第1項及び第2項（前項において準用する場合を含む。）の検査に従事する者は、端末設備の設置の場所に立ち入るときは、その身分を示す証明書を携帯し、関係人に提示しなければならない。

（自営電気通信設備の接続）

第70条　電気通信事業者は、電気通信回線設備を設置する電気通信事業者以外の者からその電気通信設備（端末設備以外のものに限る。以下「自営電気通信設備」という。）をその電気通信回線設備に接続すべき旨の請求を受けたときは、次に掲げる場合を除き、その請求を拒むことができない。

⑴　その自営電気通信設備の接続が、総務省令で定める技術基準（当該電気通信事業者又は当該電気通信事業者とその電気通信設備を接続する他の電気通信事業者であって総務省令で定めるものが総務大臣の認可を受けて定める技術的条件を含む。次項において同じ。）に適合しないとき。

⑵　その自営電気通信設備を接続することにより当該電気通信事業者の電気通信回線設備の保持が経営上困難となることについて当該電気通信事業者が総務大臣の認定を受けたとき。

2　第52条第2項の規定は前項第一号の総務省令で定める技術基準について、前条の規定は同項の請求に係る自営電気通信設備の接続の検査について、それぞれ準用する。この場合において、同条第1項中「第52条第1項の総務省令で定める技術基準」とあるのは「次条第1項第一号の総務省令で定める技術基準（同号の規定により認可を受けた技術的条件を含む。次項において同じ。）」と、同条第2項及び第3項中「第52条第1項」とあるのは「次条第1項第一号」と、同項中「同項」とあるのは「同号」と読み替えるものとする。

（工事担任者による工事の実施及び監督）

第71条　利用者は、端末設備又は自営電気通信設備を接続するときは、工事担任者資格者証の交付を受けている者（以下「工事担任者」という。）に、当該工事担任者資格者証の種類に応じ、これに係る工事を行わせ、又は実地に監督させなければならない。ただし、総務省令で定める場合は、この限りでない。

2　工事担任者は、その工事の実施又は監督の職務を

誠実に行わなければならない。

（工事担任者資格者証）

第72条　工事担任者資格者証の種類及び工事担任者が行い、又は監督することができる端末設備若しくは自営電気通信設備の接続に係る工事の範囲は、総務省令で定める。

2　第46条第3項から第5項まで及び第47条の規定は、工事担任者資格者証について準用する。この場合において、第46条第3項第一号中「電気通信主任技術者試験」とあるのは「工事担任者試験」と、同項第三号中「専門的知識及び能力」とあるのは「知識及び技能」と読み替えるものとする。

（参考）

第46条第3項～第5項及び第47条の読替え

第46条

3　総務大臣は、次の各号のいずれかに該当する者に対し、工事担任者資格者証を交付する。

⑴　工事担任者試験に合格した者

⑵　工事担任者資格者証の交付を受けようとする者の養成課程で、総務大臣が総務省令で定める基準に適合するものであることの認定をしたものを修了した者

⑶　前2号に掲げる者と同等以上の知識及び技能を有すると総務大臣が認定した者

4　総務大臣は、前項の規定にかかわらず、次の各号のいずれかに該当する者に対しては、工事担任者資格者証の交付を行わないことができる。

⑴　次条の規定により工事担任者資格者証の返納を命ぜられ、その日から1年を経過しない者

⑵　この法律の規定により罰金以上の刑に処せられ、その執行を終わり、又はその執行を受けることがなくなった日から2年を経過しない者

5　工事担任者資格者証の交付に関する手続的事項は、総務省令で定める。

（工事担任者資格者証の返納）

第47条　総務大臣は、工事担任者資格者証を受けている者がこの法律又はこの法律に基づく命令の規定に違反したときは、その工事担任者資格者証の返納を命ずることができる。

（工事担任者試験）

第73条　工事担任者試験は、端末設備及び自営電気通信設備の接続に関して必要な知識及び技能について行う。

2　第48条第2項及び第3項の規定は、工事担任者試験について準用する。この場合において、同条第2項中「電気通信主任技術者資格者証」とあるのは、「工事担任者資格者証」と読み替えるものとする。

（参考）

第48条第2項及び第3項の読替え

2　工事担任者試験は、工事担任者資格者証の種類ごとに、総務大臣が行う。

3　工事担任者試験の試験科目、受験手続その他工事担任者試験の実施細目は、総務省令で定める。

第5節　届出媒介等業務委託者

第73条の2～第73条の4　略

第6節　指定試験機関等

第1款　指定試験機関

（指定試験機関の指定等）

第74条　総務大臣は、その指定する者（以下「指定試験機関」という。）に、電気通信主任技術者試験又は工事担任者試験の実施に関する事務（以下「試験事務」という。）を行わせることができる。

第74条第2項～第85条　略

第2款　登録講習機関

第85条の2～第85条の15　略

第3款　登録認定機関

第86条～第103条　略

第4款　承認認定機関

（承認認定機関の承認等）

第104条　総務大臣は、外国の法令に基づく端末機器の検査に関する制度で技術基準適合認定の制度に類するものに基づいて端末機器の検査、試験等を行う者であって、当該外国において、外国取扱業者が取り扱う本邦内で使用されることとなる端末機器について技術基準適合認定を行おうとするものから申請が

あったときは、事業の区分ごとに、これを承認することができる。

2　前項の規定による承認を受けた者（以下「承認認定機関」という。）は、その承認に係る技術基準適合認定の業務を休止し、又は廃止したときは、遅滞なく、その旨を総務大臣に届け出なければならない。

3　総務大臣は、前項の規定による届出があったときは、その旨を公示しなければならない。

（適用除外等）

第164条　この法律の規定は、次に掲げる電気通信事業については、適用しない。

⑴　専ら一の者に電気通信役務（当該一の者が電気通信事業者であるときは、当該一の者の電気通信事業の用に供する電気通信役務を除く。）を提供する電気通信事業

⑵　その一の部分の設置の場所が他の部分の設置の場所と同一の構内（これに準ずる区域内を含む。）又は同一の建物内である電気通信設備その他総務省令で定める基準に満たない規模の電気通信設備により電気通信役務を提供する電気通信事業

⑶　電気通信設備を用いて他人の通信を媒介する電気通信役務以外の電気通信役務（ドメイン名電気通信役務を除く。）を電気通信回線設備を設置することなく提供する電気通信事業

2　この条において、次の各号に掲げる用語の意義は、当該各号に定めるところによる。

⑴　ドメイン名電気通信役務　入力されたドメイン名の一部又は全部に対応してアイ・ピー・アドレスを出力する機能を有する電気通信設備を電気通信事業者の通信の用に供する電気通信役務のうち、確実かつ安定な提供を確保する必要があるものとして総務省令で定めるものをいう。

⑵　ドメイン名　インターネットにおいて電気通信事業者が受信の場所にある電気通信設備を識別するために使用する番号、記号その他の符号のうち、アイ・ピー・アドレスに代わって使用されるものとして総務省令で定めるものをいう。

⑶　アイ・ピー・アドレス　インターネットにおいて電気通信事業者が受信の場所にある電気通信設備を識別するために使用する番号、記号その他の符号のうち、当該電気通信設備に固有のものとして総務省令で定めるものをいう。

3　第1項の規定にかかわらず、第3条及び第4条の規定は同項各号に掲げる電気通信事業を営む者の取扱中に係る通信について、第157条の2の規定は第三号事業を営む者について、それぞれ適用する。

電気通信事業法施行規則（抜粋）

（昭和60年郵政省令第25号）

電気通信事業法（昭和59年法律第86号）の規定に基づき、並びに同法を施行するため、電気通信事業法施行規則を次のように定める。

電気通信事業法施行規則・目次

第1章　総　則

第1条　略

（用語）

第2条　この省令において使用する用語は、法において使用する用語の例による。

2　この省令において、次の各号に掲げる用語の意義は、当該各号に定めるところによる。

⑴　音声伝送役務　おおむね4キロヘルツ帯域の音声その他の音響を伝送交換する機能を有する電気通信設備を他人の通信の用に供する電気通信役務であってデータ伝送役務以外のもの

⑵　データ伝送役務　専ら符号又は影像を伝送交換するための電気通信設備を他人の通信の用に供する電気通信役務

⑶　専用役務　特定の者に電気通信設備を専用させる電気通信役務

⑷　特定移動通信役務　法第12条の2第4項第二号ニに規定する特定移動端末設備と接続される伝送路設備を用いる電気通信役務

⑸　全部認定事業者　その電気通信事業の全部について法第117条第1項の認定（法第122条第1項の変更の認定があった場合は当該変更の認定。第七号において同じ。）を受けている認定電気通信事業者

⑹　全部認定証　第40条の11第1項に規定する認定証

⑺　一部認定事業者　その電気通信事業の一部について認定を受けている認定電気通信事業者

⑻　一部認定証　第40条の11第2項に規定する認定証

第2章　電気通信事業

第1節　電気通信事業の登録等

（登録を要しない電気通信事業）

第3条　法第9条第一号の総務省令で定める基準は、設置する電気通信回線設備が次の各号のいずれにも該当することとする。

⑴　端末系伝送路設備（端末設備又は自営電気通信設備と接続される伝送路設備をいう。以下同じ。）の設置の区域が一の市町村（特別区を含む。）の区域（地方自治法（昭和22年法律第67号）第252条の19第1項の指定都市（次項において単に「指定都市」という。）にあってはその区又は総合区の区域）を超えないこと。

⑵　中継系伝送路設備（端末系伝送路設備以外の伝送路設備をいう。以下同じ。）の設置の区間が一の都道府県の区域を超えないこと。

第3条第2項～第13条　略

第2節　電気通信事業者の業務

第14条～第27条　略

（損壊又は故障による利用者への影響が軽微な電気通信設備）
第27条の2　法第41条第1項の総務省令で定める電気通信設備は、次のとおりとする。
⑴　電気通信事業者の設置する伝送路設備が次に掲げる要件のいずれにも該当する端末系伝送路設備のみである場合の当該電気通信事業者の設置する電気通信設備
　イ　専ら一の利用者（当該電気通信事業者との間に電気通信役務の提供を受ける契約を締結する者であって、電気通信事業者以外の者をいう。ハにおいて同じ。）に提供するその電気通信役務の提供に用いるものであること。
　ロ　当該端末系伝送路設備が接続される当該電気通信事業者の電気通信設備（伝送路設備を除く。）を介してイの電気通信役務の提供に用いる他の電気通信事業者の電気通信回線設備に接続されるものであること。
　ハ　利用者が、当該電気通信事業者のイの電気通信役務の提供を受けるため他の電気通信事業者の設置する端末系伝送路設備の利用に代えて選択したものであること。
⑵　電気通信事業者が自ら設置する伝送路設備及びこれと接続される交換設備並びにこれらの附属設備以外の電気通信設備（次に掲げる電気通信設備を除く。）であって、様式第4の表の1から33までに掲げる電気通信役務ごとに次条第2項各号のいずれにも該当する電気通信役務を提供する電気通信事業の用に供しないもの（様式第4　略）
　イ　アナログ電話用設備
　ロ　事業用電気通信設備規則第3条第2項第五号に規定する総合デジタル通信用設備（音声伝送役務の提供の用に供するものに限る。第27条の4第一号イ及び第二号イ並びに第27条の5第1項第一号及び第九号において単に「総合デジタル通信用設備」という。）
　ハ　事業用電気通信設備規則第3条第2項第六号に規定するインターネットプロトコル電話用設備（電気通信番号規則別表第一号に掲げる固定電話番号を使用して音声伝送役務の提供の用に供するものに限る。）
　ニ　事業用電気通信設備規則第3条第2項第七号に規定する携帯電話用設備（第27条の4第二号ロ並びに第27条の5第1項第四号及び第十二号において単に「携帯電話用設備」という。）
　ホ　事業用電気通信設備規則第3条第2項第八号に規定するPHS用設備（第27条の4第二号ロ並びに第27条の5第1項第四号及び第十二号において単に「PHS用設備」という。）
⑶　電気通信事業者の設置する伝送路設備が次に掲げる要件のいずれにも該当しない場合における当該電気通信事業者の電気通信事業の用に供する電気通信設備（当該電気通信設備を用いて提供される電気通信役務の確実かつ安定的な提供を確保するために特に必要があるものとして総務大臣が指定するものを除く。）
　イ　伝送路設備が本邦内に設置されていること。
　ロ　伝送路設備が本邦内の場所と本邦外の場所との間に設置されていること。

第27条の2の2～第27条の5　略

第3節　電気通信設備

第28条～第30条の2　略

（利用者からの端末設備の接続請求を拒める場合）
第31条　法第52条第1項の総務省令で定める場合は、利用者から、端末設備であって電波を使用するもの（別に告示で定めるものを除く。）及び公衆電話機その他利用者による接続が著しく不適当なものの接続の請求を受けた場合とする。

（利用者からの端末設備等の接続請求を拒める電気通信回線設備）
第31条の2　法第52条第1項の総務省令で定める電気通信回線設備は、第27条の2第一号の電気通信事業者の設置する電気通信回線設備とする。

（端末設備の接続の検査）

第32条　法第69条第1項の総務省令で定める場合は、次のとおりとする。

(1)　端末設備を同一の構内において移動するとき。

(2)　通話の用に供しない端末設備又は網制御に関する機能を有しない端末設備を増設し、取り替え、又は改造するとき。

(3)　防衛省が、電気通信事業者の検査に係る端末設備の接続について、法第52条第1項の技術基準に適合するかどうかを判断するために必要な資料を提出したとき。

(4)　電気通信事業者が、その端末設備の接続につき検査を省略しても法第52条第1項の技術基準（当該電気通信事業者及び同項の総務省令で定める他の電気通信事業者が同項の総務大臣の認可を受けて定める技術的条件を含む。）に適合しないおそれがないと認められる場合であって、検査を省略することが適当であるとしてその旨を定め公示したものを接続するとき。

(5)　電気通信事業者が法第52条第1項の規定に基づき総務大臣の認可を受けて定める技術的条件（利用者の端末設備が送信型対電気通信設備サイバー攻撃を行うことの禁止に関するもの及び不正アクセス行為の禁止等に関する法律（平成11年法律第128号）第2条第3項に規定するアクセス制御機能に係る同条第2項に規定する識別符号の設定に関するものを除く。）に適合していること（法第52条第1項に規定する技術基準に適合していることを含む。）について、法第53条第1項に規定する登録認定機関又は第104条第2項に規定する承認認定機関が認定をした端末機器を接続したとき。

(6)　専らその全部又は一部を電気通信事業を営む者が提供する電気通信役務を利用して行う放送の受信のために使用される端末設備であるとき。

(7)　本邦に入国する者が、自ら持ち込む端末設備（法第52条第1項に定める技術基準に相当する技術基準として総務大臣が別に告示する技術基準に適合しているものに限る。）であって、当該者の入国の日から同日以後90日を経過する日までの間に限り使用するものを接続するとき。

(8)　電波法（昭和25年法律第131号）第4条の2第2項の規定による届出に係る無線設備である端末設備（法第52条第1項に定める技術基準に相当する技術基準として総務大臣が別に告示する技術基準に適合しているものに限る。）であって、当該届出の日から同日以後180日を経過する日までの間に限り使用するものを接続するとき。

2　法第69条第2項の総務省令で定める場合は、次のとおりとする。

(1)　電気通信事業者が、利用者の営業時間外及び日没から日出までの間において検査を受けるべきことを求めるとき。

(2)　防衛省が、電気通信事業者の検査に係る端末設備の接続について、法第52条第1項の技術基準に適合するかどうかを判断するために必要な資料を提出したとき。

第33条〜第38条　削除

第4節　届出媒介等業務受託者

第39条〜第40条の2　略

第5節　基礎的電気通信役務支援機関

第40条の3〜第40条の8　略

第6節　認定送信型対電気通信設備サイバー攻撃対処協会

第40条の8の2〜第40条の8の10　略

第3章　土地の使用等

第1節　事業の認定

第40条の9〜第40条の19　略

第2節　土地の使用

第41条〜第54条　略

第4章　電気通信紛争処理委員会

第54条の2　略

第5章　雑　則

（緊急に行うことを要する通信）

第55条　法第8条第1項の総務省令で定める通信は、次の表の左欄に掲げる事項を内容とする通信であって、同表の右欄に掲げる機関等において行われるものとする。

通信の内容	機関等
(1)　火災、集団的疫病、交通機関の重大な事故その他人命の安全に係る事態が発生し、又は発生するおそれがある場合において、その予防、救援、復旧等に関し、緊急を要する事項	①予防、救援、復旧等に直接関係がある機関相互間 ②左記の事態が発生し、又は発生するおそれがあることを知った者と①の機関との間
(2)　治安の維持のため緊急を要する事項	①警察機関相互間 ②海上保安機関相互間 ③警察機関と海上保安機関との間 ④犯罪が発生し、又は発生するおそれがあることを知った者と警察機関又は海上保安機関との間
(3)　国会議員又は地方公共団体の長若しくはその議会の議員の選挙の執行又はその結果に関し、緊急を要する事項	選挙管理機関相互間
(4)　天災、事変その他の災害に際し、災害状況の報道を内容とするもの	新聞社等の機関相互間
(5)　気象、水象、地象若しくは地動の観測の報告又は警報に関する事項であって、緊急に通報することを要する事項	気象機関相互間
(6)　水道、ガス等の国民の日常生活に必要不可欠な役務の提供その他生活基盤を維持するため緊急を要する事項	左記の通信を行う者相互間

第56条～第70条　略

附則　略

電気通信事業法(昭和59年法律第86号)第71条第1項、第72条、第73条第2項、第74条第2項、第76条、第79条第1項、第81条、第85条第3項及び附則第14条第2項の規定に基づき、並びに同法を施行するため、工事担任者規則を次のように定める。

工事担任者規則・目次

第1章　総　則

第1条~第2条　略

(工事担任者を要しない工事)

第3条　法第71条第1項ただし書の総務省令で定める場合は、次のとおりとする。

(1) 専用設備(電気通信事業法施行規則(昭和60年郵政省令第25号)第2条第2項に規定する専用の役務に係る電気通信設備をいう。)に端末設備又は自営電気通信設備(以下「端末設備等」という。)を接続するとき。

(2) 船舶又は航空機に設置する端末設備(総務大臣が別に告示するものに限る。)を接続するとき。

工事担任者を要しない船舶又は航空機に設置する端末設備
(平成2年郵政省告示第717号)

工事担任者規則(昭和60年郵政省令第28号)第3条第二号の規定に基づき、工事担任者を要しない船舶又は航空機に設置する端末設備を次のように定める。

(1) 海事衛星通信の用に供する船舶地球局設備又は航空機地球局設備に接続する端末設備

(2) 岸壁に係留する船舶に、臨時に設置する端末設備

(3) 適合表示端末機器、電気通信事業法施行規則第32条第1項第四号に規定する端末設備、同項第五号に規定する端末機器又は同項第七号に規定する端末機器を総務大臣が別に告示する方式により接続するとき。

工事担任者を要しない端末機器の接続の方式
(昭和60年郵政省告示第224号)

(1) プラグジャック方式により接続する接続の方式

(2) アダプタ式ジャック方式により接続する接続の方式

(3) 音響結合方式により接続する接続の方式

(4) 電波により接続する接続の方式

(資格者証の種類及び工事の範囲)

第4条　法第72条第1項の工事担任者資格者証(以下「資格者証」という。)の種類及び工事担任者が行い、又は監督することができる端末設備等の接続に係る工事の範囲は、次の表に掲げるとおりとする。

第2章　工事担任者試験

第5条~第23条　略

第3章　工事担任者の養成課程

第24条~第34条　略

第4章　工事担任者の認定

第35条、第36条　略

第5章　工事担任者資格者証の交付

（資格者証の交付の申請）

第37条　資格者証の交付を受けようとする者は、別表第10号に定める様式の申請書に次に掲げる書類を添えて、総務大臣に提出しなければならない。（別表第10号　略）

(1)　氏名及び生年月日を証明する書類

(2)　写真（申請前6月以内に撮影した無帽、正面、上三分身、無背景の縦30mm、横24mmのもので、裏面に申請に係る資格及び氏名を記載したものとする。第40条において同じ。）1枚

(3)　養成課程（交付を受けようとする資格者証のものに限る。）の修了証明書（養成課程の修了に伴い資格者証の交付を受けようとする者の場合に限る。）

2　資格者証の交付の申請は、試験に合格した日、養成課程を修了した日又は第4章に規定する認定を受けた日から3月以内に行わなければならない。ただし、次項に規定する第1級アナログ通信及び第1級デジタル通信の資格者証の交付を受けている者の申請については、この限りでない。

3　第1級アナログ通信の資格者証に関し、資格者証の交付を受け、試験に合格し、養成課程を修了し、又は第4章に規定する認定を受け、かつ、第1級デジタル通信の資格者証に関し、資格者証の交付を受け、試験に合格し、養成課程を修了し、又は第4章に規定する認定を受けた者は、総合通信の資格者証の交付を申請することができる。

（資格者証の交付）

第38条　総務大臣は、前条の申請があったときは、別表第11号に定める様式の資格者証を交付する。（別表第11号　略）

2　前項の規定により資格者証の交付を受けた者は、端末設備等の接続に関する知識及び技術の向上を図るように努めなければならない。

第39条　削除

（資格者証の再交付）

第40条　工事担任者は、氏名に変更を生じたとき又は資格者証を汚し、破り若しくは失ったために資格者証の再交付の申請をしようとするときは、別表第12号に定める様式の申請書に次に掲げる書類を添えて、総務大臣に提出しなければならない。（別表第12号略）

(1)　資格者証（資格者証を失った場合を除く。）

(2)　写真1枚

(3)　氏名の変更の事実を証する書類（氏名に変更を生じたときに限る。）

2　総務大臣は、前項の申請があったときは、資格者証を再交付する。

資格者証の種類	工 事 の 範 囲
第1級アナログ通信	アナログ伝送路設備（アナログ信号を入出力とする電気通信回線設備をいう。以下同じ。）に端末設備等を接続するための工事及び総合デジタル通信用設備に端末設備等を接続するための工事
第2級アナログ通信	アナログ伝送路設備に端末設備を接続するための工事（端末設備に収容される電気通信回線の数が1のものに限る。）及び総合デジタル通信用設備に端末設備を接続するための工事（総合デジタル通信回線の数が基本インタフェースで1のものに限る。）
第1級デジタル通信	デジタル伝送路設備（デジタル信号を入出力とする電気通信回線設備をいう。以下同じ。）に端末設備等を接続するための工事。ただし、総合デジタル通信用設備に端末設備等を接続するための工事を除く。
第2級デジタル通信	デジタル伝送路設備に端末設備等を接続するための工事（接続点におけるデジタル信号の入出力速度が毎秒1ギガビット以下であって主としてインターネットに接続するための回線に係るものに限る。）。ただし、総合デジタル通信用設備に端末設備等を接続するための工事を除く。
総合通信	アナログ伝送路設備又はデジタル伝送路設備に端末設備等を接続するための工事

（資格者証の返納）

第41条　法第72条第2項において準用する法第47条の規定により資格者証の返納を命ぜられた者は、その処分を受けた日から10日以内にその資格者証を総務大臣に返納しなければならない。資格者証の再交付を受けた後失った資格者証を発見したときも同様とする。

第41条の2　略

第6章　指定試験機関

第42条～第55条　略

第7章　雑　　則

第56条、第57条　略

附則　略

付録　端末機器の技術基準適合認定等に関する規則（抜粋）
（平成16年総務省令第15号）

電気通信事業法（昭和59年法律第86号）の規定に基づき、及び同法を実施するため、端末機器の技術基準適合認定及び設計についての認証に関する規則（平成11年郵政省令第14号）の全部を改正する省令を次のように定める。

第1章　総　則

第1条〜第2条　略

（対象とする端末機器）

第3条　法第53条第1項の総務省令で定める種類の端末設備の機器は、次の端末機器とする。

(1) アナログ電話用設備（電話用設備（電気通信事業の用に供する電気通信回線設備であって、主として音声の伝送交換を目的とする電気通信役務の用に供するものをいう。以下同じ。）であって、端末設備又は自営電気通信設備を接続する点においてアナログ信号を入出力とするものをいう。）又は移動電話用設備（電話用設備であって、端末設備又は自営電気通信設備との接続において電波を使用するものをいう。）に接続される電話機、構内交換設備、ボタン電話装置、変復調装置、ファクシミリその他総務大臣が別に告示する端末機器（第三号に掲げるものを除く。）

(2) インターネットプロトコル電話用設備（電話用設備（電気通信番号規則（令和元年総務省令第4号）別表第1号に掲げる固定電話番号を使用して提供する音声伝送役務の用に供するものに限る。）であって、端末設備又は自営電気通信設備との接続においてインターネットプロトコルを使用するものをいう。）に接続される電話機、構内交換設備、ボタン電話装置、符号変換装置（インターネットプロトコルと音声信号を相互に符号変換する装置をいう。）、ファクシミリその他呼の制御を行う端末機器

(3) インターネットプロトコル移動電話用設備（移動電話用設備（電気通信番号規則別表第4号に掲げる音声伝送携帯電話番号を使用して提供する音声

技術基準適合認定及び設計についての認証の対象となるその他の端末機器（平成16年総務省告示第95号）

(1) 監視通知装置	(6) 網制御装置
(2) 画像蓄積処理装置	(7) 信号受信表示装置
(3) 音声蓄積装置	(8) 集中処理装置
(4) 音声補助装置	(9) 通信管理装置
(5) データ端末装置（(1)から(4)までに掲げるものを除く。）	

伝送役務の用に供するものに限る。)であって、端末設備又は自営電気通信設備との接続においてインターネットプロトコルを使用するものをいう。)に接続される端末機器

(4)　無線呼出用設備(電気通信事業の用に供する電気通信回線設備であって、無線によって利用者に対する呼出し(これに付随する通報を含む。)を行うことを目的とする電気通信役務の用に供するものをいう。)に接続される端末機器

(5)　総合デジタル通信用設備(電気通信事業の用に供する電気通信回線設備であって、主として64キロビット毎秒を単位とするデジタル信号の伝送速度により符号、音声その他の音響又は影像を統合して伝送交換することを目的とする電気通信役務の用に供するものをいう。)に接続される端末機器

(6)　専用通信回線設備(電気通信事業の用に供する電気通信回線設備であって、特定の利用者に当該設備を専用させる電気通信役務の用に供するものをいう。)又はデジタルデータ伝送用設備(電気通信事業の用に供する電気通信回線設備であって、デジタル方式により専ら符号又は影像の伝送交換を目的とする電気通信役務の用に供するものをいう。)に接続される端末機器

2　法第63条第1項に規定する特定端末機器は、前項に規定する端末機器とする。ただし、端末機器の技術基準、使用の態様等を勘案して、電気通信回線設備を利用する他の利用者の通信に著しく妨害を与えるおそれがあるものとして、総務大臣が別に告示で定めるものを除く。

第2章　登録認定機関

第1節　技術基準適合認定

第4条～第9条　略

(表示)

第10条　法第53条第2項の規定により表示を付するときは、次に掲げる方法のいずれかによるものとする。

(1)　様式第7号による表示を技術基準適合認定を受けた端末機器の見やすい箇所に付す方法(当該表示を付すことが困難又は不合理である端末機器にあっては、当該端末機器に付属する取扱説明書及び包装又は容器の見やすい箇所に付す方法)

(2)　様式第7号による表示を技術基準適合認定を受けた端末機器に電磁的方法(電子的方法、磁気的方法その他の人の知覚によっては認識することが

できない方法をいう。以下同じ。)により記録し、当該端末機器の映像面に直ちに明瞭な状態で表示することができるようにする方法

(3)　様式第7号による表示を技術基準適合認定を受けた端末機器に電磁的方法により記録し、当該表示を特定の操作によって当該端末機器に接続した製品の映像面に直ちに明瞭な状態で表示することができるようにする方法

2　法第68条の2の規定により表示を付するときは、製品に組み込まれた適合表示端末機器に付されている表示(当該適合表示端末機器に付属する取扱説明書等に付された表示を含む。)を目視その他の適切な方法により確認し、次に掲げるいずれかの方法によるものとする。この場合において、新たに付することとなる表示は、容易に識別することができるものであること。

(1)　表示を当該適合表示端末機器を組み込んだ製品の見やすい箇所に付す方法(表示を付すことが困難又は不合理である製品にあっては、当該製品に付属する取扱説明書及び包装又は容器の見やすい箇所に付す方法)

(2)　表示を当該適合表示端末機器を組み込んだ製品に電磁的方法により記録し、当該表示を当該適合表示端末機器を組み込んだ製品の映像面に直ちに明瞭な状態で表示することができるようにする方法

(3)　表示を当該適合表示端末機器を組み込んだ製品に電磁的方法により記録し、当該表示を特定の操作によって当該適合表示端末機器を組み込んだ製品に接続した製品の映像面に直ちに明瞭な状態で表示することができるようにする方法

3　第1項第二号若しくは第三号又は前項第二号若しくは第三号に規定する方法により端末機器又は適合表示端末機器を組み込んだ製品に表示を付する場合は、電磁的方法によって表示を付した旨及び当該表示の表示方法について、これらを記載した書類の当該端末機器又は当該製品への添付その他の適切な方法により明らかにするものとする。

第11条～第18条　略

第2節　端末機器の設計についての認証

第19条～第24条　略

様式第7号（第10条、第22条、第29条及び第38条関係）

表示は、次の様式に記号 Ａ 及び技術基準適合認定番号又は記号 Ｔ 及び設計認証番号を付加したものとする。

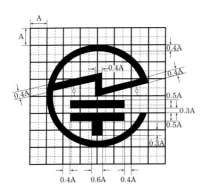

注1　大きさは、表示を容易に識別することができるものであること。
2　材料は、容易に損傷しないものであること（電磁的方法によって表示を付す場合を除く。）。
3　色彩は、適宜とする。ただし、表示を容易に識別することができるものであること。
4　技術基準適合認定番号又は設計認証番号の最後の3文字は総務大臣が別に定める登録認定機関又は承認認定機関の区別とし、最初の文字は端末機器の種類に従い次表に定めるとおりとし、その他の文字等は、総務大臣が別に定めるとおりとすること。なお、技術基準適合認定又は設計認証が、2以上の種類の端末機器が構造上一体となっているものについて同時になされたものであるときには、当該種類の端末機器について、次の表に掲げる記号を列記するものとする。

端　末　機　器　の　種　類	記号
(1)第3条第1項第一号に掲げる端末機器	A
(2)第3条第1項第二号に掲げる端末機器	E
(3)第3条第1項第三号に掲げる端末機器	F
(4)第3条第1項第四号に掲げる端末機器	B
(5)第3条第1項第五号に掲げる端末機器	C
(6)第3条第1項第六号に掲げる端末機器	D

付録　端末設備等規則（抜粋）

（昭和60年郵政省令第31号）

電気通信事業法（昭和59年法律第86号）第49条第1項及び第52条第1項の規定に基づき端末設備等規則を次のように定める。

第1章　総　則

第1条　略

（定義）

第2条　この規則において使用する用語は、法において使用する用語の例による。

2　この規則の規定の解釈については、次の定義に従うものとする。

⑴　「電話用設備」とは、電気通信事業の用に供する電気通信回線設備であって、主として音声の伝送交換を目的とする電気通信役務の用に供するものをいう。

⑵　「アナログ電話用設備」とは、電話用設備であって、端末設備又は自営電気通信設備を接続する点においてアナログ信号を入出力とするものをいう。

⑶　「アナログ電話端末」とは、端末設備であって、アナログ電話用設備に接続される点において2線式の接続形式で接続されるものをいう。

⑷　「移動電話用設備」とは、電話用設備であって、端末設備又は自営電気通信設備との接続において電波を使用するものをいう。

⑸　「移動電話端末」とは、端末設備であって、移動電話用設備（インターネットプロトコル移動電話用設備を除く。）に接続されるものをいう。

⑹　「インターネットプロトコル電話用設備」とは、電話用設備（電気通信番号規則（令和元年総務省令第4号）別表第1号に掲げる固定電話番号を使用して提供する音声伝送役務の用に供するものに限る。）であって、端末設備又は自営電気通信設備との接続においてインターネットプロトコルを使用するものをいう。

⑺　「インターネットプロトコル電話端末」とは、端末設備であって、インターネットプロトコル電話用設備に接続されるものをいう。

⑻　「インターネットプロトコル移動電話用設備」とは、移動電話用設備（電気通信番号規則別表第4号に掲げる音声伝送携帯電話番号を使用して提供する音声伝送役務の用に供するものに限る。）であって、端末設備又は自営電気通信設備との接続においてインターネットプロトコルを使用するものをいう。

⑼　「インターネットプロトコル移動電話端末」とは、端末設備であって、インターネットプロトコル移動電

話用設備に接続されるものをいう。

⑩　「無線呼出用設備」とは、電気通信事業の用に供する電気通信回線設備であって、無線によって利用者に対する呼出し（これに付随する通報を含む。）を行うことを目的とする電気通信役務の用に供するものをいう。

⑪　「無線呼出端末」とは、端末設備であって、無線呼出用設備に接続されるものをいう。

⑫　「総合デジタル通信用設備」とは、電気通信事業の用に供する電気通信回線設備であって、主として64キロビット毎秒を単位とするデジタル信号の伝送速度により、符号、音声、その他の音響又は影像を統合して伝送交換することを目的とする電気通信役務の用に供するものをいう。

⑬　「総合デジタル通信端末」とは、端末設備であって、総合デジタル通信用設備に接続されるものをいう。

⑭　「専用通信回線設備」とは、電気通信事業の用に供する電気通信回線設備であって、特定の利用者に当該設備を専用させる電気通信役務の用に供するものをいう。

⑮　「デジタルデータ伝送用設備」とは、電気通信事業の用に供する電気通信回線設備であって、デジタル方式により、専ら符号又は影像の伝送交換を目的とする電気通信役務の用に供するものをいう。

⑯　「専用通信回線設備等端末」とは、端末設備であって、専用通信回線設備又はデジタルデータ伝送用設備に接続されるものをいう。

⑰　「発信」とは、通信を行う相手を呼び出すための動作をいう。

⑱　「応答」とは、電気通信回線からの呼出しに応ずるための動作をいう。

⑲　「選択信号」とは、主として相手の端末設備を指定するために使用する信号をいう。

⑳　「直流回路」とは、端末設備又は自営電気通信設備を接続する点において2線式の接続形式を有するアナログ電話用設備に接続して電気通信事業者の交換設備の動作の開始及び終了の制御を行うための回路をいう。

㉑　「絶対レベル」とは、一の皮相電力の1ミリワットに対する比をデシベルで表したものをいう。

㉒　「通話チャネル」とは、移動電話用設備と移動電話端末又はインターネットプロトコル移動電話端末の間に設定され、主として音声の伝送に使用する通信路をいう。

㉓　「制御チャネル」とは、移動電話用設備と移動電話端末又はインターネットプロトコル移動電話端末の間に設定され、主として制御信号の伝送に使用

する通信路をいう。

㉔　「呼設定用メッセージ」とは、呼設定メッセージ又は応答メッセージをいう。

㉕　「呼切断用メッセージ」とは、切断メッセージ、解放メッセージ又は解放完了メッセージをいう。

第2章　責任の分界

（責任の分界）

第3条　利用者の接続する端末設備（以下「端末設備」という。）は、事業用電気通信設備との責任の分界を明確にするため、事業用電気通信設備との間に分界点を有しなければならない。

2　分界点における接続の方式は、端末設備を電気通信回線ごとに事業用電気通信設備から容易に切り離せるものでなければならない。

第3章　安全性等

（漏えいする通信の識別禁止）

第4条　端末設備は、事業用電気通信設備から漏えいする通信の内容を意図的に識別する機能を有してはならない。

（鳴音の発生防止）

第5条　端末設備は、事業用電気通信設備との間で鳴音（電気的又は音響的結合により生ずる発振状態をいう。）を発生することを防止するために総務大臣が別に告示する条件を満たすものでなければならない。

（絶縁抵抗等）

第6条　端末設備の機器は、その電源回路と筐体及びその電源回路と事業用電気通信設備との間に次の絶縁抵抗及び絶縁耐力を有しなければならない。

⑴　絶縁抵抗は、使用電圧が300ボルト以下の場合にあっては、0.2メガオーム以上であり、300ボルトを超え750ボルト以下の直流及び300ボルトを超え600ボルト以下の交流の場合にあっては、0.4メガオーム以上であること。

⑵　絶縁耐力は、使用電圧が750ボルトを超える直流及び600ボルトを超える交流の場合にあっては、その使用電圧の1.5倍の電圧を連続して10分間加えたときこれに耐えること。

2　端末設備の機器の金属製の台及び筐体は、接地抵抗が100オーム以下となるように接地しなければならない。ただし、安全な場所に危険のないように設置する場合にあっては、この限りでない。

（過大音響衝撃の発生防止）

第7条　通話機能を有する端末設備は、通話中に受話器から過大な音響衝撃が発生することを防止する機能を備えなければならない。

（配線設備等）

第8条　利用者が端末設備を事業用電気通信設備に接続する際に使用する線路及び保安器その他の機器（以下「配線設備等」という。）は、次の各号により設置されなければならない。

(1)　配線設備等の評価雑音電力（通信回線が受ける妨害であって人間の聴覚率を考慮して定められる実効的雑音電力をいい、誘導によるものを含む。）は、絶対レベルで表した値で定常時においてマイナス64デシベル以下であり、かつ、最大時においてマイナス58デシベル以下であること。

(2)　配線設備等の電線相互間及び電線と大地間の絶縁抵抗は、直流200ボルト以上の一の電圧で測定した値で1メガオーム以上であること。

(3)　配線設備等と強電流電線との関係については有線電気通信設備令（昭和28年政令第131号）第11条から第15条まで及び第18条に適合するものであること。

(4)　事業用電気通信設備を損傷し、又はその機能に障害を与えないようにするため、総務大臣が別に告示するところにより配線設備等の設置の方法を定める場合にあっては、その方法によるものであること。

（端末設備内において電波を使用する端末設備）

第9条　端末設備を構成する一の部分と他の部分相互間において電波を使用する端末設備は、次の各号の条件に適合するものでなければならない。

(1)　総務大臣が別に告示する条件に適合する識別符号（端末設備に使用される無線設備を識別するための符号であって、通信路の設定に当たってその照合が行われるものをいう。）を有すること。

(2)　使用する電波の周波数が空き状態であるかどうかについて、総務大臣が別に告示するところにより判定を行い、空き状態である場合にのみ通信路を設定するものであること。ただし、総務大臣が別に告示するものについては、この限りでない。

端末設備等規則の規定に基づく識別符号の条件等

（平成6年郵政省告示424号）の抜粋

(3)　使用する電波の周波数の空き状態の判定の機能を

要しない端末設備又は自営電気通信設備（以下「端末設備等」という。）は、次のとおりとする。

1　火災、盗難その他の非常の通報の用に供する端末設備等

2　第1号の表の3の2の項に規定する無線設備〔特定小電力無線局の無線設備のうち、テレメーター用、テレコントロール用及びデータ伝送用のものであって、920.5MHz以上925.1MHz以下の周波数の電波を使用するもの（キャリアセンスの備付けを要しないものであって、無線設備規則第49条の14第7号ニただし書に規定する条件に適合するものに限る。）〕を使用する端末設備等

3　人・動物検知通報システム用の特定小電力無線局の無線設備（空中線電力が10mW以下のものに限る。）を使用する端末設備等

4　小電力セキュリティシステムの無線局の無線設備を使用する端末設備等

5　小電力データ通信システムの無線局の無線設備（57GHzを超え66GHz以下の周波数の電波を使用するものであって、空中線電力が10mW以下のものに限る。）を使用する端末設備等

6　700MHz帯高度道路交通システムの固定局又は基地局の無線設備を使用する端末設備等

(3)　使用される無線設備は、一の筐体に収められており、かつ、容易に開けることができないこと。ただし、総務大臣が別に告示するものについては、この限りでない。

端末設備等規則の規定に基づく識別符号の条件等

(4)　一の筐体に収めることを要しない無線設備又はその装置は、次のとおりとする。

1　小電力データ通信システムの無線局の無線設備（57GHzを超え66GHz以下の周波数の電波を使用するものを除く。）、5.2GHz帯高出力データ通信システムの無線局の無線設備、時分割多元接続方式広帯域デジタルコードレス電話の無線局の無線設備、時分割・直交周波数分割多元接続方式デジタルコードレス電話の無線局の無線設備、700MHz帯高度道路交通システムの無線局の無線設備、テレメーター用等の特定小電力無線局の無線設備（915.9MHz以上929.7MHz以下の周波数の電波を使用するものに限る。）又は第1項の表中3の2の項に規定する無線設備であって、次の条件を満たすもの。

(1) 空中線系を除く高周波部及び変調部は容易に開けられないこと。

(2) 送信装置識別装置、呼出符号記憶装置及び識別装置は容易に取り外しできないこと。

2 超広帯域無線システムの無線局の無線設備であって、その筐体は容易に開けることができない構造のもの

3 次に掲げる無線設備の装置

(1) 電源装置、送話器及び受話器

(2) 受信専用空中線

(3) 操作器、表示器、音量調整器その他これに準ずるもの

(4) スケルチ調整器、周波数切替装置、送受信の切替器及びデータ信号用附属装置その他これに準ずるもの（テレメーター用等の特定小電力無線局の無線設備の装置に限る。）

(5) 送信機以外の装置（57GHzを超え66GHz以下の周波数の電波を使用する小電力データ通信システムの無線局の無線設備の装置に限る。）

(6) 制御装置、周波数切替装置、送受信の切替器、識別符号設定器及びデータ信号用附属装置その他これに準ずるもの（小電力セキュリティシステムの無線局の無線設備の装置に限る。）

4 時分割・直交周波数分割多元接続方式デジタルコードレス電話の無線局の無線設備であって、空中線を除く高周波部及び変調部は、容易に開けることができないもの。また、高周波部及び変調部が別の筐体に収められている場合にあっては、通信装置としての同一性を維持できる措置が講じられており、かつ、それぞれが容易に開けることができない構造のもの。

第4章　電話用設備に接続される端末設備

第1節　アナログ電話端末

（基本的機能）

第10条　アナログ電話端末の直流回路は、発信又は応答を行うとき閉じ、通信が終了したとき開くものでなければならない。

（発信の機能）

第11条　アナログ電話端末は、発信に関する次の機能を備えなければならない。

(1) 自動的に選択信号を送出する場合にあっては、直流回路を閉じてから3秒以上経過後に選択信号の送出を開始するものであること。ただし、電気通信回線からの発信音又はこれに相当する可聴音を確認した後に選択信号を送出する場合にあっては、この限りでない。

(2) 発信に際して相手の端末設備からの応答を自動的に確認する場合にあっては、電気通信回線からの応答が確認できない場合選択信号送出終了後2分以内に直流回路を開くものであること。

(3) 自動再発信（応答のない相手に対し引き続いて繰り返し自動的に行う発信をいう。以下同じ。）を行う場合（自動再発信の回数が15回以内の場合を除く。）にあっては、その回数は最初の発信から3分間に2回以内であること。この場合において、最初の発信から3分を超えて行われる発信は、別の発信とみなす。

(4) 前号の規定は、火災、盗難その他の非常の場合にあっては、適用しない。

（選択信号の条件）

第12条　アナログ電話端末の選択信号は、次の条件に適合するものでなければならない。

(1) ダイヤルパルスにあっては、別表第1号の条件

(2) 押しボタンダイヤル信号にあっては、別表第2号の条件

（緊急通報機能）

第12条の2　アナログ電話端末であって、通話の用に供するものは、電気通信番号規則別表第12号に掲げる緊急通報番号を使用した警察機関、海上保安機関又は消防機関への通報（以下「緊急通報」という。）を発信する機能を備えなければならない。

（直流回路の電気的条件等）

第13条　直流回路を閉じているときのアナログ電話端末の直流回路の電気的条件は、次のとおりでなければならない。

(1) 直流回路の直流抵抗値は、20ミリアンペア以上120ミリアンペア以下の電流で測定した値で50オーム以上300オーム以下であること。ただし、直流回路の直流抵抗値と電気通信事業者の交換設備からアナログ電話端末までの線路の直流抵抗値の和が50オーム以上1,700オーム以下の場合にあっては、この限りでない。

(2) ダイヤルパルスによる選択信号送出時における直流回路の静電容量は、3マイクロファラド以下であること。

2 直流回路を開いているときのアナログ電話端末の直流回路の電気的条件は、次のとおりでなければな

別表第1号　ダイヤルパルスの条件（第12条第一号関係）

第1　ダイヤルパルス数

ダイヤル番号とダイヤルパルス数は同一であること。ただし、「0」は、10パルスとする。

第2　ダイヤルパルスの信号

ダイヤルパルスの種類	ダイヤルパルス速度	ダイヤルパルスメーク率	ミニマムポーズ
10パルス毎秒方式	10±1.0パルス毎秒以内	30%以上42%以下	600ms以上
20パルス毎秒方式	20±1.6パルス毎秒以内	30%以上36%以下	450ms以上

注1　ダイヤルパルス速度とは、1秒間に断続するパルス数をいう。
　2　ダイヤルパルスメーク率とは、ダイヤルパルスの接（メーク）と断（ブレーク）の時間の割合をいい、次式
　　で定義するものとする。
　　　　　　ダイヤルパルスメーク率＝{接時間÷（接時間＋断時間）}×100%
　3　ミニマムポーズとは、隣接するパルス列間の休止時間の最小値をいう。

別表第2号　押しボタンダイヤル信号の条件（第12条第二号関係）

第1　ダイヤル番号の周波数

ダイヤル番号	周　波　数
1	697Hz及び1,209Hz
2	697Hz及び1,336Hz
3	697Hz及び1,477Hz
4	770Hz及び1,209Hz
5	770Hz及び1,336Hz
6	770Hz及び1,477Hz
7	852Hz及び1,209Hz
8	852Hz及び1,336Hz
9	852Hz及び1,477Hz
0	941Hz及び1,336Hz
＊	941Hz及び1,209Hz
#	941Hz及び1,477Hz
A	697Hz及び1,633Hz
B	770Hz及び1,633Hz
C	852Hz及び1,633Hz
D	941Hz及び1,633Hz

第2　その他の条件

項　　　目		条　　　件
信号周波数偏差		信号周波数の±1.5%以内
信号送出電力 の許容範囲	低群周波数	図1に示す。
	高群周波数	図2に示す。
	2周波電力差	5dB以内、かつ、低群周波数の電力が高群周波数の電力を超えないこと。
信号送出時間		50ms以上
ミニマムポーズ		30ms以上
周　　　期		120ms以上

注1　低群周波数とは、697Hz、770Hz、852Hz及び941Hzをいい、高群周
　　波数とは1,209Hz、1,336Hz、1,477Hz及び1,633Hzをいう。
　2　ミニマムポーズとは、隣接する信号間の休止時間の最小値をいう。
　3　周期とは、信号送出時間とミニマムポーズの和をいう。

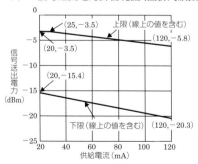

図1　信号送出電力許容範囲（低群周波数）

注1　供給電流が20mA未満の場合の信号送出電力
　　は、−15.4dBm以上−3.5dBm以下であること。
　　供給電流が120mAを超える場合の信号送出電力
　　は、−20.3dBm以上−5.8dBm以下であること。
　2　dBmは、絶対レベルを表す単位とする。

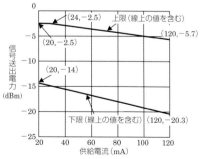

図2　信号送出電力許容範囲（高群周波数）

注1　供給電流が20mA未満の場合の信号送出電力
　　は、−14dBm以上−2.5dBm以下であること。
　　供給電流が120mAを超える場合の信号送出電力
　　は、−20.3dBm以上−5.7dBm以下であること。
　2　dBmは、絶対レベルを表す単位とする。

らない。
(1) 直流回路の直流抵抗値は、1メガオーム以上であること。
(2) 直流回路と大地の間の絶縁抵抗は、直流200ボルト以上の一の電圧で測定した値で1メガオーム以上であること。
(3) 呼出信号受信時における直流回路の静電容量は、3マイクロファラド以下であり、インピーダンスは、75ボルト、16ヘルツの交流に対して2キロオーム以上であること。
3 アナログ電話端末は、電気通信回線に対して直流の電圧を加えるものであってはならない。

（送出電力）
第14条 アナログ電話端末の送出電力の許容範囲は、通話の用に供する場合を除き、別表第3号のとおりとする。

（漏話減衰量）
第15条 複数の電気通信回線と接続されるアナログ電話端末の回線相互間の漏話減衰量は、1,500ヘルツにおいて70デシベル以上でなければならない。

第16条 略

第2節　移動電話端末

（基本的機能）
第17条 移動電話端末は、次の機能を備えなければならない。
(1) 発信を行う場合にあっては、発信を要求する信号を送出するものであること。
(2) 応答を行う場合にあっては、応答を確認する信号を送出するものであること。

(3) 通信を終了する場合にあっては、チャネル（通話チャネル及び制御チャネルをいう。以下同じ。）を切断する信号を送出するものであること。

（発信の機能）
第18条 移動電話端末は、発信に関する次の機能を備えなければならない。
(1) 発信に際して相手の端末設備からの応答を自動的に確認する場合にあっては、電気通信回線からの応答が確認できない場合選択信号送出終了後1分以内にチャネルを切断する信号を送出し、送信を停止するものであること。
(2) 自動再発信を行う場合にあっては、その回数は2回以内であること。ただし、最初の発信から3分を超えた場合にあっては、別の発信とみなす。
(3) 前号の規定は、火災、盗難その他の非常の場合にあっては、適用しない。

（送信タイミング）
第19条 移動電話端末は、総務大臣が別に告示する条件に適合する送信タイミングで送信する機能を備えなければならない。

（ランダムアクセス制御）
第20条 移動電話端末は、総務大臣が別に告示する条件に適合するランダムアクセス制御（複数の移動電話端末からの送信が衝突した場合、再び送信が衝突することを避けるために各移動電話端末がそれぞれ不規則な遅延時間の後に再び送信することをいう。）を行う機能を備えなければならない。

第21条～第28条 略

別表第3号　アナログ電話端末の送出電力の許容範囲（第14条関係）

項　　目		アナログ電話端末の送出電力の許容範囲
4kHzまでの送出電力		−8dBm（平均レベル）以下で、かつ0dBm（最大レベル）を超えないこと。
不要送出レベル	4kHzから8kHzまで	−20dBm以下
	8kHzから12kHzまで	−40dBm以下
	12kHz以上の各4kHz帯域	−60dBm以下

注1　平均レベルとは、端末設備の使用状態における平均的なレベル（実効値）であり、最大レベルとは、端末設備の送出レベルが最も高くなる状態でのレベル（実効値）とする。
　　2　送出電力及び不要送出レベルは、平衡600オームのインピーダンスを接続して測定した値を絶対レベルで表した値とする。
　　3　dBmは、絶対レベルを表す単位とする。

（緊急通報機能）

第28条の2　移動電話端末であって、通話の用に供するものは、緊急通報を発信する機能を備えなければならない。

第29条〜第32条　略

第3節　インターネットプロトコル電話端末

（基本的機能）

第32条の2　インターネットプロトコル電話端末は、次の機能を備えなければならない。

(1)　発信又は応答を行う場合にあっては、呼の設定を行うためのメッセージ又は当該メッセージに対応するためのメッセージを送出するものであること。

(2)　通信を終了する場合にあっては、呼の切断、解放若しくは取消しを行うためのメッセージ又は当該メッセージに対応するためのメッセージ（以下「通信終了メッセージ」という。）を送出するものであること。

（発信の機能）

第32条の3　インターネットプロトコル電話端末は、発信に関する次の機能を備えなければならない。

(1)　発信に際して相手の端末設備からの応答を自動的に確認する場合にあっては、電気通信回線からの応答が確認できない場合呼の設定を行うためのメッセージ送出終了後2分以内に通信終了メッセージを送出するものであること。

(2)　自動再発信を行う場合（自動再発信の回数が15回以内の場合を除く。）にあっては、その回数は最初の発信から3分間に2回以内であること。この場合において、最初の発信から3分を超えて行われる発信は、別の発信とみなす。

(3)　前号の規定は、火災、盗難その他の非常の場合にあっては、適用しない。

（識別情報登録）

第32条の4　インターネットプロトコル電話端末のうち、識別情報（インターネットプロトコル電話端末を識別するための情報をいう。以下同じ。）の登録要求（インターネットプロトコル電話端末が、インターネットプロトコル電話用設備に識別情報の登録を行うための要求をいう。以下同じ。）を行うものは、識別情報の登録がなされない場合であって、再び登録要求を行おうとするときは、次の機能を備えなければならない。

(1)　インターネットプロトコル電話用設備からの待機時間を指示する信号を受信する場合にあっては、当該待機時間に従い登録要求を行うための信号を送信するものであること。

(2)　インターネットプロトコル電話用設備からの待機時間を指示する信号を受信しない場合にあっては、端末設備ごとに適切に設定された待機時間の後に登録要求を行うための信号を送信するものであること。

2　前項の規定は、火災、盗難その他の非常の場合にあっては、適用しない。

（ふくそう通知機能）

第32条の5　インターネットプロトコル電話端末は、インターネットプロトコル電話用設備からふくそうが発生している旨の信号を受信した場合にその旨を利用者に通知するための機能を備えなければならない。

（緊急通報機能）

第32条の6　インターネットプロトコル電話端末であって、通話の用に供するものは、緊急通報を発信する機能を備えなければならない。

（電気的条件等）

第32条の7　インターネットプロトコル電話端末は、総務大臣が別に告示する電気的条件及び光学的条件のいずれかの条件に適合するものでなければならない。

2　インターネットプロトコル電話端末は、電気通信回

別表第5号　インターネットプロトコル電話端末又は総合デジタル通信端末のアナログ電話端末等と通信する場合の送出電力
（第32条の8、第34条の6関係）

項　　目	インターネットプロトコル電話端末又は総合デジタル通信端末のアナログ電話端末等と通信する場合の送出電力
送出電力	−3dBm（平均レベル）以下

注1　平均レベルとは、端末設備の使用状態における平均的なレベル（実効値）とする。
　　2　送出電力は、端末設備又は自営電気通信設備を接続する点において2線式の接続形式を有するアナログ電話用設備とインターネットプロトコル電話用設備又は総合デジタル通信用設備との接続点において、アナログ信号を入出力とする2線式接続に変換し、平衡600Ωのインピーダンスを接続して測定した値を絶対レベルで表した値とする。
　　3　dBmは、絶対レベルを表す単位とする。

線に対して直流の電圧を加えるものであってはならない。ただし、前項に規定する総務大臣が別に告示する条件において直流重畳が認められる場合にあっては、この限りでない。

（アナログ電話端末等と通信する場合の送出電力）

第32条の8　インターネットプロトコル電話端末がアナログ電話端末等と通信する場合にあっては、通話の用に供する場合を除き、インターネットプロトコル電話用設備とアナログ電話用設備との接続点においてデジタル信号をアナログ信号に変換した送出電力は、別表第5号のとおりとする。

（特殊なインターネットプロトコル電話端末）

第32条の9　インターネットプロトコル電話端末のうち、第32条の2から前条までの規定によることが著しく不合理なものであって総務大臣が別に告示するものは、これらの規定にかかわらず、総務大臣が別に告示する条件に適合するものでなければならない。

第4節　インターネットプロトコル移動電話端末

（基本的機能）

第32条の10　インターネットプロトコル移動電話端末は、次の機能を備えなければならない。
⑴　発信を行う場合にあっては、発信を要求する信号を送出するものであること。
⑵　応答を行う場合にあっては、応答を確認する信号を送出するものであること。
⑶　通信を終了する場合にあっては、チャネルを切断する信号を送出するものであること。
⑷　発信又は応答を行う場合にあっては、呼の設定を行うためのメッセージ又は当該メッセージに対応するためのメッセージを送出するものであること。
⑸　通信を終了する場合にあっては、通信終了メッセージを送出するものであること。

（発信の機能）

第32条の11　インターネットプロトコル移動電話端末は、発信に関する次の機能を備えなければならない。
⑴　発信に際して相手の端末設備からの応答を自動的に確認する場合にあっては、電気通信回線からの応答が確認できない場合呼の設定を行うためのメッセージ送出終了後128秒以内に通信終了メッセージを送出するものであること。
⑵　自動再発信を行う場合にあっては、その回数は3回以内であること。ただし、最初の発信から3分を超えた場合にあっては、別の発信とみなす。
⑶　前号の規定は、火災、盗難その他の非常の場合にあっては、適用しない。

（送信タイミング）

第32条の12　インターネットプロトコル移動電話端末は、総務大臣が別に告示する条件に適合する送信タイミングで送信する機能を備えなければならない。

（ランダムアクセス制御）

第32条の13　インターネットプロトコル移動電話端末は、総務大臣が別に告示する条件に適合するランダムアクセス制御（複数のインターネットプロトコル移動電話端末からの送信が衝突した場合、再び送信が衝突することを避けるために各インターネットプロトコル移動電話端末がそれぞれ不規則な遅延時間の後に再び送信することをいう。）を行う機能を備えなければならない。

第32条の14～第32条の22　略

（緊急通報機能）

第32条の23　インターネットプロトコル移動電話端末であって、通話の用に供するものは、緊急通報を発信する機能を備えなければならない。

第32条の24、第32条の25　略

第5章　無線呼出用設備に接続される端末設備

第33条、第34条　略

第6章　総合デジタル通信用設備に接続される端末設備

（基本的機能）

第34条の2　総合デジタル通信端末は、次の機能を備えなければならない。ただし、総務大臣が別に告示する場合はこの限りでない。
⑴　発信又は応答を行う場合にあっては、呼設定用メッセージを送出するものであること。
⑵　通信を終了する場合にあっては、呼切断用メッセージを送出するものであること。

基本的機能を要しない総合デジタル通信端末
（平成11年郵政省告示第160号）

⑴　通信相手固定端末
⑵　パケット通信を行う端末

（発信の機能）

第34条の3　総合デジタル通信端末は、発信に関する次の機能を備えなければならない。

(1)　発信に際して相手の端末設備からの応答を自動的に確認する場合にあっては、電気通信回線からの応答が確認できない場合呼設定メッセージ送出終了後2分以内に呼切断用メッセージを送出するものであること。

(2)　自動再発信を行う場合（自動再発信の回数が15回以内の場合を除く。）にあっては、その回数は最初の発信から3分間に2回以内であること。この場合において、最初の発信から3分を超えて行われる発信は、別の発信とみなす。

(3)　前号の規定は、火災、盗難その他の非常の場合にあっては、適用しない。

（緊急通報機能）

第34条の4　総合デジタル通信端末であって、通話の用に供するものは、緊急通報を発信する機能を備えなければならない。

（電気的条件等）

第34条の5　総合デジタル通信端末は、総務大臣が別に告示する電気的条件及び光学的条件のいずれかの条件に適合するものでなければならない。

総合デジタル通信端末の電気的条件及び光学的条件
（平成11年郵政省告示第161号）

(1)　メタリック伝送路インタフェースの総合デジタル通信端末は、別表第1号の条件とする。

(2)　光伝送路インタフェースの総合デジタル通信端末は、別表第2号の条件とする。

別表第1号　メタリック伝送路インタフェースの総合デジタル通信端末

インタフェースの種類	電気的条件
ITU－T勧告 G.961Appendix Ⅲ（TCM方式）	110Ωの負荷抵抗に対して、7.2V（0－P）以下（孤立パルス中央値（時間軸方向））
ITU－T勧告 G.961Appendix Ⅱ（EC方式）	135Ωの負荷抵抗に対して、2.625V（0－P）以下

別表第2号　光伝送路インタフェースの総合デジタル通信端末

インタフェースの種類	光学的条件
光伝送路インタフェース	－7dBm（平均レベル）以下

2　総合デジタル通信端末は、電気通信回線に対して直流の電圧を加えるものであってはならない。

（アナログ電話端末等と通信する場合の送出電力）

第34条の6　総合デジタル通信端末がアナログ電話端末等と通信する場合にあっては、通話の用に供する場合を除き、総合デジタル通信用設備とアナログ電話用設備との接続点においてデジタル信号をアナログ信号に変換した送出電力は、別表第5号のとおりとする。

第34条の7　略

第7章　専用通信回線設備又はデジタルデータ伝送用設備に接続される端末設備

（電気的条件等）

第34条の8　専用通信回線設備等端末は、総務大臣が別に告示する電気的条件及び光学的条件のいずれかの条件に適合するものでなければならない。

2　専用通信回線設備等端末は、電気通信回線に対して直流の電圧を加えるものであってはならない。ただし、前項に規定する総務大臣が別に告示する条件において直流重畳が認められる場合にあっては、この限りでない。

インターネットプロトコル電話端末及び専用通信回線設備等端末の電気的条件等
（平成23年総務省告示第87号）

(1)　メタリック伝送路インタフェースの3.4キロヘルツ帯アナログ専用回線に接続される専用通信回線設備等端末は、別表第1号の条件とする。

(2)　メタリック伝送路インタフェースのインターネットプロトコル電話端末及び専用通信回線設備等端末は、別表第2号の条件とする。

(3)　同軸インタフェースのインターネットプロトコル電話端末及び専用通信回線設備等端末は、別表第3号の条件とする。

(4)　光伝送路インタフェースのインターネットプロトコル電話端末及び専用通信回線設備等端末（映像伝送を目的とするものを除く。）は、別表第4号の条件とする。

(5)　無線設備を使用する専用通信回線設備等端末は、別表第5号の条件とする。

(6)　その他インタフェースのインターネットプロトコル電話端末及び専用通信回線設備等端末は、別表第6号の条件とする。

別表第1号 メタリック伝送路インタフェースの3.4kHz帯アナログ専用回線に接続される専用通信回線設備等端末

周波数帯域		送出電力、送出電流及び送出電圧等の条件
4kHzまでの送出電力		平均レベルは−8dBm以下で、かつ、最大レベルは0dBm以下。 端末設備は、電気通信回線に直流の電圧を加えないこと。ただし、直流重畳が認められる場合にあっては次のとおりとする。 　送出電流　　　　　45mA以下 　送出電圧（線間）　100V以下 　送出電圧（対地）　50V以下
不要送出レベル	4kHzから8kHzまで	−20dBm以下
	8kHzから12kHzまで	−40dBm以下
	12kHz以上の各4kHz帯域	−60dBm以下

注1　平均レベルとは、端末設備の使用状態における平均的なレベル（実効値）であり、最大レベルとは、端末設備の送出レベルが最も高くなる状態でのレベル（実効値）とする。
　2　送出電力及び不要送出レベルは、平衡600Ωのインピーダンスを接続して測定した値を絶対レベルで表した値とする。
　3　送出電圧は、回路開放時にも適用する。
　4　送出電流は、回路短絡時の電流とする。
　5　パルス符号を送出する場合のms単位で表したパルス幅の数値は20以上とし、mA単位で表した送出電流の数値はパルス幅の数値以下とする。

別表第2号 メタリック伝送路インタフェースのインターネットプロトコル電話端末及び専用通信回線設備等端末　略

別表第3号 同軸インタフェースのインターネットプロトコル電話端末及び専用通信回線設備等端末　略

別表第4号 光伝送路インタフェースのインターネットプロトコル電話端末及び専用通信回線設備等端末　略

別表第5号 無線設備を使用する専用通信回線設備等端末　略

別表第6号 その他インタフェースのインターネットプロトコル電話端末及び専用通信回線設備等端末　略

（漏話減衰量）
第34条の9　複数の電気通信回線と接続される専用通信回線設備等端末の回線相互間の漏話減衰量は、1,500ヘルツにおいて70デシベル以上でなければならない。

（インターネットプロトコルを使用する専用通信回線設備等端末）
第34条の10　専用通信回線設備等端末（デジタルデータ伝送用設備に接続されるものに限る。以下この条において同じ。）であって、デジタルデータ伝送用設備との接続においてインターネットプロトコルを使用するもののうち、電気通信回線設備を介して接続することにより当該専用通信回線設備等端末に備えられた電気通信の機能（送受信に係るものに限る。以下この条において同じ。）に係る設定を変更できるものは、次の各号の条件に適合するもの又はこれと同等以上のものでなければならない。ただし、次の各号の条件に係る機能又はこれらと同等以上の機能を利用者が任意のソフトウェアにより随時かつ容易に変更することができる専用通信回線設備等端末については、この限りでない。
⑴　当該専用通信回線設備等端末に備えられた電気通信の機能に係る設定を変更するためのアクセス制御機能（不正アクセス行為の禁止等に関する法律（平成11年法律第128号）第2条第3項に規定するアクセス制御機能をいう。以下同じ。）を有すること。
⑵　前号のアクセス制御機能に係る識別符号（不正アクセス行為の禁止等に関する法律第2条第2項に規定する識別符号をいう。以下同じ。）であって、初めて当該専用通信回線設備等端末を利用するときにあらかじめ設定されているもの（二以上の符号の組合せによる場合は、少なくとも一の符号に係るもの。）の変更を促す機能若しくはこれに準ずるものを有すること又は当該識別符号について当該専用通信回線設備等端末の機器ごとに異なるものが付されていること若しくはこれに準ずる措置が講じられていること。
⑶　当該専用通信回線設備等端末の電気通信の機能に係るソフトウェアを更新できること。
⑷　当該専用通信回線設備等端末への電力の供給が停止した場合であつても、第一号のアクセス制御機能に係る設定及び前号の機能により更新されたソフトウェアを維持できること。

第8章　特殊な端末設備

第35条　略

第9章　自営電気通信設備

第36条　略

附則　略

付録 有線電気通信法（抜粋）
（昭和28年法律第96号）

有線電気通信法をここに公布する。

（目的）
第1条 この法律は、有線電気通信設備の設置及び使用を規律し、有線電気通信に関する秩序を確立することによって、公共の福祉の増進に寄与することを目的とする。

（定義）
第2条 この法律において「有線電気通信」とは、送信の場所と受信の場所との間の線条その他の導体を利用して、電磁的方式により、符号、音響又は影像を送り、伝え、又は受けることをいう。

2 この法律において「有線電気通信設備」とは、有線電気通信を行うための機械、器具、線路その他の電気的設備（無線通信用の有線連絡線を含む。）をいう。

（有線電気通信設備の届出）
第3条 有線電気通信設備を設置しようとする者は、次の事項を記載した書類を添えて、設置の工事の開始の日の2週間前まで（工事を要しないときは、設置の日から2週間以内）に、その旨を総務大臣に届け出なければならない。
　(1) 有線電気通信の方式の別
　(2) 設備の設置の場所
　(3) 設備の概要

2 前項の届出をする者は、その届出に係る有線電気通信設備が次に掲げる設備（総務省令で定めるものを除く。）に該当するものであるときは、同項各号の事項のほか、その使用の態様その他総務省令で定める事項を併せて届け出なければならない。
　(1) 2人以上の者が共同して設置するもの
　(2) 他人（電気通信事業者（電気通信事業法（昭和59年法律第86号）第2条第五号に規定する電気通信事業者をいう。以下同じ。）を除く。）の設置した有線電気通信設備と相互に接続されるもの
　(3) 他人の通信の用に供されるもの

3 有線電気通信設備を設置した者は、第1項各号の事項若しくは前項の届出に係る事項を変更しようとするとき、又は同項に規定する設備に該当しない設備をこれに該当するものに変更しようとするときは、変更の工事の開始の日の2週間前まで（工事を要しないときは、変更の日から2週間以内）に、その旨を総務大臣に届け出なければならない。

4 前3項の規定は、次の有線電気通信設備について

は、適用しない。
　(1) 電気通信事業法第44条第1項に規定する事業用電気通信設備
　(2) 放送法（昭和25年法律第132号）第2条第一号に規定する放送を行うための有線電気通信設備（同法第133条第1項の規定による届出をした者が設置するもの及び前号に掲げるものを除く。）
　(3) 設備の一の部分の設置の場所が他の部分の設置の場所と同一の構内（これに準ずる区域内を含む。以下同じ。）又は同一の建物内であるもの（第2項各号に掲げるもの（同項の総務省令で定めるものを除く。）を除く。）
　(4) 警察事務、消防事務、水防事務、航空保安事務、海上保安事務、気象業務、鉄道事業、軌道事業、電気事業、鉱業その他政令で定める業務を行う者が設置するもの（第2項各号に掲げるもの（同項の総務省令で定めるものを除く。）を除く。）
　(5) 前各号に掲げるもののほか、総務省令で定めるもの

（本邦外にわたる有線電気通信設備）
第4条 本邦内の場所と本邦外の場所との間の有線電気通信設備は、電気通信事業者がその事業の用に供する設備として設置する場合を除き、設置してはならない。ただし、特別の事由がある場合において、総務大臣の許可を受けたときは、この限りでない。

（技術基準）
第5条 有線電気通信設備（政令で定めるものを除く。）は、政令で定める技術基準に適合するものでなければならない。

2 前項の技術基準は、これにより次の事項が確保されるものとして定められなければならない。
　(1) 有線電気通信設備は、他人の設置する有線電気通信設備に妨害を与えないようにすること。
　(2) 有線電気通信設備は、人体に危害を及ぼし、又は物件に損傷を与えないようにすること。

（設備の検査等）
第6条 総務大臣は、この法律の施行に必要な限度において、有線電気通信設備を設置した者からその設備に関する報告を徴し、又はその職員に、その事務所、営業所、工場若しくは事業場に立ち入り、その設

備若しくは帳簿書類を検査させることができる。

2　前項の規定により立入検査をする職員は、その身分を示す証明書を携帯し、関係人に提示しなければならない。

3　第1項の規定による検査の権限は、犯罪捜査のために認められたものと解してはならない。

（設備の改善等の措置）

第7条　総務大臣は、有線電気通信設備を設置した者に対し、その設備が第5条の技術基準に適合しないため他人の設置する有線電気通信設備に妨害を与え、又は人体に危害を及ぼし、若しくは物件に損傷を与えると認めるときは、その妨害、危害又は損傷の防止又は除去のため必要な限度において、その設備の使用の停止又は改造、修理その他の措置を命ずることができる。

2　総務大臣は、第3条第2項に規定する有線電気通信設備（同項の総務省令で定めるものを除く。）を設置した者に対しては、前項の規定によるほか、その設備につき通信の秘密の確保に支障があると認めるとき、その他その設備の運用が適切でないため他人の利益を阻害すると認めるときは、その支障の除去その他当該他人の利益の確保のために必要な限度において、その設備の改善その他の措置をとるべきことを勧告することができる。

（非常事態における通信の確保）

第8条　総務大臣は、天災、事変その他の非常事態が発生し、又は発生するおそれがあるときは、有線電気通信設備を設置した者に対し、災害の予防若しくは救援、交通、通信若しくは電力の供給の確保若しくは秩序の維持のために必要な通信を行い、又はこれらの通信を行うためその有線電気通信設備を他の者に使用させ、若しくはこれを他の有線電気通信設備に接続すべきことを命ずることができる。

第8条第2項、第3項　略

（有線電気通信の秘密の保護）

第9条　有線電気通信（電気通信事業法第4条第1項又は第164条第3項の通信たるものを除く。）の秘密は、侵してはならない。

第10条　略

（準用規定）

第11条　第5条、第6条、第7条第1項及び前条の規定

は、有線電気通信設備以外の設備であって、送信の場所と受信の場所との間の線条その他の導体を利用して、電磁的方式により、信号を行うための設備に準用する。この場合において、第6条第1項、第7条第1項及び前条中「総務大臣」とあるのは、「総務大臣（鉄道事業及び軌道事業の用に供する設備にあっては国土交通大臣、政令で定める設備にあっては政令で定める行政機関）」と読み替えるものとする。

第12条　略

（罰則）

第13条～第18条　略

附則　略

付録 有線電気通信設備令（抜粋）
（昭和28年政令第131号）

内閣は、有線電気通信法（昭和28年法律第96号）第11条第1項（第19条において準用する場合を含む。）の規定に基づき、この政令を制定する。

（定義）

第1条 この政令及びこの政令に基づく命令の規定の解釈に関しては、次の定義に従うものとする。

(1) 電線 有線電気通信（送信の場所と受信の場所との間の線条その他の導体を利用して、電磁的方式により信号を行うことを含む。）を行うための導体（絶縁物又は保護物で被覆されている場合は、これらの物を含む。）であって、強電流電線に重畳される通信回線に係るもの以外のもの

(2) 絶縁電線 絶縁物のみで被覆されている電線

(3) ケーブル 光ファイバ並びに光ファイバ以外の絶縁物及び保護物で被覆されている電線

(4) 強電流電線 強電流電気の伝送を行うための導体（絶縁物又は保護物で被覆されている場合は、これらの物を含む。）

(5) 線路 送信の場所と受信の場所との間に設置されている電線及びこれに係る中継器その他の機器（これらを支持し、又は保蔵するための工作物を含む。）

(6) 支持物 電柱、支線、つり線その他電線又は強電流電線を支持するための工作物

(7) 離隔距離 線路と他の物体（線路を含む。）とが気象条件による位置の変化により最も接近した場合におけるこれらの物の間の距離

(8) 音声周波 周波数が200ヘルツを超え、3,500ヘルツ以下の電磁波

(9) 高周波 周波数が3,500ヘルツを超える電磁波

(10) 絶対レベル 一の皮相電力の1ミリワットに対する比をデシベルで表わしたもの

(11) 平衡度 通信回線の中性点と大地との間に起電力を加えた場合におけるこれらの間に生ずる電圧と通信回線の端子間に生ずる電圧との比をデシベルで表わしたもの

（適用除外）

第2条 有線電気通信法第5条第1項（同法第11条において準用する場合を含む。）の政令で定める有線電気通信設備は、船舶安全法（昭和8年法律第11号）第2条第1項の規定により船舶内に設置する有線電気通信設備（送信の場所と受信の場所との間の線条その他の導体を利用して、電磁的方式により、信号を行うための設備を含む。以下同じ。）とする。

（使用可能な電線の種類）

第2条の2 有線電気通信設備に使用する電線は、絶縁電線又はケーブルでなければならない。ただし、総務省令で定める場合は、この限りでない。

（通信回線の平衡度）

第3条 通信回線（導体が光ファイバであるものを除く。以下同じ。）の平衡度は、1,000ヘルツの交流において34デシベル以上でなければならない。ただし、総務省令で定める場合は、この限りでない。

2 前項の平衡度は、総務省令で定める方法により測定するものとする。

（線路の電圧及び通信回線の電力）

第4条 通信回線の線路の電圧は、100ボルト以下でなければならない。ただし、電線としてケーブルのみを使用するとき、又は人体に危害を及ぼし、若しくは物件に損傷を与えるおそれがないときは、この限りでない。

2 通信回線の電力は、絶対レベルで表わした値で、その周波数が音声周波であるときは、プラス10デシベル以下、高周波であるときは、プラス20デシベル以下でなければならない。ただし、総務省令で定める場合は、この限りでない。

（架空電線の支持物）

第5条 架空電線の支持物は、その架空電線が他人の設置した架空電線又は架空強電流電線と交差し、又は接近するときは、次の各号により設置しなければならない。ただし、その他人の承諾を得たとき、又は人体に危害を及ぼし、若しくは物件に損傷を与えないように必要な設備をしたときは、この限りでない。

(1) 他人の設置した架空電線又は架空強電流電線を挟み、又はこれらの間を通ることがないようにすること。

(2) 架空強電流電線（当該架空電線の支持物に架設されるものを除く。）との間の離隔距離は、総務省令で定める値以上とすること。

第6条　道路上に設置する電柱、架空電線と架空強電流電線とを架設する電柱その他の総務省令で定める電柱は、総務省令で定める安全係数をもたなければならない。

2　前項の安全係数は、その電柱に架設する物の重量、電線の不平均張力及び総務省令で定める風圧荷重が加わるものとして計算するものとする。

第7条　略

第7条の2　架空電線の支持物には、取扱者が昇降に使用する足場金具等を地表上1.8メートル未満の高さに取り付けてはならない。ただし、総務省令で定める場合は、この限りでない。

(架空電線の高さ)

第8条　架空電線の高さは、その架空電線が道路上にあるとき、鉄道又は軌道を横断するとき、及び河川を横断するときは、総務省令で定めるところによらなければならない。

(架空電線と他人の設置した架空電線等との関係)

第9条　架空電線は、他人の設置した架空電線との離隔距離が30センチメートル以下となるように設置してはならない。ただし、その他人の承諾を得たとき、又は設置しようとする架空電線(これに係る中継器その他の機器を含む。以下この条において同じ。)が、その他人の設置した架空電線に係る作業に支障を及ぼさず、かつ、その他人の設置した架空電線に損傷を与えない場合として総務省令で定めるときは、この限りでない。

第10条　架空電線は、他人の建造物との離隔距離が30センチメートル以下となるように設置してはならない。ただし、その他人の承諾を得たときは、この限りでない。

第11条　架空電線は、架空強電流電線と交差するとき、又は架空強電流電線との水平距離がその架空電線若しくは架空強電流電線の支持物のうちいずれか高いものの高さに相当する距離以下となるときは、総務省令で定めるところによらなければ、設置してはならない。

第12条　架空電線は、総務省令で定めるところによらなければ、架空強電流電線と同一の支持物に架設してはならない。

(強電流電線に重畳される通信回線)

第13条　強電流電線に重畳される通信回線は、次の各号により設置しなければならない。

⑴　重畳される部分とその他の部分とを安全に分離し、且つ、開閉できるようにすること。

⑵　重畳される部分に異常電圧が生じた場合において、その他の部分を保護するため総務省令で定める保安装置を設置すること。

第14条〜第16条　略

(屋内電線)

第17条　屋内電線(光ファイバを除く。以下この条において同じ。)と大地との間及び屋内電線相互間の絶縁抵抗は、直流100ボルトの電圧で測定した値で、1メグオーム以上でなければならない。

第18条　屋内電線は、屋内強電流電線との離隔距離が30センチメートル以下となるときは、総務省令で定めるところによらなければ、設置してはならない。

(有線電気通信設備の保安)

第19条　有線電気通信設備は、総務省令で定めるところにより、絶縁機能、避雷機能その他の保安機能をもたなければならない。

附則　略

付録 有線電気通信設備令施行規則（抜粋）
（昭和46年郵政省令第2号）

有線電気通信設備令施行規則（昭和28年郵政省令第37号）の全部を改正する省令を次のように定める。

（定義）
第1条 この省令の規定の解釈に関しては、次の定義に従うものとする。
(1) 令　有線電気通信設備令（昭和28年政令第131号）
(2) 強電流裸電線　絶縁物で被覆されていない強電流電線
(3) 強電流絶縁電線　絶縁物のみで被覆されている強電流電線
(4) 強電流ケーブル　絶縁物及び保護物で被覆されている強電流電線
(5) 電車線　電車にその動力用の電気を供給するために使用する接触強電流裸電線及び鋼索鉄道の車両内の装置に電気を供給するために使用する接触強電流裸電線
(6) 低周波　周波数が200ヘルツ以下の電磁波
(7) 最大音量　通信回線に伝送される音響の電力を別に告示するところにより測定した値
(8) 低圧　直流にあっては750ボルト以下、交流にあっては600ボルト以下の電圧
(9) 高圧　直流にあっては750ボルトを、交流にあっては600ボルトを超え、7,000ボルト以下の電圧
(10) 特別高圧　7,000ボルトを超える電圧

（使用可能な電線の種類）
第1条の2 令第2条の2ただし書に規定する総務省令で定める場合は、絶縁電線又はケーブルを使用することが困難な場合において、他人の設置する有線電気通信設備に妨害を与えるおそれがなく、かつ、人体に危害を及ぼし、又は物件に損傷を与えるおそれのないように設置する場合とする。

（一定の平衡度を要しない場合）
第2条 令第3条第1項ただし書に規定する総務省令で定める場合は、次の各号に掲げる場合とする。
(1) 通信回線が、線路に直流又は低周波の電流を送るものであるとき。
(2) 通信回線が、他人の設置する有線電気通信設備に対して妨害を与えるおそれがない電線を使用するものであるとき。
(3) 通信回線が、強電流電線に重畳されるものであ

るとき。
(4) 通信回線が、他の通信回線に対して与える妨害が絶対レベルで表した値でマイナス58デシベル以下であるとき。ただし、イ又はロに規定する場合は、この限りでない。
　イ　通信回線が、線路に音声周波又は高周波の電流を送る通信回線であって増幅器があるものに対して与える妨害が、その受端の増幅器の入力側において絶対レベルで表した値で、被妨害回線の線路の電流の周波数が音声周波であるときは、マイナス70デシベル以下、高周波であるときは、マイナス85デシベル以下であるとき。
　ロ　通信回線が、線路に直流又は低周波の電流を送る通信回線であって大地帰路方式のものに対して与える妨害が、その妨害をうける通信回線の受信電流の5パーセント（その受信電流が5ミリアンペア以下であるときは、0.25ミリアンペア）以下であるとき。
(5) 被妨害回線を設置する者が承諾するとき。

第2条第2項〜第4項　略

（通信回線の電力）
第3条 令第4条第2項ただし書に規定する総務省令で定める場合は、次の各号に掲げる場合とする。
(1) 通信回線が、ラジオ放送を行うための有線電気通信設備（音声周波を使用するものに限る。）のものであって、その電力が最大音量において50ワット（同一の支持物によって支持される2以上の通信回線にあっては、電力の合計が最大音量において50ワット）以下であるとき。
(2) 通信回線が、強電流電線に重畳されるものであって、その電力が送信装置の出力（強電流電線及びこれを支持し、又は保蔵する工作物（以下「強電流線路」という。）の故障区間に電流が流れることを防止するために設置する保護継電装置その他これに類するものを動作させる信号の電力を除く。）で10ワット以下であるとき。
(3) 前条第1項第四号及び第五号に掲げる場合に該当する通信回線であるとき。

（架空電線の支持物と架空強電流電線との間の離隔距離）

第4条 令第5条第二号に規定する総務省令で定める値は、次の各号の場合において、それぞれ当該各号のとおりとする。

(1) 架空強電流電線の使用電圧が低圧又は高圧であるときは、次の表の左欄に掲げる架空強電流電線の使用電圧及び種別に従い、それぞれ同表の右欄に掲げる値以上とすること。

架空強電流電線の使用電圧及び種別		離隔距離
低圧		30センチメートル
高圧	強電流ケーブル	30センチメートル
	その他の強電流電線	60センチメートル

(2) 架空強電流電線の使用電圧が特別高圧であるときは、次の表の左欄に掲げる架空強電流電線の使用電圧及び種別に従い、それぞれ同表の右欄に掲げる値以上とすること。

架空強電流電線の使用電圧及び種別		離隔距離
35,000ボルト以下のもの	強電流ケーブル	50センチメートル
	特別高圧強電流絶縁電線	1メートル
	その他の強電流電線	2メートル
35,000ボルトを超え60,000ボルト以下のもの		2メートル
60,000ボルトを超えるもの		2メートルに使用電圧が60,000ボルトを超える10,000ボルト又はその端数ごとに12センチメートルを加えた値

（電柱の安全係数）

第5条 令第6条第1項に規定する総務省令で定める電柱は、次の表の左欄に掲げるものとし、当該電柱の安全係数は、木柱にあっては、それぞれ同表の右欄に掲げる値、鉄柱又は鉄筋コンクリート柱にあっては、1.0以上の値とする。

電柱の区別	安全係数
(1) 道路上に、又は道路からその電柱の高さの1.2倍に相当する距離以内の場所に設置する電柱（架空電線と架空強電流電線とを架設するものを除く。）	1.2
(2) 次のいずれかの架空電線を架設する電柱（架空電線と架空強電流電線とを架設するものを除く。） イ 建造物からその電柱の高さに相当する距離以内に接近する架空電線 ロ 架空電線（他人の設置したものに限る。）若しくは架空強電流電線と交差し、又はその電柱の高さに相当する距離以内に接近する架空電線 ハ 鉄道若しくは軌道からその電柱の高さに相当する距離以内に接近し、又は道路、鉄道若しくは軌道を横断する架空電線	1.2
(3) 架空電線と低圧又は高圧の架空強電流電線とを架設する電柱	1.5
(4) 架空電線と特別高圧の架空強電流電線とを架設する電柱	2.0

2 電柱に支線又は支柱を施設した支持物にあっては、その支持物の安全係数をその電柱の安全係数とみなして、前項の規定を適用する。この場合において、前項の表の(4)の項中「2.0」とあるのは「1.5」と読み替えるものとする。

3 安全係数の計算方法は、別に告示する。

（風圧荷重）

第6条 令第6条第2項に規定する総務省令で定める風圧荷重は、次の3種とする。

(1) 甲種風圧荷重 次の表の左欄に掲げる風圧を受ける物の区別に従い、それぞれ同表の右欄に掲げるその物の垂直投影面の風圧が加わるものとして計算した荷重

風圧を受ける物		その物の垂直投影面の風圧
木柱又は鉄筋コンクリート柱		780パスカル
鉄柱	円筒柱	780パスカル
	三角柱又はひし形柱	1,860パスカル
	角柱（鋼管により構成されるものに限る。）	1,470パスカル
	その他のもの	2,350パスカル
鉄塔	鋼管により構成されたもの	1,670パスカル
	その他のもの	2,840パスカル
電線又はちょう架用線		980パスカル
腕金類又は函類		1,570パスカル

(2) 乙種風圧荷重 電線又はちょう架用線に比重0.9の氷雪が厚さ6ミリメートル付着した場合において、前号の表の左欄に掲げる風圧を受ける物の区別に従い、それぞれ同表の右欄に掲げるその物の垂直投影面の風圧の2分の1の風圧が加わるものとして計算した荷重

(3) 丙種風圧荷重 第一号の表の左欄に掲げる風圧を受ける物の区別に従い、それぞれ同表の右欄に掲げるその物の垂直投影面の風圧の2分の1の風圧が加わるものとして計算した荷重であって、前号に掲げるもの以外のもの

2 令第6条第2項に規定する電柱の安全係数は、市街地以外の地域であって、氷雪の多い地域以外の地域においては、甲種風圧荷重、氷雪の多い地域においては、甲種風圧荷重又は乙種風圧荷重のうちいずれか大であるもの、市街地においては、丙種風圧荷重が加わるものとして計算する。

（架空電線の支持物の昇塔防止）

第6条の2 令第7条の2ただし書に規定する総務省令で定める場合は、次の各号に掲げるいずれかの場合

とする。

(1)　足場金具等が支持物の内部に格納できる構造であるとき。

(2)　支持物の周囲に取扱者以外の者が立ち入らないように、さく、塀その他これに類する物を設けるとき。

(3)　支持物を、人が容易に立ち入るおそれがない場所に設置するとき。

（架空電線の高さ）

第7条　令第8条に規定する総務省令で定める架空電線の高さは、次の各号によらなければならない。

(1)　架空電線が道路上にあるときは、横断歩道橋の上にあるときを除き、路面から5メートル（交通に支障を及ぼすおそれが少ない場合で工事上やむを得ないときは、歩道と車道の区別がある道路の歩道上においては、2.5メートル、その他の道路上においては、4.5メートル）以上であること。

(2)　架空電線が横断歩道橋の上にあるときは、その路面から3メートル以上であること。

(3)　架空電線が鉄道又は軌道を横断するときは、軌条面から6メートル（車両の運行に支障を及ぼすおそれがない高さが6メートルより低い場合は、その高さ）以上であること。

(4)　架空電線が河川を横断するときは、舟行に支障を及ぼすおそれがない高さであること。

（30センチメートル以下の離隔距離で架空電線を設置できる場合）

第7条の2　令第9条ただし書に規定する総務省令で定めるときは、次の各号に掲げるいずれかのとき（第四号に掲げるときを除き架空電線を設置しようとする者がその他人に架空電線を設置することについて通知を行った場合に限る。）とする。

(1)　設置しようとする架空電線を既に設置された架空電線と束ねて同一の位置に設置する場合であって、当該設置しようとする架空電線に係る中継器その他の機器の設置場所が既に設置された架空電線に係る中継器その他の機器の設置場所と異なるとき。

(2)　架空電線を設置しようとする電柱の所有者（以下「電柱所有者」という。）が当該電柱に腕金類を設置している場合であって、当該電柱所有者が指定する位置に架空電線を設置するとき。

(3)　架空電線を設置しようとする者が電柱所有者の承諾を得て電柱に腕金類を設置する場合であって、当該電柱所有者が指定する位置に架空電線を設置するとき。

(4)　架空電線を設置しようとする者とその他人が令第9条ただし書の条件を満たすことについて確認したとき。

2　前項の通知は、架空電線の設置の工事の開始の日の2週間前までに、次に掲げる事項を明示して、又は架空電線を設置しようとする者と電柱所有者との間の協議の内容が明らかにされているもの及び設置しようとする架空電線の設置の方法に関する説明書を添付してするものとする。

(1)　架空電線を設置しようとする電柱の所在地及び電柱番号

(2)　材質、長さ、強度、架線状況、変電装置の有無その他架空電線を設置しようとする電柱の状況

(3)　架空電線を設置しようとする電柱に既に設置されている架空電線の状況（工作物がある場合はその内容を含む。）

(4)　設置しようとする架空電線の設置予定位置及び地上高、設置しようとする架空電線及びそれに係る中継器その他の機器と既に設置された架空電線及びそれに係る中継器その他の機器との離隔距離その他設置しようとする架空電線の概要を示す図

(5)　設置しようとする架空電線の設置の方法に関する説明書

(6)　架空電線を設置しようとする電柱の写真

(7)　その他特記すべき事項

第8条〜第13条　略

（架空強電流電線と同一の支持物に架設する架空電線）

第14条　令第12条の規定により、架空電線を低圧又は高圧の架空強電流電線と二以上の同一の支持物に連続して架設するときは、次の各号によらなければならない。

(1)　架空電線を架空強電流電線の下とし、架空強電流電線の腕金類と別の腕金類に架設すること。ただし、架空強電流電線が低圧であって、高圧強電流絶縁電線、特別高圧強電流絶縁電線若しくは強電流ケーブルであるとき、又は架空電線の導体が架空地線（架空強電流線路に使用するものに限る。以下同じ。）に内蔵若しくは外接して設置される光ファイバであるときは、この限りでない。

(2)　架空電線と架空強電流電線との離隔距離は、次の表の左欄に掲げる架空強電流電線の使用電圧及び種別に従い、それぞれ同表の右欄に掲げる値以上とすること。

架空強電流電線の使用電圧及び種別		離隔距離
低圧	高圧強電流絶縁電線、特別高圧強電流絶縁電線又は強電流ケーブル	30センチメートル
	強電流絶縁電線	75センチメートル（強電流電線の設置者の承諾を得たときは60センチメートル（架空電線が別に告示する条件に適合する場合であって、強電流電線の設置者の承諾を得たときは30センチメートル））
高圧	強電流ケーブル	50センチメートル（架空電線が別に告示する条件に適合する場合であって、強電流電線の設置者の承諾を得たときは30センチメートル）
	その他の強電流電線	1.5メートル（強電流電線の設置者の承諾を得たときは1メートル（架空電線が別に告示する条件に適合する場合であって、強電流電線の設置者の承諾を得たときは60センチメートル））

第14条第2項〜**第17条**　略

（屋内電線と屋内強電流電線との交差又は接近）

第18条　令第18条の規定により、屋内電線が低圧の屋内強電流電線と交差し、又は同条に規定する距離以内に接近する場合には、屋内電線は、次の各号に規定するところにより設置しなければならない。

(1)　屋内電線と屋内強電流電線との離隔距離は、10センチメートル（屋内強電流電線が強電流裸電線であるときは、30センチメートル）以上とすること。ただし、屋内強電流電線が300ボルト以下である場合において、屋内電線と屋内強電流電線との間に絶縁性の隔壁を設置するとき、又は、屋内強電流電線が絶縁管（絶縁性、難燃性及び耐水性のものに限る。）に収めて設置されているときは、この限りでない。

(2)　屋内強電流電線が、接地工事をした金属製の、又は絶縁度の高い管、ダクト、ボックスその他これに類するもの（以下「管等」という。）に収めて設置されているとき、又は強電流ケーブルであるときは、屋内電線は、屋内強電流電線を収容する管等又は強電流ケーブルに接触しないように設置すること。

(3)　屋内電線と屋内強電流電線とを同一の管等に収めて設置しないこと。ただし、次のいずれかに該当する場合は、この限りでない。

イ　屋内電線と屋内強電流電線との間に堅ろうな隔壁を設け、かつ、金属製部分に特別保安接地工事を施したダクト又はボックスの中に屋内電線と屋内強電流電線を収めて設置するとき。

ロ　屋内電線が、特別保安接地工事を施した金属製の電気的遮へい層を有するケーブルであるとき。

ハ　屋内電線が、光ファイバその他の金属以外のもので構成されているとき。

2　令第18条の規定により、屋内電線が高圧の屋内強電流電線と交差し、又は同条に規定する距離以内に接近する場合には、屋内電線と屋内強電流電線との離隔距離が15センチメートル以上となるように設置しなければならない。ただし、屋内強電流電線が強電流ケーブルであって、屋内電線と屋内強電流電線との間に耐火性のある堅ろうな隔壁を設けるとき、又は屋内強電流電線を耐火性のある堅ろうな管に収めて設置するときは、この限りでない。

3　令第18条の規定により、屋内電線が特別高圧の屋内強電流電線であって、ケーブルであるものから同条に規定する距離に接近する場合には、屋内電線は、屋内強電流電線と接触しないように設置しなければならない。

（保安機能）

第19条　令第19条の規定により、有線電気通信設備には、第15条、第17条及び次項第三号に規定するほか、次の各号に規定するところにより保安装置を設置しなければならない。ただし、その線路が地中電線であって、架空電線と接続しないものである場合、又は導体が光ファイバである場合は、この限りでない。

(1)　屋内の有線電気通信設備と引込線との接続箇所及び線路の一部に裸線及びケーブルを使用する場合におけるそのケーブルとケーブル以外の電線との接続箇所に、交流500ボルト以下で動作する避雷器及び7アンペア以下で動作するヒューズ若しくは500ミリアンペア以下で動作する熱線輪からなる保安装置又はこれと同等の保安機能を有する装置を設置すること。ただし、雷又は強電流電線との混触により、人体に危害を及ぼし、若しくは物件に損傷を与えるおそれがない場合は、この限りでない。

(2)　前号の避雷器の接地線を架空電線の支持物又は建造物の壁面に沿って設置するときは、第14条第3項の規定によること。

第19条第2項〜第5項　略

附則　略

不正アクセス行為の禁止等に関する法律
(平成11年8月13日法律第128号)

（目的）
第1条 この法律は、不正アクセス行為を禁止するとともに、これについての罰則及びその再発防止のための都道府県公安委員会による援助措置等を定めることにより、電気通信回線を通じて行われる電子計算機に係る犯罪の防止及びアクセス制御機能により実現される電気通信に関する秩序の維持を図り、もって高度情報通信社会の健全な発展に寄与することを目的とする。

（定義）
第2条 この法律において「アクセス管理者」とは、電気通信回線に接続している電子計算機（以下「特定電子計算機」という。）の利用（当該電気通信回線を通じて行うものに限る。以下「特定利用」という。）につき当該特定電子計算機の動作を管理する者をいう。

2　この法律において「識別符号」とは、特定電子計算機の特定利用をすることについて当該特定利用に係るアクセス管理者の許諾を得た者（以下「利用権者」という。）及び当該アクセス管理者（以下この項において「利用権者等」という。）に、当該アクセス管理者において当該利用権者等を他の利用権者等と区別して識別することができるように付される符号であって、次のいずれかに該当するもの又は次のいずれかに該当する符号とその他の符号を組み合わせたものをいう。

(1)　当該アクセス管理者によってその内容をみだりに第三者に知らせてはならないものとされている符号

(2)　当該利用権者等の身体の全部若しくは一部の影像又は音声を用いて当該アクセス管理者が定める方法により作成される符号

(3)　当該利用権者等の署名を用いて当該アクセス管理者が定める方法により作成される符号

3　この法律において「アクセス制御機能」とは、特定電子計算機の特定利用を自動的に制御するために当該特定利用に係るアクセス管理者によって当該特定電子計算機又は当該特定電子計算機に電気通信回線を介して接続された他の特定電子計算機に付加されている機能であって、当該特定利用をしようとする者により当該機能を有する特定電子計算機に入力された符号が当該特定利用に係る識別符号（識別符号を用いて当該アクセス管理者の定める方法により作成される符号と当該識別符号の一部を組み合わせた符号を含む。次項第一号及び第二号において同じ。）であることを確認して、当該特定利用の制限の全部又は一部を解除するものをいう。

4　この法律において「不正アクセス行為」とは、次の

各号のいずれかに該当する行為をいう。

(1)　アクセス制御機能を有する特定電子計算機に電気通信回線を通じて当該アクセス制御機能に係る他人の識別符号を入力して当該特定電子計算機を作動させ、当該アクセス制御機能により制限されている特定利用をし得る状態にさせる行為（当該アクセス制御機能を付加したアクセス管理者がするもの及び当該アクセス管理者又は当該識別符号に係る利用権者の承諾を得てするものを除く。）

(2)　アクセス制御機能を有する特定電子計算機に電気通信回線を通じて当該アクセス制御機能による特定利用の制限を免れることができる情報（識別符号であるものを除く。）又は指令を入力して当該特定電子計算機を作動させ、その制限されている特定利用をし得る状態にさせる行為（当該アクセス制御機能を付加したアクセス管理者がするもの及び当該アクセス管理者の承諾を得てするものを除く。次号において同じ。）

(3)　電気通信回線を介して接続された他の特定電子計算機が有するアクセス制御機能によりその特定利用を制限されている特定電子計算機に電気通信回線を通じてその制限を免れることができる情報又は指令を入力して当該特定電子計算機を作動させ、その制限されている特定利用をし得る状態にさせる行為

（不正アクセス行為の禁止）
第3条 何人も、不正アクセス行為をしてはならない。

（他人の識別符号を不正に取得する行為の禁止）
第4条 何人も、不正アクセス行為（第2条第4項第一号に該当するものに限る。第6条及び第12条第二号において同じ。）の用に供する目的で、アクセス制御機能に係る他人の識別符号を取得してはならない。

（不正アクセス行為を助長する行為の禁止）
第5条 何人も、業務その他正当な理由による場合を除いては、アクセス制御機能に係る他人の識別符号を、当該アクセス制御機能に係るアクセス管理者及び当該識別符号に係る利用権者以外の者に提供してはならない。

（他人の識別符号を不正に保管する行為の禁止）
第6条 何人も、不正アクセス行為の用に供する目的で、不正に取得されたアクセス制御機能に係る他人の識別符号を保管してはならない。

（識別符号の入力を不正に要求する行為の禁止）

第7条　何人も、アクセス制御機能を特定電子計算機に付加したアクセス管理者になりすまし、その他当該アクセス管理者であると誤認させて、次に掲げる行為をしてはならない。ただし、当該アクセス管理者の承諾を得てする場合は、この限りでない。

⑴　当該アクセス管理者が当該アクセス制御機能に係る識別符号を付された利用権者に対し当該識別符号を特定電子計算機に入力することを求める旨の情報を、電気通信回線に接続して行う自動公衆送信（公衆によって直接受信されることを目的として公衆からの求めに応じ自動的に送信を行うことをいい、放送又は有線放送に該当するものを除く。）を利用して公衆が閲覧することができる状態に置く行為

⑵　当該アクセス管理者が当該アクセス制御機能に係る識別符号を付された利用権者に対し当該識別符号を特定電子計算機に入力することを求める旨の情報を、電子メール（特定電子メールの送信の適正化等に関する法律（平成14年法律第26号）第2条第一号に規定する電子メールをいう。）により当該利用権者に送信する行為

（アクセス管理者による防御措置）

第8条　アクセス制御機能を特定電子計算機に付加したアクセス管理者は、当該アクセス制御機能に係る識別符号又はこれを当該アクセス制御機能により確認するために用いる符号の適正な管理に努めるとともに、常に当該アクセス制御機能の有効性を検証し、必要があると認めるときは速やかにその機能の高度化その他当該特定電子計算機を不正アクセス行為から防御するため必要な措置を講ずるよう努めるものとする。

（都道府県公安委員会による援助等）

第9条、第10条　略

（罰則）

第11条　第3条の規定に違反した者は、3年以下の懲役又は100万円以下の罰金に処する。

第12条　次の各号のいずれかに該当する者は、1年以下の懲役又は50万円以下の罰金に処する。

⑴　第4条の規定に違反した者

⑵　第5条の規定に違反して、相手方に不正アクセス行為の用に供する目的があることの情を知ってアクセス制御機能に係る他人の識別符号を提供した者

⑶　第6条の規定に違反した者

⑷　第7条の規定に違反した者

⑸　第9条第3項の規定に違反した者

第13条　第5条の規定に違反した者（前条第二号に該当する者を除く。）は、30万円以下の罰金に処する。

第14条　略

附　則

この法律は、公布の日から起算して6月を経過した日から施行する。ただし、第6条及び第8条第二号の規定は、公布の日から起算して1年を超えない範囲内において政令で定める日から施行する。

電子署名及び認証業務に関する法律 (抜粋)

(平成12年5月31日法律第102号)

第1章　総則

(目的)

第1条　この法律は、電子署名に関し、電磁的記録の真正な成立の推定、特定認証業務に関する認定の制度その他必要な事項を定めることにより、電子署名の円滑な利用の確保による情報の電磁的方式による流通及び情報処理の促進を図り、もって国民生活の向上及び国民経済の健全な発展に寄与することを目的とする。

(定義)

第2条　この法律において「電子署名」とは、電磁的記録(電子的方式、磁気的方式その他人の知覚によっては認識することができない方式で作られる記録であって、電子計算機による情報処理の用に供されるものをいう。以下同じ。)に記録することができる情報について行われる措置であって、次の要件のいずれにも該当するものをいう。

(1)　当該情報が当該措置を行った者の作成に係るものであることを示すためのものであること。

(2)　当該情報について改変が行われていないかどうかを確認することができるものであること。

2　この法律において「認証業務」とは、自らが行う電子署名についてその業務を利用する者(以下「利用者」という。)その他の者の求めに応じ、当該利用者が電子署名を行ったものであることを確認するために用いられる事項が当該利用者に係るものであることを証明する業務をいう。

3　この法律において「特定認証業務」とは、電子署名のうち、その方式に応じて本人だけが行うことができるものとして主務省令で定める基準に適合するものについて行われる認証業務をいう。

(参考)

特定認証業務の主務省令で定める基準

電子署名及び認証業務に関する法律施行規則
(平成13年総務省・法務省・経済産業省令第2号)
より

(特定認証業務)

第2条　法第2条第3項の主務省令で定める基準は、電子署名の安全性が次のいずれかの有する困難性に基づくものであることとする。

(1)　ほぼ同じ大きさの2つの素数の積である2,048ビット以上の整数の素因数分解

(2)　大きさ2,048ビット以上の有限体の乗法群における離散対数の計算

(3)　楕円曲線上の点がなす大きさ224ビット以上の群における離散対数の計算

(4)　前3号に掲げるものに相当する困難性を有するものとして主務大臣が認めるもの

第2章　電磁的記録の真正な成立の推定

第3条　電磁的記録であって情報を表すために作成されたもの(公務員が職務上作成したものを除く。)は、

当該電磁的記録に記録された情報について本人による電子署名（これを行うために必要な符号及び物件を適正に管理することにより、本人だけが行うことができることとなるものに限る。）が行われているときは、真正に成立したものと推定する。

第3章　特定認証業務の認定等

第1節　特定認証業務の認定

第4条～第14条　略

第2節　外国における特定認証業務の認定

第15条、第16条　略

第4章　指定調査機関等

第1節　指定調査機関

第17条～第30条　略

第2節　承認調査機関

第31条、第32条　略

第5章　雑　則

第33条～第40条　略

第6章　罰　則

第41条～第47条　略

附則　略

第1章　電気通信事業法

問1

(1)　Ⓐの下線部分を「その利用者の利益を保護」とし、Ⓑの下線部分を「公共の福祉を増進すること」とすれば、正しい文章になる。

(2)　電気通信業務とは、電気通信事業者の行う電気通信役務の提供の業務をいう。

(3)　データ伝送役務とは、専ら符号又は影像を伝送交換するための電気通信設備を他人の通信の用に供する電気通信役務をいう。

問3

(2)　端末設備とは、電気通信回線設備の一端に接続される電気通信設備であって、一の部分の設置の場所が他の部分の設置の場所と同一の構内(これに準ずる区域内を含む。)又は同一の建物内であるものをいう。

(3)　総務省で定める、端末設備の技術基準により確保されるべき事項は、「電気通信回線設備を損傷し、又はその機能に障害を与えないようにすること」、「電気通信回線設備を利用する他の利用者に迷惑を及ぼさないようにすること」、「電気通信事業者の設置する電気通信回線設備と利用者の接続する端末設備との責任の分界が明確であるようにすること」の3つである。

(4)　端末設備の機器が技術基準に適合しない場合、その機器を電気通信事業者の電気通信回線設備に接続して使用できないだけであり、その機器を接続しないからといって他の利用者の通信に影響が及ぶわけではないので、総務大臣が強制して技術基準に適合させる必要はない。

(8)　電気通信事業者が電気通信回線設備を設置する電気通信事業者以外の者からその自営電気通信設備をその電気通信回線設備に接続すべき旨の請求を受けても、その請求を拒むことができる場合は、「その自営電気通信設備の接続が、総務省令で定める技術基準(当該電気通信事業者又は当該電気通信事業者とその電気通信設備を接続する他の電気通信事業者であって総務省令で定めるものが総務大臣の認可を受けて定める技術的条件を含む。)に適合しないとき」及び「その自営電気通信設備を接続することにより当該電気通信事業者の電気通信回線設備の保持が経営上困難となることについて当該電気通信事業者が総務大臣に認定を受けたとき」である。

第2章　工事担任者規則、技術基準適合認定等規則

問1

(1)　技術基準適合認定を受けた端末機器であっても、ネジ止めやケーブルの成端加工など接続の方法によっては、電気通信回線設備に接続するときに工事担任者を要する場合がある。

(2)　船舶又は航空機に設置する端末設備(総務大臣が別に告示するものに限る。)を電気通信回線設備に接続するときは、工事担任者を要しない。

(3)　第2級アナログ通信工事担任者が行い、又は実地に監督することができる工事の範囲は、アナログ伝送路設備に端末設備を接続するための工事(端末設備に収容される電気通信回線の数が1のものに限る。)及び総合デジタル通信用設備に端末設備等を接続するための工事(総合デジタル通信回線の数が基本インタフェースで1のものに限る。)である。

(4)　第2級アナログ通信工事担任者が行い、又は実地に監督することができる工事の範囲は、(3)に記述したとおりである。「端末設備」の後に「等」がつかないので、自営電気通信設備を接続するための工事は、工事の範囲に含まれない。また、第1級デジタル通信工事

担任者が行い、又は実地に監督することができる工事の範囲は、デジタル伝送路設備に端末設備等を接続するための工事であるが、総合デジタル通信用設備に端末設備等を接続するための工事を除くとされている。

(5) 第2級デジタル通信工事担任者が行い、又は実地に監督することができる工事の範囲は、デジタル伝送路設備に端末設備等を接続するための工事(接続点におけるデジタル信号の入出力速度が毎秒1ギガビット以下であって、主としてインターネットに接続するための回線に係るものに限る。)である。ただし、総合デジタル通信用設備に端末設備等を接続するための工事を除く。したがって、端末設備をアナログ伝送路設備に接続するための工事は、工事の範囲に含まれない。

(6) 工事担任者がその資格者証の再交付を受けることができる場合は、氏名に変更を生じたとき又は資格者証を汚し、破り若しくは失ったときである。そもそも、工事担任者資格者証には住所は記載されていないので、住所に変更があったからといって再交付を受ける必要はない。

(7) 工事担任者は、資格者証を失ったために再交付の申請をしようとするときは、所定の様式の申請書に写真1枚を添えて、総務大臣に提出しなければならない。また、工事担任者資格者証の返納を命ぜられた者は、その処分を受けた日から10日以内にその資格者証を総務大臣に返納しなければならない。

第3章　端末設備等規則（Ⅰ）

問1
(1) 移動電話端末とは、端末設備であって、移動電話用設備に接続されるものをいう。

(2) 総合デジタル通信端末とは、端末設備であって、総合デジタル通信用設備に接続されるものをいう。

(3) デジタルデータ伝送用設備とは、電気通信事業の用に供する電気通信回線設備であって、デジタル方式により、専ら符号又は影像の伝送交換を目的とする電気通信役務の用に供するものをいう。

(6) 絶対レベルとは、一の皮相電力の1ミリワットに対する比をデシベルで表したものをいう。また、呼切断用メッセージとは、切断メッセージ、解放メッセージ又は解放完了メッセージをいう。

問2
(2) 端末設備は、事業用電気通信設備から漏えいする通信の内容を意図的に識別する機能を有してはならない。

(3) 端末設備の機器は、その電源回路と筐体及びその電源回路と事業用電気通信設備との間において、使用電圧が300ボルト以下の場合にあっては、0.2メガオーム以上であり、300ボルトを超え750ボルト以下の直流及び300ボルトを超え600ボルト以下の交流の場合にあっては、0.4メガオーム以上の絶縁抵抗を有しなければならない。

問3
(4) 端末設備内において電波を使用する端末設備は、使用する電波の周波数が空き状態であるかについて、総務大臣が別に告示するところにより判定を行い、空き状態である場合にのみ通信路を設定するものであること。ただし、総務大臣が別に告示するものについては、この限りでない。

(5) 端末設備内において電波を使用する端末設備であって、火災、盗難その他の非常の通報の用に供する端末設備等は、使用する電波の周波数の空き状態の判定の機能を要しない。

第4章　端末設備等規則（Ⅱ）

問1

(1)　アナログ電話端末の直流回路は、発信又は応答を行うとき閉じ、通信が終了したとき開くものでなければならない。

(3)　アナログ電話端末は、発信に関する機能として自動再発信（自動再発信の回数が15回以内の場合を除く。）を行う場合にあっては、その回数は最初の発信から3分間に2回以内でなければならない。

問2

(1)　ダイヤルパルス速度とは、1秒間に断続するパルス数をいう。また、ミニマムポーズとは、隣接するパルス列間の休止時間の最小値をいう。

(2)　20パルス毎秒方式のダイヤルパルス速度の規格値は、20±1.6パルス毎秒以内である。また、ダイヤルパルスメーク率は、ダイヤルパルスメーク率＝｛接時間÷（接時間＋断時間）｝×100％で定義される。

(3)　20パルス毎秒方式のダイヤルパルスの信号のミニマムポーズは、450ms以上でなければならない。また、ダイヤルパルスメーク率は、30％以上36％以下でなければならない。

(5)　アナログ電話端末の選択信号が押しボタンダイヤル信号である場合に適合しなければならない条件として既定されているものは、ダイヤル番号の周波数、信号周波数偏差、信号送出電力の許容範囲、信号送出時間、ミニマムポーズ、周期である。

(7)　アナログ電話端末の選択信号が押しボタンダイヤル信号である場合、ミニマムポーズは30ms以上であり、信号送出時間は50ms以上でなければならない。

問3

(2)　直流回路を閉じているときのダイヤルパルスによる選択信号送出時における直流回路の静電容量は、3マイクロファラド以下でなければならない。

(3)　直流回路を開いているときのアナログ電話端末の直流回路の直流抵抗値は、1メガオーム以上でなければならない。また、呼出信号受信時における直流回路の静電容量は、3マイクロファラド以下でなければならない。

(4)　直流回路を開いているときのアナログ電話端末の直流回路と大地の間の絶縁抵抗は、直流200ボルト以上の一の電圧で測定した値で1メガオーム以上でなければならない。

(5)　アナログ電話端末は、電気通信回線に対して直流の電圧を加えるものであってはならない。

(8)　移動電話端末は、発信に際して相手の端末設備からの応答を自動的に確認する場合にあっては、電気通信回線からの応答が確認できない場合選択信号送出終了後1分以内にチャネルを切断する信号を送出し、送信を停止するものでなければならない。

問4

(1)　インターネットプロトコル電話端末は、発信に関する機能として、発信に際して相手の端末設備からの応答を自動的に確認する場合にあっては、電気通信回線からの応答が確認できない場合呼の設定を行うためのメッセージ送出終了後2分以内に通信終了メッセージを送出するものでなければならない。

(2)　インターネットプロトコル電話端末は、発信に関する機能として、自動再発信を行う場合（自動再発信の回数が15回以内の場合を除く。）にあっては、その回数は最初の発信から3分間に2回以内でなけれなならら

ない。この場合において、最初の発信から3分を超えて行われる発信は、別の発信とみなす。

(3) インターネットプロトコル移動電話端末は、発信に関する機能として発信に際して相手の端末設備からの応答を自動的に確認する場合にあっては、電気通信回線からの応答が確認できない場合呼の設定を行うためのメッセージ送出終了後128秒以内に通信終了メッセージを送出するものでなければならない。

(1) 総合デジタル通信端末は、基本的機能として、通信を終了する場合にあっては、呼切断用メッセージを送出するものでなければならない。

(3) 総合デジタル通信端末は、発信に関する機能として、発信に際して相手の端末設備からの応答を自動的に確認する場合にあっては、電気通信回線からの応答が確認できない場合呼設定メッセージ送出終了後2分以内に呼切断用メッセージを送出するものでなければならない。

(4) 専用通信回線設備等端末は、電気通信回線に対して直流の電圧を加えるものであってはならない。ただし、総務大臣が別に告示する条件において直流重畳が認められる場合にあっては、この限りでない。

第5章　有線電気通信法、有線電気通信設備令

問1

(1) ⑧の下線部分を「公共の福祉の増進に寄与することを目的とする」とすれば、正しい文章になる。

(6) 有線電気通信設備の技術基準により確保されるべき事項は、「他人の設置する有線電気通信設備に妨害を与えないようにすること」および「人体に危害を及ぼし、又は物件に損傷を与えないようにすること」の2

つである。

問2

(1) 電線とは、有線電気通信を行うための導体であって、強電流電線に重畳される通信回線に係るもの以外のものをいう。

(2) 絶縁電線とは、絶縁物のみで被覆されている電線をいう。

(3) 絶対レベルとは、一の皮相電力の1ミリワットに対する比をデシベルで表わしたものをいう。

(4) 支持物とは、電柱、支線、つり線その他電線又は強電流電線を支持するための工作物をいう。また、音声周波とは、周波数が200ヘルツを超え、3,500ヘルツ以下の電磁波をいう。

(5) 強電流裸電線とは、絶縁物で被覆されていない強電流電線をいう。

(6) 低周波とは、周波数が200ヘルツ以下の電磁波をいう。また、高圧とは、交流にあっては、600ボルトを超え、7,000ボルト以下の電圧をいう。

問3

(1) 有線電気通信設備に使用する電線は、総務省令で定める場合を除き、絶縁電線又はケーブルでなければならない。通信回線(導体が光ファイバであるものを除く。)の平衡度は、通信回線が強電流電線に重畳されるものであるときは、1,000ヘルツの交流において34デシベル以上としなくてもよい。屋内電線が高圧の屋内強電流電線と交差する場合、屋内強電流電線が強電流ケーブルであって、屋内電線と屋内強電流電線との間に耐火性のある堅ろうな隔壁を設けるとき、又は屋内強電流電線を耐火性のある堅ろうな管に収めて設置するときは、両者間の離隔距離は、15センチメートル

未満としても差し支えない。

(3)　通信回線(導体が光ファイバであるものを除く。)の線路の電圧は、100ボルト以下でなければならない。ただし、電線としてケーブルのみを使用するとき、又は人体に危害を及ぼし、若しくは物件に損傷を与えるおそれがないときは、この限りでない。

(6)　架空電線は、架空強電流電線との水平距離がその架空電線若しくは架空強電流電線の支持物のうちいずれか高いものの高さに相当する距離以下となるときは、総務省令で定めるところによらなければ、設置してはならない。

(9)　架空電線は、他人の設置した架空電線との離隔距離が30センチメートル以下となるように設置してはならない。また、架空電線の支持物には、取扱者が昇降に使用する足場金具等を地表上1.8メートル未満の高さに取り付けてはならない。

(10)　架空電線を架空強電流電線と二以上の同一の支持物に連続して架設するときは、架空強電流電線の使用電圧が低圧で種別が強電流ケーブルである場合の離隔距離は、30センチメートル以上としなければならない。

問4
(1)　屋内電線(光ファイバを除く。)と大地との間及び屋内電線相互間の絶縁抵抗は、直流100ボルトの電圧で測定した値で、1メガオーム以上でなければならない。

(2)　屋内電線が、光ファイバその他の金属以外のもので構成されているときは、屋内電線と屋内強電流電線とを同一の管等に収めて設置してよい。

第6章　不正アクセス禁止法、電子署名法

問2
(1)　Ⓐの下線部分を「真正な成立の推定」とすれば、正しい文章になる。

索引

こうじ たんにんしゃ
工事担任者
か もくべつ
科目別テキスト　**わかる全資格[法規]**
ぜん し かく　ほう き

2021年　3月　3日　第1版第1刷発行	編　者	株式会社リックテレコム
2022年　3月15日　第1版第2刷発行		書籍出版部
	発行人	新関卓哉
	編集担当	塩澤　明
	発行所	株式会社リックテレコム
	〒113-0034	東京都文京区湯島3―7―7
	電話	03(3834)8380(代表)
	振替	00160―0―133646
	URL	https://www.ric.co.jp/
	装丁	長久 雅行
	組版	㈱リッククリエイト
	印刷・製本	三美印刷㈱

●訂正等
本書の記載内容には万全を期しておりますが、万一誤りや情報内容の変更が生じた場合には、当社ホームページの正誤表サイトに掲載しますので、下記よりご確認ください。
＊正誤表サイトURL
https://www.ric.co.jp/book/errata-list/1

● 本書の内容に関するお問い合わせ
FAXまたは下記のWebサイトにて受け付けます。回答に万全を期すため、電話でのご質問にはお答えできませんのでご了承ください。
・FAX：03-3834-8043
・読者お問い合わせサイト：https://www.ric.co.jp/book/のページから「書籍内容についてのお問い合わせ」をクリックしてください。

製本には細心の注意を払っておりますが、万一、乱丁・落丁（ページの乱れや抜け）がございましたら、当該書籍をお送りください。送料当社負担にてお取り替え致します。

ISBN978―4―86594―272―9